SCHWERE SOWJETISCHE PANZER 1930–1945

PANZERKAMPFWAGEN UND STURMGESCHÜTZE

Alexander Lüdeke

Motor buch Verlag

Einbandgestaltung: Sven Rauert

Bildnachweis: Sofern nicht anders vermerkt stammen die Bilder vom Autor bzw. aus dessen Archiv.

ISBN 978-3-613-04451-7

1. Auflage 2022

Sie finden uns im Internet unter www.motorbuch-verlag.de

Lektorat: Martin Benz
Innengestaltung: WS – WerbeService Linke, 76185 Karlsruhe
Druck und Bindung: Conzella, 85609 Aschheim-Dornach
Printed in Germany

Inhalt

KW-1 Modell 1942 im Januar 1943 an der Kalinin Front.

Vorwort

Thema dieses Buches sind die schweren Kampfpanzer, Sturmgeschütze und Artillerieselbstfahrlafetten, die von den sowjetischen Streitktäften zwischen 1939 und 1945 eingesetzt oder erprobt wurden. Dazu werden auch einige Entwürfe vorgestellt, die das Reißbrett nie verlassen oder nur als Modelle existiert haben. Eine Gesamtübersicht über alle Projekte der sowjetischen Panzerindustrie jener Tage zu geben, hätte jedoch den Rahmen dieses Werks bei weitem überschritten.

Häufig wird vergessen, welchen Stellenwert die von den westlichen Alliierten gelieferten Rüstungsgüter für die Rote Armee hatten, daher finden hier auch die aus Großbritannien stammenden schweren Panzer des Typs »Churchill« Erwähnung. Nicht immer sind die verwendeten Fotografien von bester Qualität. Dies liegt an ihrenm Alter sowie den Umständen ihrer Entstehung. Oft sind diese Aufnahmen jedoch alles, was verfügbar ist.

Arbeiter des Kirow-Werks Tscheljabinsk montieren im Jahr 1942 einen KW-1.

Einleitung

Bald nachdem deutsche Truppen in den frühen Morgenstunden des 22.Juni 1941 die Grenzen zur UdSSR überschritten hatten, erlebten die Soldaten eine böse Überraschung. Sie stießen auf ihnen völlig unbekannte Panzer, an denen die Geschosse ihrer bewährten Panzerabwehrkanonen wirkungslos abprallten. Unbeeindruckt vom feindlichen Feuer rollten diese Kolosse weiter und zermamlten alles, was sich ihnen in den Weg stellte. Allein Artilleriegeschütze ab dem Kaliber 10,5 cm aufwärts, die 8,8-cm-Flak oder Sturzkampfbomber hatten eine Chance gegen diese als »Stalins Kolosse« bezeichneten Kampffahrzeuge. Nichts hatte die deutschen Soldaten auf die Panzer der KW-Serie vorbereitet. Noch im Frühjahr 1941 hatte die zu jener Zeit von Oberst Eberhard Kinzel geleitete Abteilung »Fremde Heere Ost« versichert, dass die Rote Armee über keine anderen schweren Panzer verfügte, als eine kleine Zahl antiquierter T-35 und finnische Berichte über bislang un-

Eine Übersicht über die verschiedenen Ausführungen der KW-Reihe. (PD)
1. KW-1 Modell 1939
2. KW-1S
3. KW-85
4. KW-1 Modell 1941
5. KW-2
6. SU-152

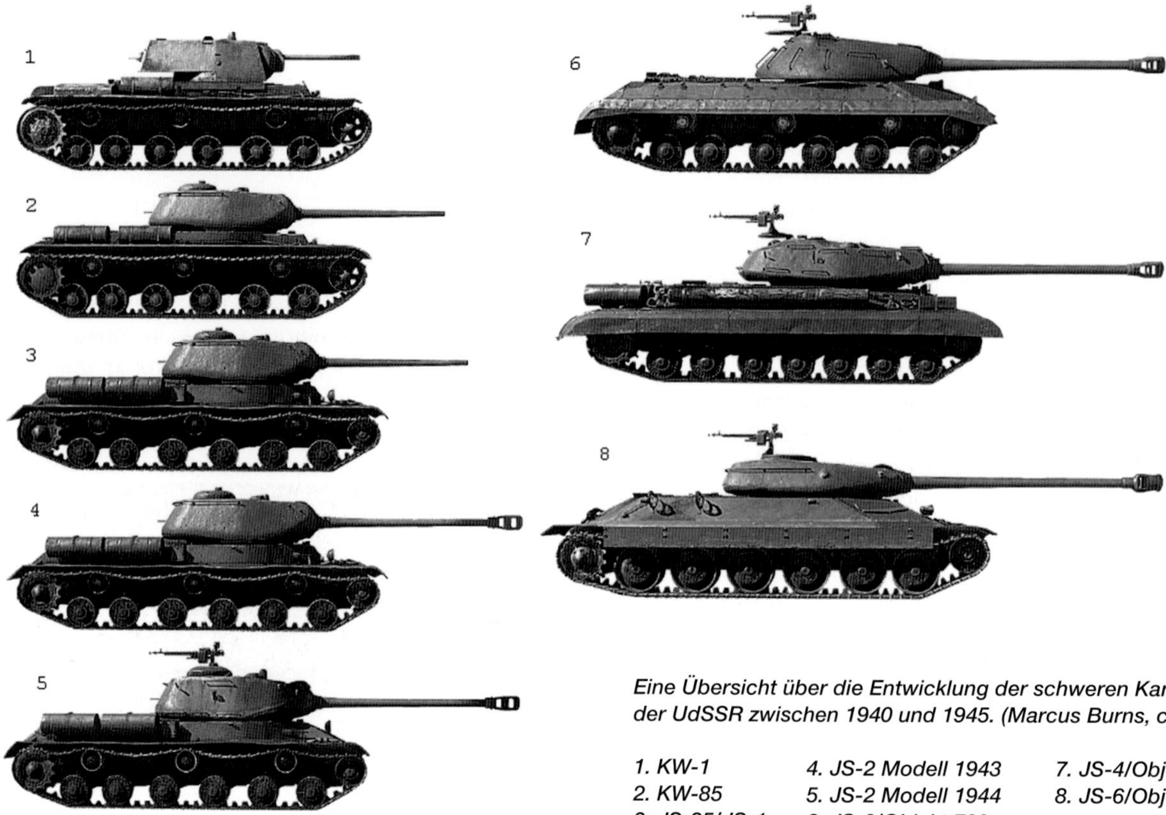

Eine Übersicht über die Entwicklung der schweren Kampfpanzer der UdSSR zwischen 1940 und 1945. (Marcus Burns, cc.by.sa 3.0)

1. KW-1
2. KW-85
3. JS-85/JS-1
4. JS-2 Modell 1943
5. JS-2 Modell 1944
6. JS-3/Objekt 703
7. JS-4/Objekt 701
8. JS-6/Objekt 252

bekannte schwere Panzer sich nur auf neue Versionen dieses Modells beziehen konnten.

Zum Glück für die Wehrmacht war die Zahl der KW-1 und KW-2 im Sommer 1941 vergleichsweise klein, der Ausbildungstand der Besatzungen oft schlecht, die mechanische Zuverlässigkeit gering und die Versorgung mit Ersatzteilen miserabel. Dennoch: Die Deutschen hatten diesen Panzern nichts vergleichbares entgegen zu setzen. Bis zur Einführung des PzKpfw VI »Tiger« im Spätsommer 1942 war die UdSSR die einzige Nation, die schwere Panzer dieser Kampfkraft und dieses Gewichts in Serie produzierte und im großen Maßstab einsetzte. Die Rote Armee war damit allen anderen Streitktäften weltweit voraus.

Bereits im zaristischen Russland existierten Pläne für schwere Panzer (z.B. der ca. 170 t schwere Entwurf von W.D. Mendeleew von 1915 oder der 40 t wiegende »Zar-Panzer« von N.N. Lebedenko). Doch erst die rücksichtlose Industrialisierung und der erste Fünfjahresplan unter Josef Stalin ab 1928 schufen die Grundlagen zur Unsetzung solcher Vorhaben. Stalin wollte die bisher vor allem landwirtschaftlich geprägte UdSSR in einen Industriestaat verwandeln und den raschen Aufbau der Rüstungsproduktion zu gewährleisten. Dazu erwarb die Sowjetunion im großen Stil zivile und militärische Technologie, Werkzeuge und Maschinen imkapitalistischen Ausland. So besuchten sowjetische Einkaufkommissionen 1929/1930 westliche Staaten und beschafften u.a. in Großbritannien und den USA Kampffahrzeuge sowie in Deutschland Werkzeugmaschinen. Des Weiteren schloss man Abkommen über die Lizenzherstellung von Panzern in der UdSSR. Bis Ende der 1930er Jahre waren daher alle sowjetischen Panzer mehr oder minder stark von ausländischen Vorbildern beeinflusst.

Doch nicht nur auf technischem Gebiet machte die Sowjetunion große Fortschritte, auch auf militärtheoretischem und taktischem Gebiet ging man neue Wege. Die Unterstützung der Westmächte und Japans für die »Weißen« während des Bürgerkriegs sowie die in der eigenen Ideologie angelegte Vorstellung der »Weltrevolution«, verfestigten in der sowjetischen Führung die Meinung, ein Krieg mit dem Westen sei unausweichlich. Um diesen mit Erfolg führen zu können, studierte die Rote Armee sehr genau die Ereignisse des 1. Weltkriegs und des heimischen Bürgerkriegs. Ab Mitte der 1920er Jahre entstand daraus die Doktrin der »Tiefen Operation« (auch »Tiefer Schlag«), bei der die gegnerische Front in ihrer ganzen Tiefe durch koordinierte Aktionen von Infanterie, Artillerie, Pionieren, Panzern und Luftwaffe angegriffen werden sollte. Einen erheblichen Teil dieser Kräfte sollten Panzerformationen stellen. Neben Typen zur unmittelbaren Infanterieunterstützung (T-26) sollten dazu schnelle Fahrzeuge, die tief im Hinterland des Gegners operierten (BT-Reihe) und schwere Panzer gehören, welche den Durchbruch durch stark verteidigte Stellungen zu erzwingen vermochten (T-35). Verfeinert und weiter vertieft wurde diese Theorie auch durch die Zusammenarbeit mit der deutschen Reichswehr (u.a. in der Panzertruppen Schule Kama nahe Kasan) von Ende der 1920er Jahre bis 1933. Schwere Panzer waren also bereits früh Teil der Planungen der Roten Armee. Der erste in Serie gebaute schwere Panzer der UdSSR, der T-35, entsprach dem Denken seiner Zeit und wirkte mit seinen fünf Drehtürmen wie eine mächtige Waffe – reizte jedoch die technischen Möglichkeiten der sowjetischen Industrie bis über deren Grenzen aus und erwies sich letztlich als Fehlschlag. Die nächste Generation schwerer Panzer basierte auf den Lehren, die man aus dem T-35 gezogen hatte, und besaß nur noch zwei Türme (SMK und T-100), bzw. einen Turm (KW). Mit dem KW schufen die sowjetischen Konstrukteuere einen Panzer, der zur Zeit seiner Einführung einzigartig auf der Welt war. Ein 600 PS starker Diesel, eine Drehstabfederung, Funkausstattung, ein schlagkräftiges Geschütz im Kaliber 76,2 mm sowie eine von den Pak und KwK jener Tage kaum zu überwindende Panzerung suchten in dieser Kombination ihresgleichen. 1940 war der KW ohne Frage der beste und stärkste Kampfpanzer der Welt. Allerdings ein Champion mit einer Reihe von Schwachpunkten. Das hohe Gewicht überforderte den Antriebsstrang sowie die Bremsen. Die Aufgabenverteilung der Besatzung und deren Beobachtungsmöglichkeiten aus dem Panzer waren alles andere als ideal und schmälerten die Vorteile eines im Grunde hervorragenden Entwurfes. Die Konstrukteure um Josef Kotin, dem Schöpfer des KW, passten den Grundentwurf jedoch im Laufe der Jahre immer wieder den veränderten Erfordernissen an, verbesserten Schwachtstellen und entwickelten auf Basis des KW schließlich die Panzer der JS-Reihe.

Das die Roter Armee im Sommer und Herbst 1941 trotz ihrer überlegenen Panzer am Rande einer Niederlage stand, war vor allem der noch zu geringen Zahl an KW und T-34, einem eklatanten Mangel an Ersatzteilen, Treibstoff und Munition sowie schlecht ausgebildeten Besatzungen geschuldet.

Der Vormarsch der Wehrmacht und ihrer Verbündeten führte dazu, dass die sowejetischen Rüstungsbetriebe im Herbst 1941 nach Osten verlegt wurden. Dies traf auch auf das Herstellungswerk der KW-Panzer zu, welches von Leningrad (heute Sankt Petersburg) nach Tschlejabinsk im Ural verlegt und mit der dortigen Fabrik für Traktoren zum Kirow-Werk Tscheljabinsk verenigt wurde. Als die schwierige Umstellung überwunden war, lief die Fertigung bald in höheren Zahlen als zuvor – und dies ungestört von deutschen Luftangriffen und mit der Gewissheit, auf praktisch unbegrenzte Rohstoffreserven zurückgreifen zu können. Die Konzentration auf die KW-Reihe und deren sukzessive Verbesserung bis hin zu den JS-Modellen sowie deren rücksichtslose Anpassung an die Erfordernisse der Massenfertigung führten zu erstaunlichen Produktionszahlen, die jene des deutschen Reiches um ein Mehrfaches übertrafen. Als Speerspitze der Roten Armee trugen die schweren Panzer und Sturmgeschütze der KW- und JS-Reihe erheblich zum Sieg der UdSSR über das Deutsche Reich bei und sind so in die Geschichte eingegangen. Als dann im Rahmen der alliierten Siegesparade durch Berlin am 7. September 1945 JS-3 an den Vertretern der westlichen Siegermächte vorbeirollten, war dies eine eindrückliche Demonstration sowjetischer Macht und zugleich Vorbote des kommenden Kalten Krieges – doch dies ist ein anderes Kapitel.

JSU-152 der polnischen Streikräfte im Jahr 1945.

Diese Propagandaaufnahme dreier KW-1 ist am 31. Dezember 1941 nahe Moskau enstanden. Der mittlere Panzer trägt die Aufschrift »Frohes neues Jahr«.

Panzerkampfwagen T-35

Basierend auf Erfahrungen des Ersten Weltkriegs entstand in vielen Staaten die Idee eines mehrtürmigen, schweren Kampfwagens, der die feindlichen Linien durchbrechen und dank seiner umfangreichen Bewaffnung sowohl gegnerische Infanterie als auch Feldbefestigungen und Bunker gleichzeitig bekämpfen können sollte. Erster Ausdruck dieses Konzepts war der französische Char 2C des Jahres 1919, ein 68 t schwerer Tank, der bis 1921 in nur zehn Exemplaren gebaut wurde. 1926 folgte der britische Prototyp A1E1 „Independent", mit einem zentralen Hauptturm (mit 47-mm-KwK), der von vier MG-Türmen umgeben war.

Die anglo-amerikanische Literatur sieht im „Independent" häufig die Inspiration und das Vorbild der sowjetischen Mehrturmmodelle und gibt teils sogar an, dessen Konstruktionspläne seien durch Spionage in sowjetische und auch deutsche Hände gefallen. Sowohl sowjetische als auch moderne russische Autoren wiesen bzw. weisen dies aber zurück. Sicher ist jedoch, dass eine sowjetische Einkaufskommission 1930 Zeuge der Vorführung eines „Independent" im Vickers-Werk wurde und die Rote Armee 1930 die Entwicklung eines mehrtürmigen, schweren Durchbruchpanzers in Auftrag gab. Dieser wurde im Konstruktionsbüro AWO-5 (kurz darauf unbenannt in OKMO) des Bolschewik-Werks in Leningrad (Fabrik Nr. 232) unter der Leitung von O.M. Iwanow entwickelt. Ein erster, 42 t schwerer Prototyp wurde im Juli (nach anderen Quellen August) 1932 fertig gestellt und besaß nicht weniger als fünf

Der britische Prototyp A1E1 „Independent" gilt mit seinem fünf Türmen oft als Vorbild des T-35.

Technische Angaben	T-35
Typ	schwerer Panzerkampfwagen
Hersteller	Lokomotivwerk Charkow (Fabrik Nr. 183)
Gebaute Stückzahl	61 (inklusive zwei Prototypen)
Gefechtsgewicht	49.900 kg
Länge	9720 mm
Breite	3200 mm
Höhe	3430 mm
Motor	M-17T, 12-Zylinder-Ottomotor
Leistung kW/PS	368/500 bzw. 427/580
Leistungsgewicht	10 PS/t bzw. 11,6 PS/t
Höchstgeschwindigkeit	30 km/h (Straße), 12,5 km/h (Gelände)
Kraftstoffvorrat	910 l
Fahrbereich	150 km (Straße)
Furttiefe	1,2 m
Besatzung	10–12
Bewaffnung	1 x 76,2-mm-KwK L/16 KT-28, 2 x 45-mm-KwK 20-K L/46, 6 x 7,62-mm-DT-MG
Kampfsatz	96 x 76,2 mm, 220 x 45 mm, 10.080 x 7,62 mm
Panzerung (mm/Neigung)	
Wannenfront	30/70°
Wannenbug	20/50°
Wannenseite oben/unten	20/20 + 10 (Seitenschürzen) /90°
Wannenheck	20 mm
Wannenoberseite	10/0°
Wannenunterseite	10 – 20/0°
Turmfront	20/90°
Turmseiten	20/90°
Turmheck	20/0°
Turmdach	10/0°

Der erste Prototyp des späteren T-35, der T-35-1. Erkennbar an den sechs Laufrollen sowie dem runden Dach des Hauptturms. Man beachte die zylindrischen Kuppeln für den Fahrer und den Schützen des Bug-MG.

Der T-35-1 (hier rechts im Bild) und der T-35-2 (hier links) während einer Parade zum 7.November 1933 in Moskau. Man beachte die Auspuffanlage auf den Kettenabdeckungen.

Die Serienfahrzeuge besaß pro Seite acht Laufrollen in vier Paaren. Die Kettenblenden waren fest mit den Wannenseiten vernietet.

Drehtürme. Der Hauptturm mit kuppelförmigem Dach trug eine kurzläufige 76,2-mm-KwK PS-3 sowie zwei 7,62-mm-MG DT-29. Diagonal versetzt davor und dahinter befanden sich zwei Türme mit je einer 37-mm-KwK PS-2 und zwei weitere kleine Türme mit je einem 7,62-mm-MG DT-29. Zusätzlich war in die geneigte Frontplatte ein 7,62-mm-MG DT-29 in einer Kugelblende verbaut. Da diese Abschrägung der Front den Einbau einer konventionellen Sichtklappe verhinderte, waren für den links sitzenden Fahrer und den rechts befindlichen MG-Schützen runde Kuppeln mit Sehschlitzen vorhanden. Das Laufwerk bestand pro Seite aus sechs Laufrollen in Scherenaufhängung und war durch Kettenblenden geschützt. Motor und Getriebe waren im Wannenheck platziert und verwendete überarbeitete Versionen des für den Prototyp TG-1 konzipierten Antriebs, während die Lenkung pneumatisch unterstützt wurde und daher für damalige Verhältnisse sehr leichtgängig war. Dieses als T-35-1 bezeichnete Versuchsfahrzeug wurde ab Herbst 1932 erprobt, wobei sich erhebliche Mängel bezüglich des 300 PS starken M-6 Benzinmotors, des Getriebes sowie der pneumatisch unterstützten Lenkung zeigten. Der im Frühjahr 1933 folgende T-35-2 erhielt daher ein neues Getriebe, eine konventionell betätigte Lenkung und einen 500 PS leistender Ottomotor M-17T. Der M-17 war eine in der UdSSR gefertigte Lizenzausführung des deutschen Flugzeugmotors BMW VI und trieb z. B. die Bomber Tupolew TB-3 und Polikarpow R-5 an. Das wassergekühlte V-12-Aggregat leistete in Flugzeugen je nach Kompressionsstufe zwischen 600 und 750 PS. In seiner Form als Panzermotor M-17T wurden die Drehzahl begrenzt, die Kompression verringert, eine verbesserte Kühlanlage verwendet und diverse Detailänderungen vorgenommen. Der Hauptturm des T-35-2 war nun identisch mit dem des mittleren Panzerkampfwagens T-28 und nicht mehr kreisrund, sondern oval mit flachem Dach. Des Weiteren kamen modifizierte Laufwerksschürzen mit Wartungsschürzen zum Einbau.

Während die Erprobung der Versuchsfahrzeuge noch andauerte, liefen die Arbeiten an einem als T-35A bezeichneten Entwurf für die Serienfertigung. Dieser verfügte über eine verlängerte Wanne, weshalb das modifizierte Laufwerk acht Laufrollen je Seite aufwies. Die Auspuffanlage wurde von den Kettenabdeckungen auf das Wannenheck verlegt. Die Frontplatte war nun nicht mehr durchgängig abgeschrägt, sondern erhielt eine Stufe, in der mittig die Sichtblende des Fahrers eingelassen war. Die beiden Kuppeln für Fahrer und MG-Schütze sowie das Bug-MG entfielen. Da der T-35A mit einer Funkanlage 71-TK-1 ausgerüstet war, wurde am Turm eine auffällige Rahmenantenne installiert. Die Hauptwaffe war wie beim T-28 eine 76,2-mm-KwK KT-28 L/16,5. Die Mündungsgeschwindigkeit eines 7 kg schweren Sprenggeschosses lag bei 262 m/s, die eines 6,5 kg schweren Splittergeschosses bei 381 m/s. Die maximale Reichweite lag bei 6400 m, der Höhenrichtbereich betrug –5° bis +25°. Ein 7,62-mm-MG DT-29 war rechts neben

Ein früher T-35 des Baujahres 1934. Man beachte das leicht abgerundete Turmdach sowie die Rahmenantenne, die nur sechs Streben am Turm hielten.

Ein T-35 während einer Parade auf dem Roten Platz in Moskau. Der T-35 wurde von der sowjetischen Führung gern öffentlich vorgeführt, um Zeugnis von der Leistungsfähigkeit der sowjetischen Industrie und der Roten Armee abzulegen.

Ab Ende 1936 gebaute T-35 wiesen eine Rahmenantenne mit acht Streben auf.

Einer der letzten vier T-35, gebaut zwischen März und April 1939 während der Parade zum 1. Mai 1939 in Moskau. Man beachte den konischen Hauptturm sowie die konischen Nebentürme.

Dieser T-35 gehört zu sechs Fahrzeugen, die von Oktober 1938 bis Februar 1939 entstanden. Man beachte auch hier die typischen Türme der letzten zehn T-35.

Ukraine, Sommer 1941: T-35 Modell 1937 des sowjetischen 67. oder 68. Panzerregiments im Raum Lwow (Lemberg). (Vincent Bourguignon)

der Hauptwaffe in einer separaten Kugelblende lafettiert und wurde vom Kommandanten bedient. Im Turm wurde ein weiteres MG mitgeführt, das durch eine verschließbare Klappe am Turmheck, oder ab 1937 bei einigen T-35 als Fla-MG auf dem Turm, zum Einsatz gebracht werden konnte.
Die größeren Nebentürme entsprachen weitgehend jenem des schnellen Panzers BT-5 und waren mit 45-mm-KwK 20-K und koaxialen 7,62-mm-MG anstatt der bisherigen 37-mm-Kanonen bestückt, während die MG-Türme mit denen des T-28 identisch waren. Die 45-mm-KwK 20-K L/46 erzielte mit einer 1,43 kg schweren Panzergranate BR-240 eine Mündungsgeschwindigkeit von 760 m/s und war für ihre Zeit eine erstklassige Waffe zur Bekämpfung gegnerischer Kampfwagen. Auf 500 m Entfernung durchschlug die BR-240 (bei einem Auftreffwinkel von 90°) 59 mm Panzerstahl, auf 1000 m wurden bei gleichen Bedingungen noch 50 mm erzielt. Der Höhenrichtbereich im T-35 lag bei –8° bis +23°.
Die Besatzung des T-35A (später schlicht T-35 genannt) bestand aus nicht weniger als 12 Mann. Der Fahrer sowie zwei Mechaniker saßen in der Wanne, je zwei Mann in den Türmen mit 45-mm-Kanone und je ein Mann in den beiden MG-Türmen. Im Hauptturm befanden sich der Kommandant (zugleich

Ladeschütze der 76,2-mm-KwK), der Richtschütze sowie der Funker. In der Praxis reduzierte sich die Besatzung jedoch häufig um ein bis zwei Mann, da die Mechaniker nicht immer an Bord genommen wurden.
Der T-35A wurde am 11. August 1933 für die Serienproduktion ausgewählt, die jedoch nicht in Leningrad, sondern im Lokomotivwerk Charkow stattfinden sollte. Und zwar war die Panzerproduktion in Leningrad seit Februar 1933 aus dem Bolschewik-Werk Nr. 232 in das K.E.Woroschilow-Werk Nr. 174 ausgegliedert worden, das bereits den leichten T-26 baute und daher keine freie Kapazitäten mehr hatte. Der erste T-35A wurde am 1. November 1933 fertig gestellt, bis September 1938 folgten 48 weitere Exemplare. Diese 49 Fahrzeuge wurden in Laufe ihrer Dienstzeit immer wieder modifiziert, um Mängel abzustellen und um die Beweglichkeit zu verbessern. Bereits 1936 bemängelte die Rote Armee häufige Motorschäden aufgrund mangelhafter Luftfilter sowie Probleme mit Getrieben und Vorgelegen. Ab Ende 1936 wurde die Zahl der Halterungen für die Rahmenantenne von sechs auf acht erhöht und es kam die Funkanlage 71-TK-3 mit größerer Reichweite zum Einbau. Zudem wurde das bis dahin große, einteilige Turmluk durch zwei getrennte Luken für Kommandant und Richtschütze ersetzt und die Möglichkeit geschaffen, das im Turm mitgeführte DT-MG als Fla-Waffe auf den Turm zu setzen. Ab 1937 wurde ein auf 580 PS verstärkter M-17 Motor verbaut. Ältere Fahrzeuge wurden bei Hauptinstandsetzungen auf den neuen Standard nachgerüstet und schließlich 1938 ein umfassendes Programm zu Modernisierung aller T-35 durchgeführt, um den Rüststand zu vereinheitlichen. Nach dieser Modernisierung brachten die Fahrzeuge annähernd 50 t auf die Waage.
Im Oktober 1938 schließlich begann die Fertigung der letzten zehn T-35. Diese besaßen nun konisch geformte Türme zur besseren Geschossablenkung sowie eine auf 25 mm verstärkte Panzerung des Hauptturms. Zudem wurden die Kettenblenden überarbeitet und erhielten, wie schon der T-35-2, abklappbare Wartungsöffnungen. Bei den ersten sechs Fahrzeugen dieses letzten Bauloses waren diese sechs Öffnungen annähernd dreieckig, die letzten vier dagegen besaßen sieben rechteckige Wartungsklappen. Die hinten liegenden Treibräder waren nun nicht mehr von Kettenblenden bedeckt. Nur einer dieser letzten zehn T-35 wies noch Halterungen für eine Rahmenantenne auf, da nun eine Peitschenantenne verbaut wurde. Die Frontpanzerung der Wanne wurde auf bis zu 70 mm erhöht. Zwei T-35 mit konischen Türmen zeigten am Turmheck Kugelblenden für MG. Das Gewicht dieses oft auch T-35 Modell 1939 genannten Panzers war auf 54 t gestiegen.
Zählt man die beiden Prototypen hinzu, wurden bis April 1939 insgesamt 61 T-35 gebaut. Die Rote Armee machte sich rasch keine Illusionen mehr über den Einsatzwert dieser großen und schweren Fahrzeuge, die sich nicht nur als mechanisch anfällig erwiesen, sondern aufgrund ihres ungünstigen Längen-Breiten-Verhältnisses auch schwer zu lenken und nicht allzu geländegängig waren. Die T-35 erhielten daher besonders ausgesuchte, erstklassige Besatzungen und Mechaniker. Bei Manövern kamen die Fahrzeuge nur selten zum Einsatz, umso häufiger jedoch bei Paraden. Dort hinterließen die großen Kampfwagen erheblichen Eindruck – nicht nur bei der eigenen Bevölkerung, sondern auch bei ausländischen Beobachtern. Der T-35 war eine Propagandawaffe, die Zeugnis von der Leistungsfähigkeit der sowjetischen Industrie und der Roten Armee ablegen sollte. Nicht ohne Grund hatte die sowjetische Führung bereits vor Beginn der Serienfertigung im Jahre 1933 festgelegt, den T-35 innerhalb der nächsten fünf Jahre ersetzen zu wollen. Da aber alle Projekte eines möglichen Nachfolgemodells zunächst nicht über das Reißbrett hinauskamen, stand der T-35 auch 1940 noch im Dienst. Obwohl als schwerer Durchbruchspanzer konzipiert, nahm der Typ wohlweislich nicht am Winterkrieg 1939/40 gegen Finnland teil. Im Juni 1940 wurde dann entschieden, die T-35 aufgrund der internationalen Lage trotz ihrer Schwächen so lange wie technisch möglich weiter zu nutzen. Der Großteil der Fahrzeuge wurde aber nichtsdestoweniger im Militärbezirk Kiew – also in einem der westlichen militärischen Grenzbezirke der UdSSR – beim 67. und 68. Panzerregiment der 34. Panzerdivision des 8. Mechanisierten Korps zusammengefasst. Im Juni 1941 waren dort 48 der insgesamt 61 gebauten Panzer stationiert. Zwei T-35 befanden sich in der Militärakademie Moskau, sechs in der Panzerschule Saratow und fünf zur Hauptinstandsetzung im Herstellerwerk Charkow.
Nach Beginn des Angriffs auf die UdSSR am 22. Juni 1941 (Unternehmen „Barbarossa") stellten sich die T-35 des 67. und 68. Panzerregiments ab dem 24. Juni vorstoßenden deutschen Einheiten entgegen und gingen sämtlich bis zum 9. Juli jenes Jahres im Raum Lwow (Lemberg) in der Ukraine verloren. Allerdings wurden nur sieben der 48 Panzer durch Beschuss ausgeschaltet, die Masse fiel aufgrund mechanischer Probleme (Getriebe- oder Kupplungsschäden, defekte Bremsen oder Motoren) aus; zwei stürzten, wohl ob ihres hohen Gewichts respektive ihrer Abmessungen, von Brücken, zwei weitere fuhren sich in Sümpfen fest und konnten nicht geborgen werden. Der Verbleib der restlichen 13 T-35 ist teilweise nicht geklärt. Vier Fahrzeuge, die sich zur Hauptinstandsetzung im Herstellerwerk befanden, wurden im Oktober 1941 zur Verteidigung Charkows eingesetzt. Die beiden T-35 der Militärakademie in Moskau tauchen auf Bildern auf, die Ende 1941 bei Verteidigungsanstrengungen in der Stadt gemacht wurden. Ob diese Panzer aber tatsächlich noch an Kämpfen beteiligt waren, ist unklar. Sicher ist jedoch, dass nur ein T-35 (Seriennummer 197-7) den Krieg überstand; er steht heute im Panzermuseum Kubinka. Man darf davon ausgehen, dass alle anderen T-35 entweder bis Anfang 1942 verloren gingen oder aber verschrottet wurden.

Ein T-35 der Militärakademie für Mechanisierung und Motorisierung Ende 1941 im Einsatz während der „Schlacht um Moskau". Man beachte die beiden Scheinwerfer auf der Hauptwaffe, die zur Steigerung der Nachtkampffähigkeit 1940 an den beiden T-35 der Militärakademie installiert worden waren. Dahinter ein T-34.

Eine ganze Reihe T-35 fiel den deutschen Truppen mehr oder minder unbeschädigt, aber defekt in die Hände. Einer dieser Panzer wurde zur Erprobung in die Heeresversuchsstelle Kummersdorf verbracht und dort eingehend untersucht. Im April 1945 wurde das Fahrzeug im Raum Zossen, ohne Ketten, Kettenblenden und Bewaffnung, offenbar als eine Art Bunker im Kampf gegen die vorrückende Rote Armee eingesetzt und von dieser „zurückerobert".

Obwohl technisch und taktisch ein Fehlschlag, hält die Faszination für diesen eindrucksvollen Panzertyp bis heute an. 2016 entstand ein fahrbereiter Nachbau, der heute im Militärmuseum von Werchnjaja Pyschma ausgestellt ist.

Artillerie-Selbstfahrlafette SU-14

Bereits am 17. September 1931 forderte die Rote Armee eine Selbstfahrlafette, die als Plattform für unterschiedliche schwere Geschütze dienen konnte. Das Konstruktionsbüro der Fabrik Nr. 185 S.M. Kirow in Leningrad entwarf daraufhin unter der Leitung von P.N. Syachintow ein Fahrzeug auf Basis des T-35 (sowie einiger Komponenten des T-28), das sich sowohl mit der 203-mm-Haubitze B-4 als auch mit der 152,4-mm-Kanone Br-2 bestücken ließ. Um diese schweren Waffen unterbringen zu können, musste die Wanne des T-35 erheblich umgestaltet werden. Motor und Getriebe lagen nun vor dem am Heck befindlichen offenen Kampfraum und der Fahrer war links vorn neben dem Antriebsstrang untergebracht. Ein erster, als SU-14 bezeichneter Prototyp mit 203-mm-Haubitze wurde 1934 fertig gestellt. Obwohl die Wanne 10–20 mm stark gepanzert war, blieben Geschütz und Mannschaft weitgehend ohne Panzerschutz. Am Heck des Kampfraumes waren zwei kleine Kräne installiert, die beim Laden der 100 kg bzw. 146 kg (Betongranate/Sprenggranate) schweren 203-mm-Munition helfen sollten. Vor dem Feuern konnte das Fahrwerk entkoppelt werden, um eine stabilere Schießplattform zu erhalten. Der Höhenrichtbereich der Hauptwaffe lag bei 0° bis +60°, der Seitenrichtwinkel betrug je 4° nach links und rechts. Die maximale Schussweite mit der 100 kg schweren 203-mm-Sprenggranate F-625 lag bei 17.890 m. Aufgrund einiger Schwachstellen (u. a. Instabilität beim Feuern, Fahrwerksbrüche) folgte im Frühjahr 1936 ein verbesserter, als SU-14-1 bezeichneter zweiter Prototyp. Dieser erhielt ein modifiziertes Getriebe, eine veränderte Kupplung sowie neue Vorgelege und ein verstärktes Fahrwerk. Die Möglichkeit zum Entkoppeln der Fahrwerksfederung wurde entfernt. Zudem kam ein 580 PS leistender Motor M-17 zum Einbau. Beide Fahrzeuge lassen sich gut an ihren Fahrwerksblenden unterscheiden. Die SU-14 besaß darin vier rechteckige Öffnungen, während die SU-14-1 sechs große und zwei kleinere Öffnungen aufwies. Zudem blieben bei der SU-14-1 Leit- und Antriebsrad unbedeckt. Beide Selbstfahrlafetten wurden nach der Erprobung der 203-mm-Haubitze auch mit der 152,4-mm-Kanone Br-2 versehen. Der Seiten- und Höhenrichtbereich dieser Waffe entsprach der Haubitze des Modells B-4. Die höchste Schussweite der 49 kg schweren Sprenggranate 53-OF-550 lag bei 27.000 m.

Technische Angaben	**SU-14**
Daten für SU-14 mit 203-mm-Haubitze B-4	
Typ	schwere Artillerie-Selbstfahrlafette
Hersteller	Werk Nr. 185 S.M. Kirow in Leningrad
Gebaute Stückzahl	2 Prototypen
Gefechtsgewicht	48.000 kg
Länge	9300 mm
Breite	3237 mm
Höhe	2855 mm
Motor	M-17T, 12-Zylinder-Ottomotor
Leistung kW/PS	368/500
Leistungsgewicht	10,42 PS/t
Höchstgeschwindigkeit	22 km/h (Straße)
Kraftstoffvorrat	861 l
Furttiefe	1,2 m
Fahrbereich	120 km (Straße)
Besatzung	8
Bewaffnung	1 x 203 mm-Haubitze L/25 B-4 oder 152,4-mm-Kanone L/47,2 Br-2, 3 x 7,62-mm-DT-MG
Kampfsatz	8 x 203 mm bzw. 8 x 152,4 mm, 2268 x 7,62 mm
Panzerung	10–20 mm

Nachdem Chefkonstrukteur P.N. Syachintow am 31.Dezember 1936 verhaftet und schließlich am 6. Mai 1937 hingerichtet worden war, brach man die Erprobung ab. SU-14 und SU-14-1 wurden eingelagert. Nach Beginn des sowjetisch-finnischen Winterkrieges im Dezember 1939 erinnerte sich die Führung der Roten Armee der beiden Selbstfahrlafetten, da dringend schwere Geschützen zum Beschuss finnischer Befestigungen benötigt wurden. Daher wurden ab Januar 1940 beide Fahrzeuge in Leningrad überholt und mit einem gepanzerten

Die SU-14 mit der 152,4-mm-Kanone Br-2.

Die SU-14 mit der 152,4-mm-Kanone Br-2.

Aufbau versehen, der an der Front 50 mm und an den Seiten 30 mm stark war. Aufgrund einer verzögerten Lieferung der Panzerplatten erfolgte die Fertigstellung nicht vor Ende März 1940 – zu einem Zeitpunkt, als der Krieg gegen Finnland bereits beendet war. Der gepanzerte Aufbau ließ das Gewicht der nun SU-14-2 genannten Fahrzeuge auf gut 64 t ansteigen, weshalb die Gummibereifung der Laufräder durch Stahl ersetzt werden musste. Die beiden mit der 152,4-mm-Kanone Br-2 bewaffneten Selbstfahrlafetten wurden zwar erprobt, bewährten sich aber nicht. Im Juni 1940 erwog die Rote Armee kurzzeitig, alle T-35 zu Selbstfahrlafetten ähnlich der SU-14-2 umzurüsten, verwarf diesen Plan aber, da mit dem KW-2 bereits ein besseres Fahrzeug zur Verfügung stand. Die beiden SU-14-2 wurden zum Testgelände Kubinka verbracht und erneut eingelagert. Als sich im Winter 1941 die Wehrmacht Moskau näherte, feuerten die Fahrzeuge aus ihren Stellungen aus großer Entfernung auf deutsche Einheiten. Beide Selbstfahrlafetten überstanden den Krieg, die auf der SU-14 basierende wurde 1960 verschrottet, die andere befindet sich noch heute im Museum von Kubinka.

Die SU-14-2 mit Panzeraufbau Ende 1940 in Kubinka.

SU-14-2 im Panzermuseum von Kubinka am 16. August 2016. (Alf van Beem)

Panzerkampfwagen T-100

Aufgrund der Erfahrungen des Spanischen Bürgerkrieges (1936–39) forderte die Führung der Roten Armee im November 1937 eine verbesserte Version des T-35, dessen Panzerung sie mittlerweile als zu schwach bewertete. Die vom Lokomotivwerk Charkow vorgestellten Pläne überzeugten die zuständigen Stellen jedoch nicht, weshalb die Anforderung überarbeitet und andere Konstruktionsbüros beauftragt wurden. Der neue Typ sollte dem Beschuss durch 45-mm-Pak aus der Nähe und von 76,2-mm-Geschützen aus 1200 m Entfernung standhalten, mit drei Geschützen (2 x 45 mm in diagonal versetzten Drehtürmen vor und hinter einem erhöhten Hauptturm mit 1 x 76,2 mm) und einem dem T-35 ähnlichen Laufwerk ausgerüstet sein. Das Gewicht sollte ca. 50 bis 60 t betragen. Im April 1938 begannen daher zwei in Leningrad angesiedelte Betriebe, das Kirow-Werk Nr. 185 und das Werk Nr. 100 (das verwirrender Weise zu Ehren des im Dezember 1934 ermordeten Parteifunktionärs Sergej Mironowitsch Kirow den Beinamen „S.M. Kirow“ führte) mit der Entwicklung entsprechender Fahrzeuge. Am 7. August 1938 legte der Rat der Volkskommissare der UdSSR fest, dass das Werk Nr. 185 bis zum 1. Juni 1939 einen Prototyp fertig stellen sollte. Die Entwicklung des als T-100 bezeichneten Fahrzeugs wurde im Konstruktionsbüro SKB-1 von E.Sch. Paley und I.W. Gawalow geleitet, die ihren Entwurf am 1. Oktober 1938 den offiziellen Stellen vorlegten. Trotz der Tatsache, dass anstelle eines T-35-Laufwerks ein Stützrolllaufwerk mit moderner Drehstabfederung gewählt worden war, wurde die Genehmigung zur Fortführung der Arbeiten erteilt. Als während einer gemeinsamen Sitzung des Politbüros und des Staatlichen Verteidigungskomitees die Entwürfe und Holzmodelle gezeigt wurden, gab Josef Stalin den Befehl, die Anzahl der Türme auf zwei zu reduzieren, um bei gleichem Gewicht eine stärkere Panzerung realisieren zu können. Der Bau des entsprechend modifizierten Prototyps lief schließlich im Januar 1939 an, die Fertigstellung erfolgte am 31. Juli jenes Jahres. Der T-100 und sein Konkurrenzentwurf SMK ähnelten sich auf den ersten Blick sehr. Der T-100 besaß ein Stützrollenlaufwerk mit pro Seite acht Laufrollen sowie einen erhöhten Hauptturm (360° drehbar) mit einer 76,2-mm-KwK L-10 und koaxialem 7,62-mm-MG vom Typ DT. Davor angeordnet war ein kleinerer Turm (242° drehbar) mit einer 45-mm-KwK 20-K und koaxialem 7,62-mm-MG DT. Auf dem Hauptturm befand sich die drehbare Kommandantenkuppel, in der ein weiteres 7,62-mm-MG DT lafettiert war, das sich auch zur Flugabwehr einsetzen ließ.

Technische Angaben	**T-100**
Typ	schwerer Panzerkampfwagen
Hersteller	Werk Nr. 185 Leningrad
Gebaute Stückzahl	1 Prototyp
Gefechtsgewicht	58.000 kg
Länge	8495 mm
Breite	3400 mm
Höhe	3430 mm
Motor	GAM-34BT, 12-Zylinder-Ottomotor
Leistung kW/PS	625/850
Leistungsgewicht	14,66 PS/t
Höchstgeschwindigkeit	35 km/h (Straße), 15 km/h (Gelände)
Kraftstoffvorrat	1160 l
Fahrbereich	200 km (Straße)
Furttiefe	1,25 m
Besatzung	6
Bewaffnung	1 x 76,2-mm-KwK L/16,5 L-10 oder L/30 L-11, 1 x 45-mm-KwK 20-K L/46, 3 x 7,62-mm-DT-MG
Kampfsatz	150 x 76,2 mm, 300 x 45 mm, 3528 x 7,62 mm
Panzerung (mm/Neigung)	
Wannenfront	60/k. A.
Wannenbug	20/k. A.
Wannenseite	60/90°
Wannenheck	60/k. A.
Wannenoberseite	20/0°
Wannenunterseite	20–30/0°
Turmfront	60/k. A.
Turmseiten	60/k. A.
Turmheck	60/k. A.
Turmdach	20–30/0°

Der T-100 war im Hauptturm zunächst mit einer 76,2-mm-Kanone L-10 ausgerüstet.

Der T-100 an der Front im Winterkrieg gegen Finnland.

Der Motor war ein modifiziertes Mikulin-Flugzeugtriebwerk AM-34, das als Panzertriebwerk GAM-34BT mit einem veränderten Kühlsystem sowie einem anderen Anlasser ausgerüstet wurde und 850 PS leistete. Der 58 t schwere T-100 hatte eine Besatzung von sechs Mann und war mit einer Funkanlage 71-TK-3 versehen.

Der T-100 wurde ab August 1939 getestet und ab Dezember gemeinsam mit dem SMK sowie dem ersten KW-1 ab dem 17. Dezember 1940 im Winterkrieg gegen Finnland eingesetzt. Kurz vor diesem Einsatz wurde die L-10-Kanone des Hauptturms noch gegen die leistungsfähigere L-11 mit längerem Rohr ausgetauscht. Während eines Angriffes auf finnische Stellungen fuhr der SMK am 19. Dezember 1939 auf eine Mine, die das Laufwerk erheblich beschädigte. Nachdem ein Bergeversuch seitens des T-100 gescheitert war, deckte dieser das Ausbooten der Besatzung des SMK. Dabei erhielt das Fahrzeug mindestens sieben finnische Paktreffer getroffen, die sämtlich wirkungslos abprallten.

Obwohl der T-100 aufgrund eines Motordefektes kurzzeitig von der Front abgezogen werden musste, blieb der Panzer bis zum Ende der Kämpfe gegen Finnland am 13. März 1940 im Einsatz. Während dieser Zeit erhielt der T-100 14 weitere

Pak-Treffer, doch die finnischen Pak der Kaliber 37 mm, 45 mm und 47 mm waren gegen die 60 mm starke Panzerung des Fahrzeugs wirkungslos. Nach Ende der Feindseligkeiten wurde der T-100 zurück ins Werk verbracht, wo der Motor ausgetauscht und Reparaturen vorgenommen wurden.

Bereits im Januar 1940 war gefordert worden, den T-100 mit einem neuen Hauptturm auszurüsten, der groß genug sein sollte, um eine 152-mm-Haubitze M-10 zu beherbergen. Dieser Turm wurde zwar im März 1940 fertig gestellt, jedoch nie auf die Wanne des T-100 gesetzt. Der mit einer 152-mm-Haubitze bewaffnete T-100Z wurde gestrichen, da mit dem KW-2 (s. Seite 61) eine günstigere Alternative zur Verfügung stand. Auch das Projekt des T-100 mit 76,2-mm-KwK wurde aufgrund des Vorhandenseins des KW-1 nicht weiter verfolgt. Der Turm des T-100Z fand jedoch offenbar als Teil eines Bunkers bei der Verteidigung Leningrads Verwendung.

Auf Basis des T-100 entwarf das Konstruktionsbüro des Werks Nr. 185 zudem einen Panzer mit nur einem Turm, der mit einer 76,2-mm-KwK L-11 sowie einer koaxialen 45-mm-KwK 20-K bewaffnet sein sollte. Obwohl ebenso stark gepanzert wie der zweitürmige T-100, war für dieses als Objekt 050 bezeichnete Fahrzeug nur ein Gewicht von rund 40 t veranschlagt, so dass ein 500-PS-Diesel W-2 zum Einbau kommen sollte. Obwohl der Bau eines Versuchsmusters im Ischorkij-Werk in Kolpino nahe Leningrad begonnen wurde, kam es zu keiner Fertigstellung.

Das Objekt 103 hingegen war eine Variante des T-100 mit nur einem Turm, die mit einem 130-mm-Marinegeschütz L/50 bewaffnet sein und vor allem dem Beschuss von Bunkern und Feldbefestigungen dienen sollte. Dieses Vorhaben kam aber über das Reißbrett nicht hinaus.

Der T-100 selbst wurde im Sommer 1940 aus Leningrad nach Kubinka verlegt, von wo er beim Herannahen der Wehrmacht zunächst nach Kasan und dann nach Tscheljabinsk verbracht wurde. Über das weitere Schicksal des Fahrzeugs liegen widersprüchliche Angaben vor. Während es mitunter heißt, der Panzer sei Ende 1943 verschrottet wurden, geben andere Autoren an, er sei noch bis in die 1950er-Jahre in Tscheljabinsk zu finden gewesen und erst dann eingeschmolzen worden.

Der T-100 besaß zwei Geschütze, ein kurzläufige 76,2-mm-Kanone im Hauptturm, die gegen Bunker, Feldbefestigungen und Infanterie eingesetzt werden sollt, sowie eine 45-mm-Kanone zum Kampf gegen Panzer. (Martin Spurny)

Sturmgeschütz SU-100Y

Anfang Dezember 1939 beauftragte der Militärrat der Nordwestfront das Werk Nr. 185 mit dem Bau eines Pionier- und Bergepanzers auf Basis des T-100. Bereits kurz darauf forderte die Rote Armee jedoch dringend ein neues Fahrzeug, das über ein Geschütz verfügen sollte, das leistungsfähig genug war, um finnische Bunker und Feldbefestigungen im direkten und indirekten Beschuss zu bekämpfen. Die im Werk Nr. 185 im Bau befindliche Variante des T-100 wurde daher modifiziert und mit einem gepanzerten, rundum geschlossenen, aber starren Aufbau versehen, an dessen Front ein 130-mm-Marinegeschütz B-13 lafettiert war. Diese Waffe verschoss eine 33,4 kg schwere Granate mit einer Mündungsgeschwindigkeit von 870 m/S bis auf eine Entfernung von 25.750 m. (Hinweis: Der gebräuchliche deutsche Begriff für derartige, vorwiegend für den direkten Einsatz auf dem Gefechtsfeld vorgesehene, rundum gepanzerte Kettenfahrzeuge lautete Sturmgeschütze, die Sowjets nannten sie etwas weitschweifiger Artillerie-Selbstfahrlafetten; worunter im Deutschen eher Panzerhaubitzen wie „Wespe“ und „Hummel“ zu verstehen sind).
Die Komplettierung des Fahrzeugs wurde dem Ischorski-Werk in Kolpino nahe Leningrad übergeben, welches die Pläne am 8. Januar 1940 und die Panzerwanne der SU-100X genannten Selbstfahrlafette am 24. Februar 1940 erhielt. Um die Fertigstellung zu beschleunigen, vereinfachte das Ischorski-Werk den Panzeraufbau erheblich, so dass sich die Bezeichnung in SU-100Y änderte. Obwohl die Selbstfahrlafette bereits am 14. März 1940 komplettiert wurde, kam sie doch zu spät, um noch im Kampf gegen finnische Befestigungen eingesetzt zu werden. Die SU-100Y wurde dennoch an die Front gesandt und feuerte probehalber auf eingenommene Bunker – mit großem Erfolg. Zu einer Serienfertigung kam es jedoch nicht, da für diese Aufgabe (die Bekämpfung von Bunkern und Befestigungen) bereits einer Variante des KW mit 152-mm-Haubitze auserkoren worden war. Die SU-100Y wurde wie der T-100 im Sommer 1940 nach Kubinka verlegt. Anders als der T-100 verblieb das Fahrzeug jedoch in Kubinka und feuerte (zusammen mit SU-14) im Winter 1941–42 aus vorbereiteten Stellungen auf große Entfernung auf vorstoßende deutsche Verbände. Die SU-100Y ist noch heute im Panzermuseum in Kubinka zu besichtigen.

Technische Angaben	**SU-100Y**
Typ	schwere Selbstfahrlafette/Sturmgeschütz
Hersteller	Werk Nr. 185 Leningrad, Ischorski-Werk Kolpino
Gebaute Stückzahl	1 Prototyp
Gefechtsgewicht	64.000 kg
Länge	10.900 mm (mit Rohr)
Breite	3400 mm
Höhe	3290 mm
Motor	GAM-34BT, 12-Zylinder-Ottomotor
Leistung kW/PS	625/850
Leistungsgewicht	13,28 PS/t
Höchstgeschwindigkeit	32 km/h (Straße), 12 km/h (Gelände)
Kraftstoffvorrat	1160 l
Fahrbereich	120 km (Straße)
Furttiefe	1,25 m
Besatzung	6
Bewaffnung	1 x 130-mm-KwK B-13 L/55, 3 x 7,62-mm-MG DT
Kampfsatz	30 x 130 mm, 7,62 mm k. A.
Panzerung (mm/Neigung)	
Wannenfront	60/k. A.
Wannenbug	60/k. A.
Wannenseite	60/90°
Wannenheck	60/k. A.
Wannenoberseite	20/0°
Wannenunterseite	20–30/0°
Aufbaufront	60/90°
Aufbauseiten	60/90°
Aufbauheck	60/90°
Aufbaudach	20/0°

Die SU-100Y im Panzermuseum von Kubinka. (Miklyxa13/Dreamstime.com)

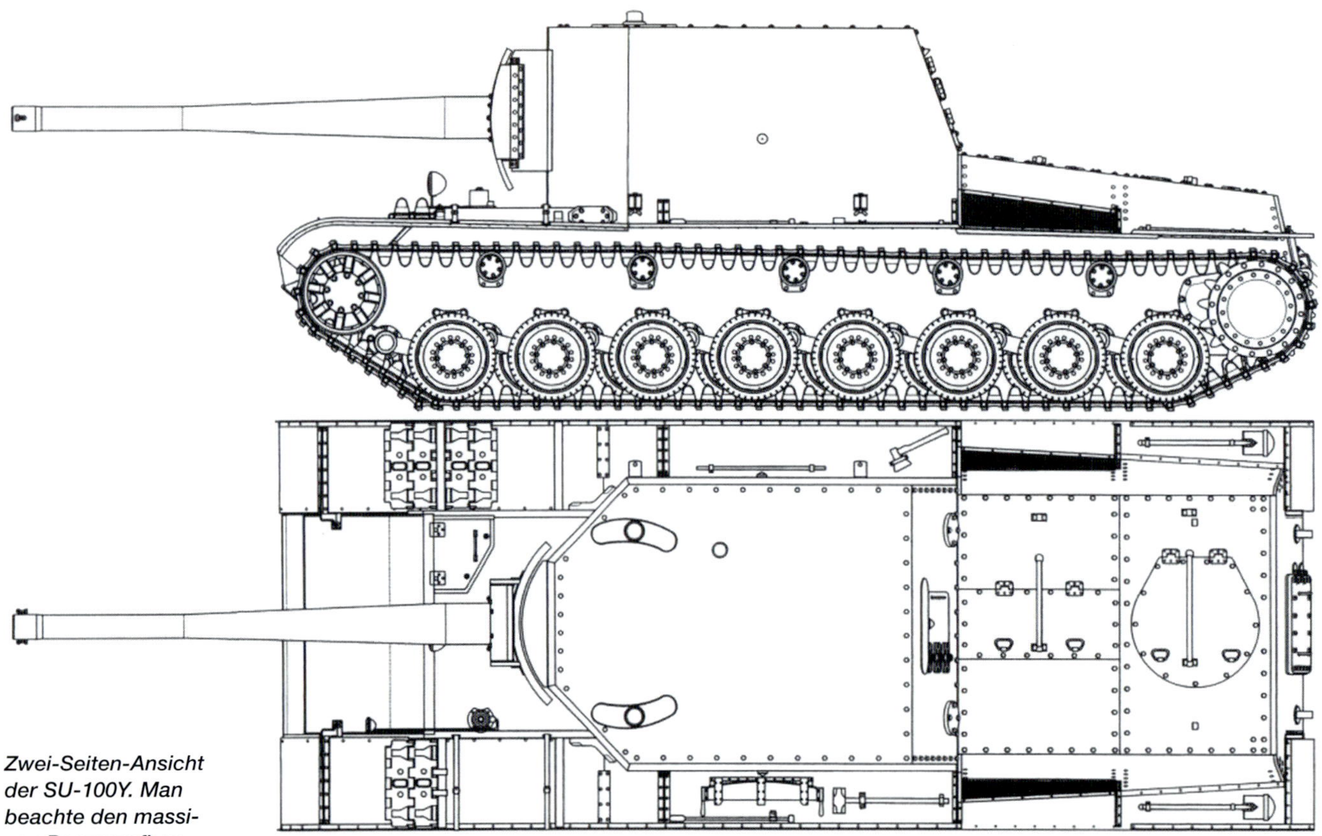

Zwei-Seiten-Ansicht der SU-100Y. Man beachte den massiven Panzeraufbau.

Panzerkampfwagen SMK

Die Entstehung dieses mehrtürmigen Kampfpanzers geht auf dieselbe Forderung zurück, wie jene des T-100 (s. Seite 20ff). Neben dem SKB-1 des Werks Nr. 185 entwarf auch das Werk Nr. 100 „Sergei Mironowitsch Kirow" ab April 1938 einen schweren Panzerkampfwagen mit zunächst drei Türmen: Ein erhöht auf ein gepanzertes Podest gesetzter Hauptturm mit 76,2-mm-Kanone, der um 360° gedreht werden konnte, wurde durch je einen kleineren Turm mit 45-mm-Kanone davor und dahinter ergänzt. Auf zusätzliche MG-Türme wie noch beim T-35 wurde verzichtet.

Am 7. August 1938 legte der Rat der Volkskommissare der UdSSR fest, dass das Werk Nr. 100 bis zum 1. Juni 1939 einen Prototyp fertig stellen sollte. Die Entwicklung des nach dem Namensgeber des Herstellerwerks als SMK (Sergei Mironowitsch Kirow) bezeichneten Entwurfs führte das SKB-2 durch. Als Leiter dieses Konstruktionsbüros fungierte Josef Jakowlewitsch Kotin, die für die Entwicklung des SMK zuständige Ingenieure hießen Afanasy Semjonowitsch Ermolaew und (bis zu seiner Verhaftung) Nikolai Walentinowitsch Zeitz. Wie das SKB-1 wich auch das SKB-2 leicht von den Vorgaben ab, so kam z. B. anstelle des T-35-Laufwerks eine moderne Drehstabfederung zum Einsatz. Dennoch wurde nach Vorstellung des Konzeptes am 1. Oktober 1938 der Bau eines Prototyps genehmigt. Als beide Projekte am 9. Dezember 1938 in Moskau dem Politbüro sowie dem Verteidigungskomitee vorgestellt wurden, entschied Stalin, dass die Zahl der Türme von drei auf zwei reduziert und zugleich die Wanne verkürzt wer-

Der SMK wurde im Dezember 1939 während des Krieges gegen Finnland erprobt, fuhr aber bald auf eine Mine und blieb liegen.

Technische Angaben	SMK
Typ	schwerer Panzerkampfwagen
Hersteller	Kirow-Werk Leningrad
Gebaute Stückzahl	1 Prototyp
Gefechtsgewicht	55.000 kg
Länge	8750 mm
Breite	3360 mm
Höhe	3350 mm
Motor	GAM-34-BT, 12-Zylinder-Ottomotor
Leistung kW/PS	625/850
Leistungsgewicht	15,45 PS/t
Höchstgeschwindigkeit	35 km/h (Straße), 15 km/h (Gelände)
Furttiefe	1,7 m
Kraftstoffvorrat	1320 l
Fahrbereich	220 km (Straße)
Besatzung	7
Bewaffnung	1 x 76,2-mm-KwK L-11 L/30, 1 x 45-mm-KwK, 20-K L/46, 1 x 12,7-mm-DK-MG, 2 x 7,62-mm-DT-MG
Kampfsatz	113 x 76,2 mm, 300 x 45 mm, 3528 x 7,62 mm
Panzerung (mm/Neigung)	
Wannenfront	75/45 bzw. 40/15°
Wannenbug	60/55°
Wannenseite	60/75 - 90°
Wannenheck	60/60° bzw. rund
Wannenoberseite	20/0°
Wannenunterseite	20–30/0°
Turmfront	60/75°
Turmseiten	60/75°
Turmheck	60/80°
Turmdach	20/0°–15°

Seitenansicht des SMK. Man beachte bei dieser frühen Aufnahme des Panzers das im Turmheck verbaute 12,7-mm-MG.

den sollte, um das so gesparte Gewicht für eine stärkere Panzerung zu nützen.

Der Ende April 1939 fertig gestellte Prototyp besaß daher einen um 360° drehbaren Hauptturm mit einer 76,2-mm-KwK L-11 und einem koaxialen 7,62-mm-MG. Im Heck des Hauptturmes war zudem ein 12,7-mm-MG DK (Vorläufer des späteren 12,7-mm-MG des Modells DSchK) in einer Kugelblende lafettiert. Der zweite Turm war um 270° drehbar und mit einer 45-mm-KwK 20-K sowie einem koaxialen 7,62-mm-MG bewaffnet. Die Panzerung betrug maximal 75 mm und war damit etwas stärker als jene des T-100.

Der SMK und der T-100 wurden ab August 1939 intensiv getestet und am 20. September in Kubinka Regierungsvertretern vorgeführt. Mit Beginn des Winterkriegs gegen Finnland beschloss die Rote Armee, die Prototypen ihrer drei neuen schweren Panzer (SMK, T-100, KW) an der Front zu erproben. Alle drei Fahrzeuge wurde daher in einer speziell zu diesem Zweck aufgestellten Kompanie des 91 Panzer-Bataillons der 20. Schweren Panzer-Brigade zusammengefasst, die der Adoptivsohn des Verteidigungskommissars Kliment Woroschilow, Major P. Woroschilow, befehligte.

Während eines Angriffes auf finnische Stellungen fuhr der SMK am 18. Dezember 1939 jedoch auf eine Mine, die das Laufwerk erheblich beschädigte und Schäden am Wannenbo-

Der SMK glich dem T-100 auf den ersten Blick, war jedoch von Anfang an mit längeren 76,2-mm-Kanone L-11 ausgerüstet und eine gerade verlaufende Heckpartie.

den verursachte. Versuche des begleitenden T-100, das Fahrzeug zu bergen, blieben erfolglos. Es wurde daher aufgegeben und zurückgelassen. Die Tatsache, dass ein brandneuer Prototyp auf feindlichem Gebiet verblieben war, erzürnte den Chef der ABTU, Dimitri Grigorjewitsch Pawlow, so sehr, dass er persönlich befahl, den SMK zu bergen. Am 20. Dezember 1939 unternahmen zwei Kompanien, die mit sieben T-28 und Artillerie verstärkt worden waren, den Versuch, das beschädigte Fahrzeug zu erreichen. Zwar gelang es ihnen zunächst, die finnischen Linien zu durchbrechen, nachdem sie aber 47 Tote und Verwundete zu beklagen hatten, zogen sich die ohne den SMK wieder zurück. Erst nachdem die Rote Armee die so genannte Mannerheim-Linie durchbrochen hatte, war eine endgültige Bergung möglich. Sechs T-28 waren notwendig, um den SMK Anfang März 1940 abzuschleppen. Per Bahn wurde der Panzer dann zurück ins Herstellerwerk verbracht, wo er reparierte und anschließend nach Kubinka überstellt werden sollte. Dies ist jedoch nie geschehen, so dass der SMK das Werk nicht mehr verließ. Er wurde schließlich Anfang der 1950er-Jahre verschrottet.

Front- und Heckansicht des SMK, die Verwandtschaft zum KW ist deutlich zu erkennen.

Panzerkampfwagen KW-1

Die Entwurfsgruppe des Kirow-Werks war mit der Vorgabe, der SMK solle über mehrere Türme verfügen, von Anfang an unzufrieden. Selbst als nur noch zwei Türme vorgeschrieben waren, zwang dies die Konstrukteure dazu, den Hauptturm auf eine Art Podest zu platzieren, welches erhebliches Gewicht verschlang. Um Gewicht zu sparen, bevorzugte Josef Kotin, Leiter des SKB-2, daher eine Lösung mit nur einem Turm. Unterstützt wurde er dabei vom Chef der ABTU, General Dimitri Grigorjewitsch Pawlow. Parallel zum SMK entstand daher auf den Reißbrettern des SMK-2 eine verkleinerte, aber besser gepanzerte Version des SMK, die über nur einen Turm verfügte, der jedoch zwei KwK trug: eine 45-mm- und eine 76,2-mm-Waffe. Den Antrieb sollte entweder ein neu entwickelter W-2 Dieselmotor mit 600 PS oder der altbekannte Ottomotor M-17F mit 660 PS übernehmen.

Kotin war besonders geschickt darin, die militärische und politische Führung der Sowjetunion zu beeinflussen. Während in den 1930er-Jahren Panzerkampfwagen in der UdSSR für gewöhnlich die Bezeichnung „T" (für Tank) gefolgt von einer Zahl erhielten, ging Kotin anders vor. Die von seinem Konstruktionsbüro SKB-2 verantworteten Entwürfe trugen die Namen hochrangiger Funktionäre der KPdSU. So war der SMK nach Sergei Mironowitsch Kirow benannt, einem populären, 1934 unter ungeklärten Umständen ermordeten Gefolgsmann Stalins. Der neue, auf dem SMK basierende Panzer hingegen wurde auf den Namen des damaligen Kommissars für Verteidigung und engen Vertrauten Stalins „Kliment Woroschilow" (kurz „KW") getauft. Dessen Nachfolgetyp wiederum erhielt die Bezeichnung „Josef Stalin" (kurz „JS"). Diese durchschaubare und wenig subtil anmutende Vorgehensweise war jedoch sehr erfolgreich. Kotin, dessen Ehefrau im Übrigen das Patenkind Kliment Woroschilows war, machte im Laufe der Jahre aus dem zu Anfang kleinen SKB-2 das einflussreichste Konstruktionsbüro für schwere Panzer der UdSSR. Doch zurück ins Jahr 1938. Da sein kleines Konstruktionsbüro eigentlich ausgelastet war, benötigte Kotin dringend mehr Ingenieure. Ausgebildete Fachleute für den Panzerbau waren zu jener Zeit in der Sowjetunion jedoch rar gesät. Ob seiner guten Kontakte zur Führungsebene erhielt Kotin rasch sechs Absolventen der Moskauer Akademie für Motorisierung und Mechanisierung sowie größere Büroräume. Diese sechs und der neu zum SBK-2 gestoßene Nikolai Leonidowitsch Duchow waren maßgeblich an der Ausarbeitung der Pläne für den späteren KW beteiligt. Dabei kamen ihnen Erkenntnisse zugute, die im Sommer

Technische Angaben	**KW-1**
Daten für KW-1 Modell 1939	
Typ	schwerer Panzerkampfwagen
Hersteller	Kirow-Werk Leningrad und spätere Modelle im Kirow-Werk Tscheljabinsk
Gebaute Stückzahl	3154 + 70 (KW-1 aller Modelle)
Gefechtsgewicht	43.500 kg
Länge	6750 mm
Breite	3300 mm
Höhe	2710 mm
Motor	W-2K, 12-Zylinder-Dieselmotor
Leistung kW/PS	441/600
Leistungsgewicht	13,8 PS/t
Höchstgeschwindigkeit	30 km/h (Straße), 10–15 km/h (Gelände)
Furttiefe	1,5 m
Kraftstoffvorrat	600 l
Fahrbereich	250 km (Straße)
Besatzung	5
Bewaffnung	1 x 76,2-mm-Kanone L-11 L/30, 2 x 7,62-mm-DT-MG (koaxial, Turmheck)
Kampfsatz	111 x 76,2 mm, 3024 x 7,62 mm
Panzerung (mm/Neigung)	
Wannenfront	75/60°
Wannenbug	75/65°
Wannenseiten	75/90°
Wannenheck	60–70/rund
Wannenoberseite	40 (vorn)/0°, 30 (hinten)/0°
Wannenunterseite	40 (vorn)/0°, 30 (hinten)/0°
Turmfront	75/70°
Geschützblende	90/rund
Turmseiten	75/75°
Turmheck	75/75°
Turmdach	40/0°

Das Drehstablaufwerk des KW wurde zunächst an einem T-28 erprobt.

1938 bei der Untersuchung zweier von der Tschechoslowakei geliehener LT vz. 35 (Skoda Sch-IIa oder später PzKpfw. 35(t)) gemacht wurden. Die Erprobung in Kubinka ergab, dass der LT vz. 35 dem leichten sowjetischen T-26 in einer Reihe von Punkten (u. a. Beweglichkeit) überlegen und technisch fortschrittlicher war. So beeindruckten primär das Planetengetriebe, die pneumatisch unterstützte Lenkung sowie die hochwertigen Beobachtungs- und Zieloptiken die sowjetischen Fachleute.

Obwohl für den Entwurf dieses Fahrzeuges mit nur einem Drehturm kein offizieller Auftrag vorlag, war Stalin bei der Vorstellung des SMK und T-100 am 9. Dezember 1938 so beeindruckt, dass er die Weiterentwicklung des Modells genehmigte. Nachdem auch der Leiter der ABTU, General D.G. Pawlow, am 31. Januar 1939 das entsprechende Lastenheft mit den technischen und taktischen Vorgaben unterzeichnet hatte, begann unter der Leitung von N.L. Duchow die Detailkonstruktion. Am 27. Februar 1939 wurde schließlich die offizielle Erlaubnis zum Bau eines Prototyps erteilt, der bis Ende August jenes Jahres fertig sein sollte, um gemeinsam mit den Prototypen des T-100 und SMK erprobt werden zu können. Da die Ingenieure des SKB-2 im großen Stile Anleihen beim SMK nahmen, schritten die Arbeiten rasch voran. Eine aus Holz gefertigte Attrappe im Maßstab 1:1 wurde im April 1939 komplettiert. Allerdings musste auf die Verwendung des eigentlich geforderten Planetengetriebes verzichtet werden, da dieses noch nicht zur Verfügung stand. An dessen Stelle kam ein konventionelles Getriebe zum Einbau. Nachdem im Juni 1939 ein BT-7M erfolgreich mit einem W-2 Diesel erprobt worden war, gab die ABTU die Anweisung, diesen Motor für den neuen Panzer zu verwenden. Der erste Prototyp (zu jener Zeit noch einfach KW genannt) wurde am 31. August 1939 fertig gestellt und am 5. September nach Kubinka verbracht.

Während der Erprobung der drei neuen schweren Typen zeigte sich, dass der KW die gleiche Geschwindigkeit wie der SMK erreichte, jedoch geländegängiger war. Aufgrund seiner geringeren Größe war es für den KW zudem einfacher, das Gelände zu seinem Vorteil zu nutzen. Des Weiteren war er stärker gepanzert als seine Konkurrenten. Allerdings erwies sich bereits zu diesem Zeitpunkt, dass Getriebe und Kupplung störanfällig waren. Zudem war der neue W-2 Diesel noch nicht ausgereift. Der KW wurde daher, wie die anderen beiden Modelle, zurück ins Herstellerwerk gesandt, um diese Probleme zu beheben. Dann brach jedoch der Winterkrieg gegen Finnland aus. Der zahlenmäßig weit überlegenen Rote Armee bereitete es enorme Schwierigkeiten, die finnischen Verteidigungslinien zu durchbrechen. Alle eingesetzten sowjetischen Kampfpanzer (sowohl die leichten BT-Typen, der leichte T-26 als auch der mittlere T-28) erwiesen sich als verwundbar gegenüber finnischer Pak. Der T-100, der SMK und der KW wurden daher an die Front entsandt, um dort gefechtsmäßig erprobt zu werden und zu helfen, die finnischen Linien zu durchbrechen. Zuvor wurde beim KW jedoch die 45-mm-KwK im Turm durch ein 7,62-mm-MG DT ersetzt.

Während der Feuertaufe der drei neuen Panzertypen am 18. Dezember 1940 fuhr der SMK auf eine Mine und musste, da ob seines Gewichtes keine Bergung möglich, aufgegeben werden. Der KW wurde während der Kampfhandlungen an jenem Tag von neun Geschossen aus 37-mm-Pak getroffen, die zwar ein Laufrad, eine Kette und das Rohr der KwK beschädigten, sonst jedoch nur Dellen in der Panzerung hinterließen. Trotz der Schäden war der KW in der Lage, einen auf dem Schlachtfeld liegen gebliebenen T-28 abzuschleppen. Am 19. Dezember erreichte ein Bericht über den Einsatz des KW Moskau und noch am selben Tag entschied das Verteidigungskomitee, den Typ offiziell zum neuen schweren Panzer der Roten Armee zu küren. Obwohl sich auch der T-100 und der SMK unbeeindruckt vom Feuer finnischer Pak gezeigt hatten, entschied sich das Verteidigungskomitee für den KW, da dieser günstiger und unkomplizierter in der Herstellung war, mit nur fünf anstelle von sieben Mann Besatzung auskam und zudem eine stärkere Panzerung aufwies als die Mehrturmmodelle. Das Verteidigungskomitee wies das Kirow-Werk an, die während der Erprobung aufgetretenen Schwachstellen zu beseitigen und bis Ende 1940 50 Exemplare zu fertigen. Somit hätten sich das SKB-2 und das Kirow-Werk zunächst auf die Beseitigung der mechanischen Probleme konzentrieren und im folgenden Jahr die Großserienfertigung anlaufen können. Die Hast, mit der der KW konstruiert und erprobt worden war, führte aber dazu, dass der Typ an einer ganzen Reihe von Kinderkrankheiten litt. So waren nicht nur der Antriebsstrang, sondern auch die Kühlanlage, die Bremsen sowie die Luftfilter unzuverlässig und nicht für den Fronteinsatz geeignet. Auch der Turmschwenkmechanismus sowie das Laufwerk bedurf-

Der erste KW-1, der Prototyp U-0, im September 1939. Man beachte die auf der rechten Turmseite installierte koaxiale 45-mm-KwK, die später durch ein 7,62-mm-MG ersetzt wurde.

Ein frühes KW-1 Modell (U-7) aus dem Frühjahr 1940. Man beachte die Staukästen auf den Kettenabdeckungen.

ten einer Überarbeitung. Noch im September 1940 wurde der Typ daher als nicht einsatzreif eingestuft. Bereits im Juni 1940 war jedoch eine persönliche Weisung Stalins zur Erhöhung der Fertigung ergangen. Obwohl bis zu diesem Zeitpunkt erst sechs KW-1 und vier KW-2 produziert worden waren, sah diese Anordnung den Bau von mindestens 230 Fahrzeugen bis Ende jenes Jahres vor. Der Grund für diese Entscheidung war wohl der Sieg der deutschen Truppen im Westfeldzug und eine von Stalin befürchtete Ausweitung des Krieges. Hätte sich das Kirow-Werk nach der alten Planung noch der Beseitigung der mechanischen Probleme des KW widmen könne, bedeutete diese Anordnung nun jedoch, dass die Produktion so schnell wie möglich vorangetrieben werden musste – auch unter Inkaufnahme erheblicher Qualitätsmängel.

Produktion KW-1

LKZ – Leningrader Kirow-Werk
ChTZ – Tscheljabinsker Traktorenwerk
ChKZ - Tscheljabinsker Kirow-Werk
Dies Zahlen beruhen auf den von der ABTU/GABTU abgenommen und in den Bestand übernommenen Fahrzeugen.

Jahr/ Monat	Hersteller-werk	Haupt-waffe	Jan.	Feb.	März	April	Mai	Juni	Juli	Aug.	Sept.	Okt.	Nov.	Dez.	gesamt
1939	LKZ	L-11	-	-	-	-	-	-	-	1	-	-	-	-	1
1940	LKZ	L-11	-	-	-	5	1	7	5	10	32	52	12	15	139
1941	LKZ	L-11	1	-	-	-	-	-	-	-	-	-	-	-	1
		F-32	45	44	62	66	10	40	153	180	81*	30**	-	-	711
	ChTZ/ ChKZ	L-11	1	2	-	-	-	-	-	-	-	-	-	-	3
		F-32	-	-	1	4	6	11	24	27	8	-	-	-	81
		ZIS-5	-	-	-	-	-	-	-	-	19***	62	156	190	427
1941 gesamt			**47**	**46**	**63**	**70**	**16**	**51**	**177**	**207**	**108**	**92**	**156**	**190**	**1223**
1942	ChKZ	ZIS-5	216	262	250	260	325	287	130	70	-	-	-	-	1800
		20-K, Flammenwerfer (KW-8)	-	2	-	22	26	13	18	21	-	-	-	-	102
1942 gesamt			**216**	**264**	**250**	**282**	**351**	**300**	**148**	**91**	**-**	**-**	**-**	**-**	**1902**
Total															**3256**

* Darunter 3 4 Panzer mit einem Flammenwerfer anstelle des koaxialen MG (teils als KW-6 bezeichnet)
** Außerdem wurden drei experimentelle KW-Panzer gefertigt: 1 T-150 und 2 T-220.
*** 19 KW-1 ohne Waffen, 17 davon im November komplettiert und ausgeliefert und einer (Nr. 6740) im Oktober nach Kubinka zur Erprobung verbracht.

Als im September 1941 die Belagerung Leningrads begann, endete dort eigentlich die Produktion des KW-1. Aus noch vorhandenen sowie einigen neu gefertigten Komponenten wurden jedoch bis 1943 wohl weitere 70 KW-1 komplettiert sowie zahlreiche Panzer dieses Typs repariert und überholt. Diese sind jedoch nicht in den Listen der GABTU verzeichnet, da Leningrad praktisch vollständig von der Außenwelt abgeschnitten und die Militärbürokratie daher keinen Zugriff auf die fertiggestellten Fahrzeuge hatte.

Da mittlerweile auch eine Version des KW mit einer 152-mm-Haubitze im Bau war, wurde die Bezeichnung des ursprünglichen Typs verändert. Wurde dieser zunächst einfach „KW mit kleinem Turm“ genannt, führte die GABTU schließlich „KW-1“ als offizielle Bezeichnung ein.
Die tatsächliche Serienfertigung begann im Februar 1940 und lief bis August 1942. Neben dem Kirow-Werk in Leningrad (LKZ) war daran ab 1941 auch das Traktorenwerk Tscheljabinsk (nach der Verlagerung des Leningrader Werks dorthin umbenannt in Kirow-Werk Tscheljabinsk, daher ChTZ bzw. ChKZ) beteiligt.
Bis August 1942 entstanden in diesen beiden Werken laut Angaben der GABTU 3154 KW-1. Hinzu kommen ca. 70 Fahrzeuge, die im belagerten Leningrad gefertigt wurden und nicht in den offiziellen Statistiken auftauchten.

Technik und Aufbau

Die Wanne des KW-1 bestand aus geschweißten und genieteten Walzstahlblechen und war in drei bzw. vier Bereiche aufgeteilt. Im vorderen Teil der Wanne fanden mittig der Fahrer/Mechaniker und links daneben der Funker ihren Platz, rechts vorn waren 21 Granaten des Kalibers 76,2 mm verstaut. Beide teilten sich eine über dem Fahrer eingebaute Luke für den Ein- und Ausstieg. Hinter dem Fahrer befand sich zudem eine Notausstiegsluke im Wannenboden. Die ersten 141 KW-1 Modell 1939 besaßen noch kein Bug-MG in Kugelblende, stattdessen waren die meisten Panzer dieser Ausführung in der Fahrerfront mit einer verschließbaren Pistolenöffnung versehen. Die Funkanlage des Modells 71-K-3 (später 10R oder 10RK) verfügte über eine Sternantenne auf dem Wannenbug.
Das Laufwerk wies pro Seite sechs Ganzstahl-Laufrollen mit einem inneren Gummilager und Drehstabfederung sowie drei Stützrollen mit Gummibereifung auf. Da Gummi während des Krieges bald knapp wurde, wurden die Gummilager bereits wenige Monate nach Beginn der Kämpfe weggelassen und es kamen Stützrollen aus Stahl zum Einbau. Das Treibrad war hinten, das Leitrad vorn untergebracht.
Der mittig aufgesetzte Drehturm war zunächst geschweißt und vernietet, ab Herbst 1941 gelangten jedoch auch gegossene Türme zum Einbau. Im Turm war beim Modell 1939 (wie bei den frühen T-34) eine kurze 76,2-mm-KwK L-11 L/30 verbaut. Ab dem 142. Fahrzeug (Modell 1940) wurde dann die 76,2-mm-KwK Typ F-32 eingesetzt, die ein etwas längeres Rohr (L/31) aufwies, aber kaum leistungsfähiger war. Im September 1941 folgten die ersten KW-1 mit der 76,2-mm-KwK SIS-5 L/41,5 (eine an den Turm des KW-1 angepasst KwK F-34, mit der auch der T-34 bewaffnet war). Rechts der KwK war ein koaxiales 7,62-mm-MG DT verbaut, ein weiteres MG dieses Typs in Kugelblende war im Turmheck lafettiert. Auf dem Turm konnte ein DT-MG als Fla-Waffe angebracht werden. Die Turmbesatzung bestand aus drei Mann. Links befand sich der Richtschütze, rechts der Kommandant (zugleich Ladeschütze) sowie im Turmheck der Schütze des dortigen MG in Kugelblende, der offiziell zugleich als Hilfsfahrer/Mechaniker geführt wurde. Allen drei Besatzungsmitgliedern stand zum Ein- und Ausstieg nur ein einziges Turmluk zur Verfügung, eine Kommandantenkuppel war nicht vorhanden. Die Sicht nach außen erfolgte über je ein Periskop für Kommandant und Richtschützen (der zudem natürlich über ein Zielfernrohr verfügte) sowie vier Winkelspiegel, je einen pro Turmseite und zwei am Heck. Diese konnten jeweils um 25° geschwenkt und 2° gekippt werden. Zusätzlich war auf jeder Turmseite ein mit Panzerglas versehener Beobachtungsschlitz und darunter eine verschließbare Nahkampf- bzw. Pistolenöffnung vorhanden. Der Turm selbst besaß keinen Turmkorb oder eine Drehbühne, d. h. die Turmbesatzung (so sie nicht auf ihren Plätzen saß, sondern stand) musste sich bei einer Drehung des Turms aktiv mit bewegen. Der Wannenboden unterhalb des Turms war mit Behältern für 76,2-mm-Granaten belegt, die mit Gummimatten abgedeckt waren.

Frontansicht eines KW-1 Modell 1939 im Aufriss.

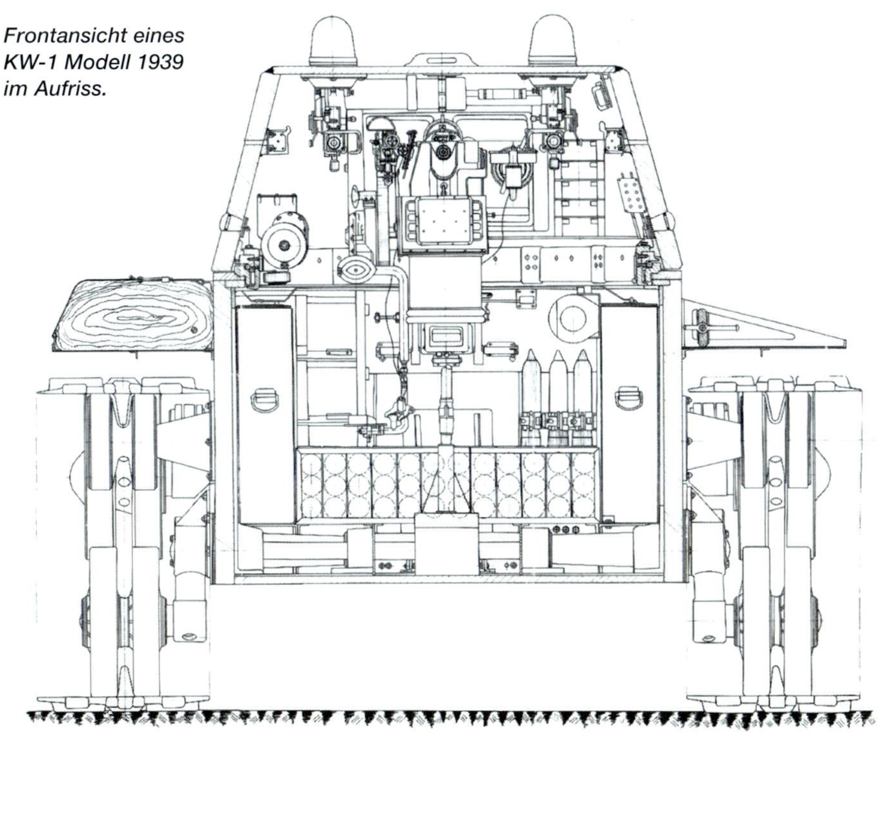

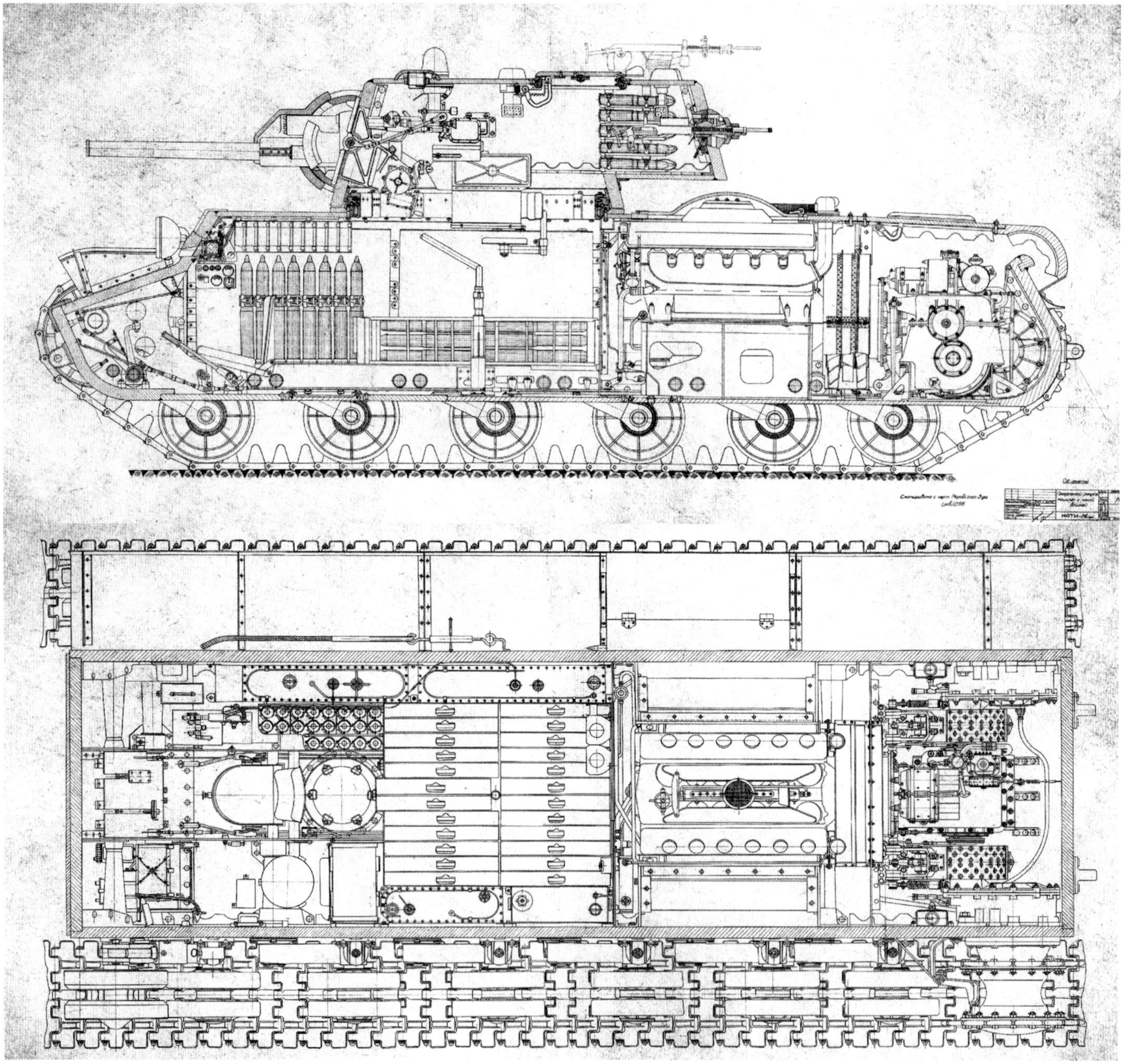

Risszeichnungen eines KW-1 Modell 1939 (Seite 29).

Im hinteren Bereich der Wanne fanden der längs eingebaute Motor sowie dahinter das Getriebe Platz. Der Motor, ein V-12-Diesel W-2K mit 38.800 cm³ Hubraum, leistete bei 1800 U/min 500 PS und bei 2000 U/min 600 PS. In der Version W-2 bzw. W-2-34 trieb dieser Motor auch den mittleren T-34 an. Ursprünglich begann die Entwicklung des W-2 Anfang der 1930er-Jahre im Motorenwerk Nr. 75 in Charkow (ein Zweigwerk des Lokomototivwerks Charkow) mit der Absicht, einen Dieselmotor für den Einsatz in Flugzeugen zu entwickeln, weshalb dieses Modell einige Merkmale solcher Triebwerke aufweist. Dazu zählen u. a. die großzügige Verwendung von leichten Legierungen und Aluminium, um möglichst viel Gewicht zu sparen, sowie der Einsatz von vier Ventilen pro Zylinder. Da der W-2 jedoch nicht auf die von der sowjetischen Luft-

Diese Zeichnungen wurden im Aufrag der britischen School of Tank Technology *angefertigt und zeigen einen KW-1 Modell 1941 mit Gussturm. Die UdSSR hatte im Sommer 1943 je einen KW-1 und T-34 zur Erprobung und Bewertung an Großbritannien geliefert. Je ein weiteres Exemplar ging in die USA. (NARA)*

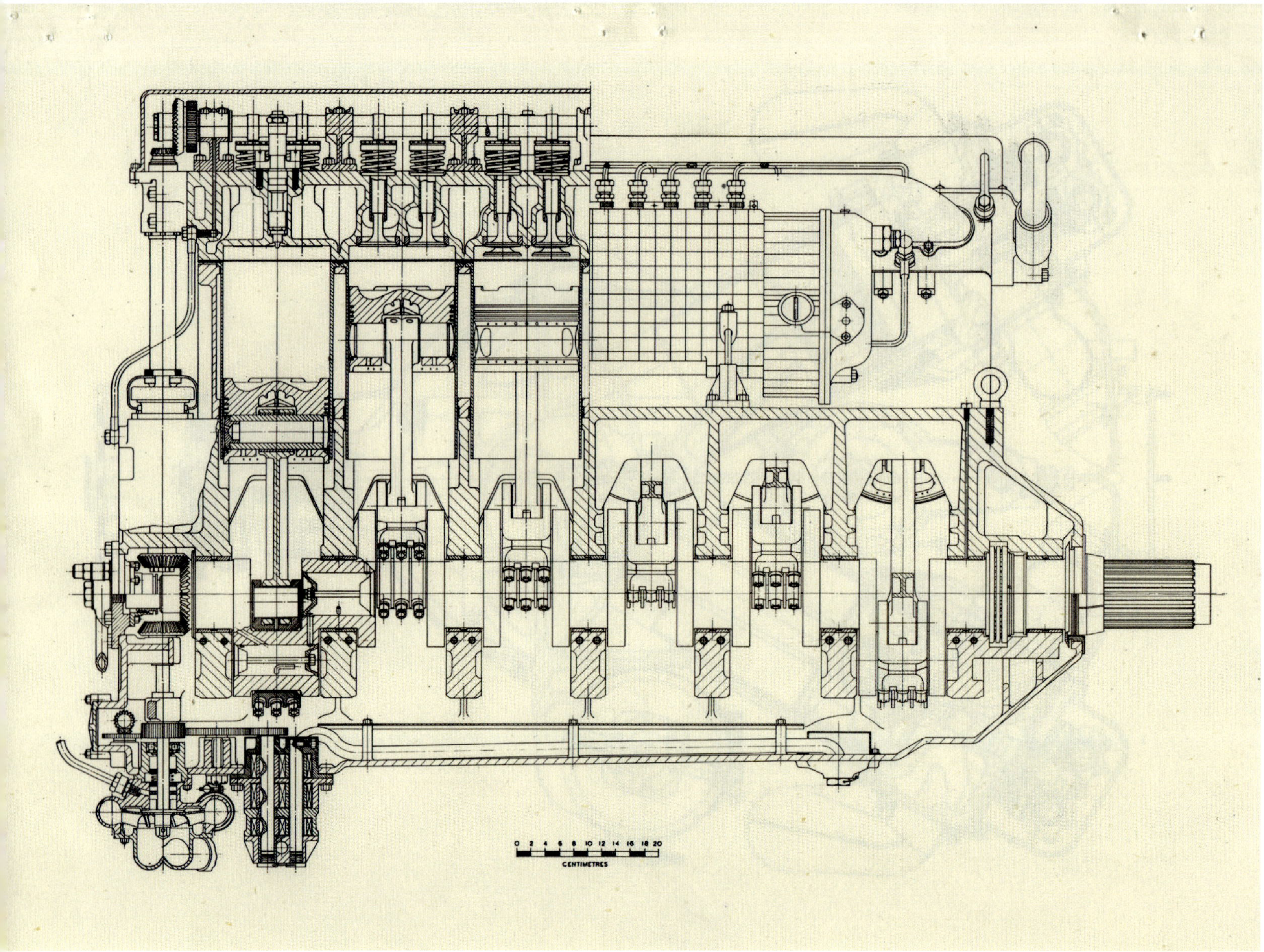

Schnittzeichnung des W-2 Dieselmotors. Dieses Triebwerk wurde sowohl im T-34, als auch in der KW-Serie und in leicht modifizierter Form auch den Panzern und Selbstfahrlafetten der JS-Reihe verbaut. (NARA)

waffe geforderte Leistung von über 1000 PS gebracht werden konnte, entschloss man sich, den Typ für die Verwendung in Bodenkampffahrzeugen zu modifizieren. Da das Werk Nr. 75 im Juli 1941 aufgrund der herannahenden deutschen Truppen gen Osten verlegt wurde, kam es zu Engpässen in der Versorgung mit Dieselmotoren. Bereits im September 1941 erhielten daher 37 in Leningrad gefertigte KW-1 den vom T-35 bekannten Ottomotor M-17T mit 580 PS. Im Zeitraum November/Dezember 1941 musste dieses Triebwerk auch in 130 Fahrzeugen verwendet werden, die in Tscheljabinsk vom Band liefen. Der fast doppelt so hohe Treibstoffverbrauch des M-17T machte es notwendig, auf den Kettenabdeckungen der so motorisierten KW-1 bis zu fünf zylindrische Benzintanks mit je 160 l Fassungsvermögen zu installieren. Die regulär mitgeführte Treibstoffmenge betrug 600 l (mitunter gab es auch ein Gesamtfassungsvermögen von 615 l), die sich in drei Behäl-

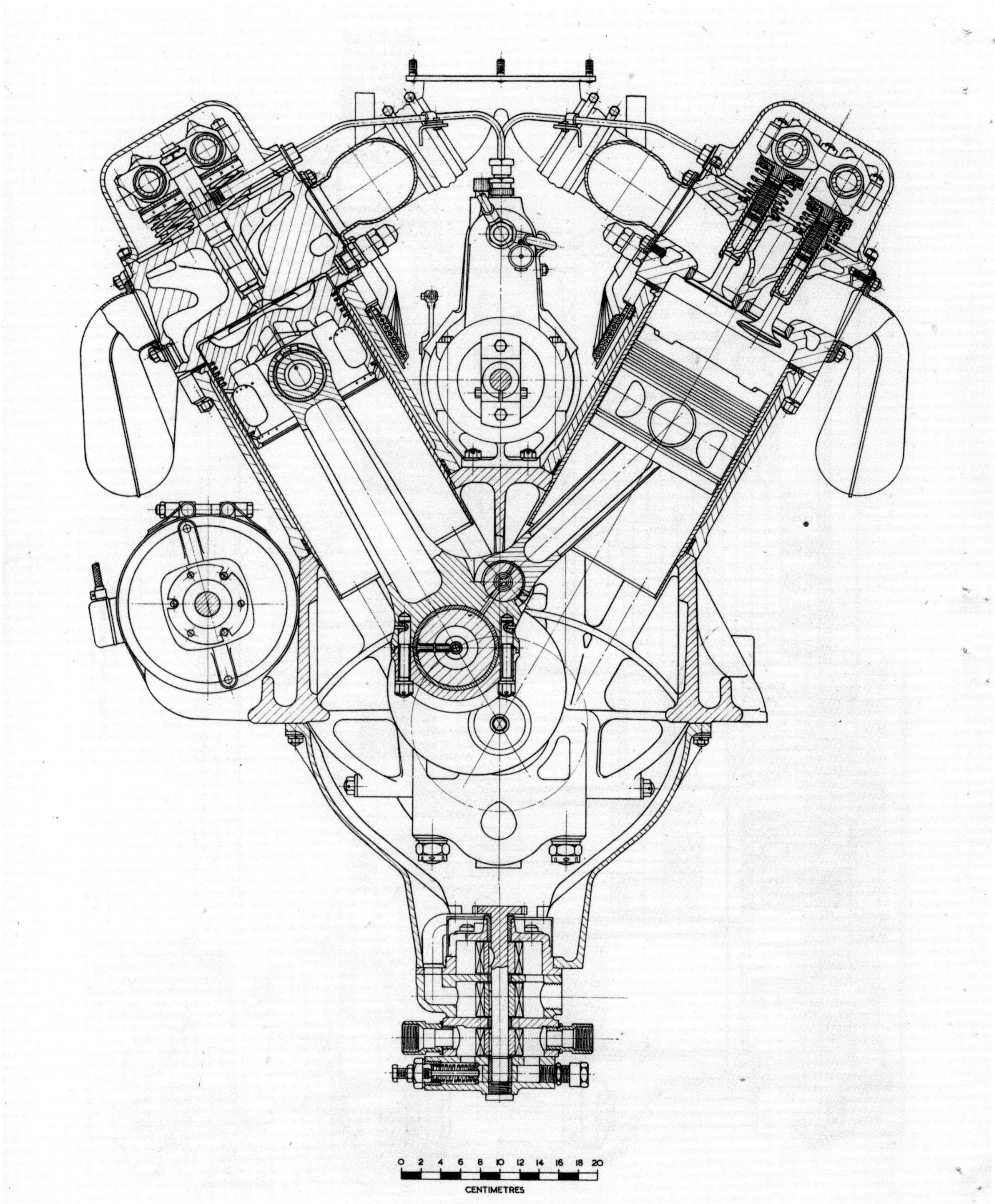
0 2 4 6 8 10 12 14 16 18 20
CENTIMETRES

tern innerhalb des Kampfraums befanden. Ein 230 l Tank war vorn rechts, ein 235 l Tank hinten rechts und ein 135 l Tank vorn links eingebaut. Der W-2K wurde durch einen ST-700 oder mittels Druckluft gestartet. Links und rechts des Motors befanden sich zwei große Wasserkühler, ein großes Gebläse war zwischen Motor und Getriebe installiert. Aus Zeitgründen griffen die Konstrukteure des SKB-2 bei der Entwicklung des Getriebes auf ein altes Modell für Traktoren aus den frühen 1920er-Jahren zurück – keine glückliche Wahl, wie sich herausstellte.

Front und Heckansicht des W-2. Man beachte das große Kühlgebläse am Heck des Motors.

(1) *Blick von Turmdach auf den geöffneten Motorraum eines KW-1 Modell 1941, der in die USA geliefert und auf dem Versuchsgelände Aberdeen (Maryland) erprobt wurde. Links und rechts des Motors die beiden Wasserkühler. (NARA)*

(2) Blick auf das Getriebe des KW-1 Modell 1941 in Richtung Heck. (NARA)

(3) Blick auf das Getriebe in Richtung Front. Man beachte das große Kühlgebläse des Motors. (NARA)

1

2

3

Ausführungen

Die Rote Armee bzw. die GABTU machte sich nicht die Mühe, die frühen Versionen des KW-1 mit unterschiedlichen Bezeichnungen zu versehen, so dass ihre Unterscheidung mitunter schwer fällt. Außer der Differenzierung zwischen KW mit kleinem bzw. großem Turm (später KW-1 und KW-2) wurden alle frühen Ausführungen dieses Kampffahrzeuges schlicht „Schwerer Panzer KW" genannt. Die hier verwendete Unterscheidung mit Bezeichnungen wie „Modell 1939" oder „Modell 1941" basiert auf nachträglich angelegten Kriterien und bezieht sich auf die Entstehungszeit des Typs, weniger das Baujahr. Mitunter wurden die heute als unterschiedliche Varianten angesehen Modelle nebeneinander produziert, da die Werke noch verfügbare Lagerbestände aufbrauchten. Wurden KW-1 repariert und/oder überholt, kamen oftmals Teile neuerer Varianten wie z. B. Laufrollen oder gar komplett neue Türme zum Einbau, so dass zahlreiche Mischformen auftraten.

KW-1 Modell 1939

Die erste Ausführung des KW-1 wurde zur Zeit ihrer Produktion (ab Frühjahr 1940) noch gar nicht so genannt, die offizielle Bezeichnung lautete „KW mit kleinem Turm" (im Gegensatz zum späteren KW-2, der zunächst als „KW mit großem Turm" firmierte). Der KW-1 Modell 1939 ist eindeutig an seiner 76,2-mm-KwK des Modells L-11 und deren Geschützblende zu erkennen. Das Rohr der Kanone ragt aus dem unteren Teil der im oberen Bereich rundlichen Geschützblende heraus und ist relativ kurz (L/30). Die L-11 verschoss eine 6,3 kg schwere Panzersprenggranate BR-350 mit einer Mündungsgeschwindigkeit von 612 m/s, die bei senkrechtem Auftreffen auf 500 m Entfernung eine Panzerung von 62 mm und auf 1000 m Entfernung noch von 56 mm durchschlug. Die gebogenen Turmseitenwände der Prototypen waren durch eine kastenförmige Konstruktion ersetzt worden, die sich einfacher und kostengünstiger fertigen ließ. Diese anfänglichen Serienexemplare besaßen noch kein Bug-MG in Kugelblende. An dessen Stelle saß eine verschließbare Nahkampf- bzw. Pistolenöffnung in der Fahrerfront.

Das Modell 1939 des KW-1 ist gut an der kurzen 76,2-mm-KwK L-11 zu erkennen, die aus dem unteren Teil der Geschützblende herausragt.

Ein KW-1 Modell 1939, den im Sommer 1941 deutsche Truppen erbeuteten. Panzer dieser Ausführung besaßen noch kein Bug-MG. An dessen Stelle ist der Stopfen einer Nahkampföffnung zu erkennen. Eine weitere Nahkampf- oder MPi-Öffnung befindet sich an der Seite des Turms, darüber ein Sehschlitz. Am hinteren Turmseite ist unten die Einkerbung eines Treffers zu erkennen. (DWA)

KW-1 Modell 1940

Ab Anfang 1941 erhielt der KW-1 eine neue Hauptwaffe, die 76,2-mm-Kanone F-32. Obwohl deren Rohr kaum länger (L/31) war als jenes der L-11, kann man beide Ausführungen gut unterscheiden, da die Geschützblende der F-32 stark jener des T-34/76 ähnelt. Die F-32 war zwar besser durchkonstruiert als die L-11, allerdings kaum leistungsfähiger. Die Mündungsgeschwindigkeit mit der Panzersprenggranate BR-350 betrug 623 m/s. Daten für die Durchschlagsleistung liegen nicht vor, dürften jedoch nur wenig höher liegen als bei der L-11. Die Kugelblende des MG im Turmheck wurde im Laufe der Fertigung dieses Modells verändert und mit einer Art „Kragen" versehen. Zudem kam im Laufe der Fertig eine 25 mm starke Zusatzpanzerung an Wannenbug und -front sowie den oberen Wannenseiten zum Schutz des Turmdrehkranzes zum Einbau. War das Modell 1939 (bis auf drei Ausnahmen) nur im Leningrader Kirow-Werk produziert worden, so liefen Fahrzeuge des Modells 1940 (Wehrmachtbezeichnung KW-1A) ab Frühjahr 1941 (zunächst nur in geringen Zahlen) auch in Tscheljabinsk vom Band. Im Herbst 1941 wurde dort in einige geschweißte Türme des Modell 1940 bereits die längere KwK SIS-5 eingebaut.

Ein deutscher Kradmelder inspiziert im Sommer 1941 einen liegen gebliebenen KW-1 Modell 1940 des 6. mechanisierten Korps der Roten Armee. Man beachte die beim Modell 1940 eingeführte neue Hauptwaffe mit neuer Blende sowie das nun vorhandene Bug-MG in Kugelblende (hier rechts neben der geöffneten Fahrersehklappe.).

Dieser KW-1 Modell 1940 wurde von deutschen Truppen erbeutet, instand gesetzt und alsdann bei der 1./Pz.Reg.10 der 8. Panzerdivision eingesetzt. (Oliver Missing)

KW-1 Modell 1941 „*s ekranami*" (mit Zusatzpanzerung) oder KW-1E

Anfang März 1941 berichtete der sowjetische Auslandsgeheimdienst, dass die Wehrmacht während des Frankreichfeldzuges hunderte schwerer Panzer mit 105-mm-Geschützen einsetzt hätte und in Deutschland die Produktion von drei neuen schweren Panzermodellen anlaufe, darunter überschwere Fahrzeuge mit bis zu 90 t Gewicht. Zudem hätten die Deutschen schwere französische Typen, darunter auch die 69 t wiegenden Char 2C, repariert und in Dienst gestellt. Woher diese Informationen stammten, ist unklar. Wie wir heute wissen, waren diese Angaben weitestgehend falsch. Ob der sowjetische Geheimdienst hier von den Fantasien eines Agenten oder gezielter Desinformation getäuscht wurde, ist bis heute nicht geklärt. Klar ist jedoch, dass diese Meldung Einfluss auf das Panzerbauprogramm der UdSSR nahm. Der Rat der Volkskommissare und das Zentralkomitee der KPdSU gaben am 15. März dem Kirow-Werk die Anweisung, bis zum 1. Mai eine Zusatzpanzerung für KW-1 und KW-2 zu entwickeln und an jeweils einem Panzer zu installieren. Diese Zusatzpanzerung sollten dann alle neu gebauten Serienfahrzeuge erhalten und bis Ende 1941 alle bereits vorhandenen Fahrzeuge nachgerüstet werden. So wurden bis Mitte Juli 1941 120 neue KW-1 Modell 1940 mit einer 20/25 mm und 30/35 mm starken Zusatzpanzerung an Turmfront und -seiten sowie an den Wannenseiten versehen. Die Panzerungselemente an den Turm- und Wannenseiten waren mittels großer Schrauben in einigem Abstand von der eigentlichen Panzerung angebracht, so dass hier eine Schottpanzerung vorlag, welche die Schutzwirkung weiter erhöhte. Aufgrund von Materialengpässen und der Tatsache, dass dieses Programm nur eine Notlösung darstellte, unterschieden sich die Panzerungselemente zum Teil voneinander. Nicht alle KW-1 wurden komplett umgerüstet: während einige Fahrzeuge am Turm und den Wannenseiten eine Zusatzpanzerung erhielten, fehlten bei anderen die Wannenseiten. Diese Maßnahmen wurden nur an Fahrzeugen der Modellreihe 1940 durchgeführt, deren offizielle Bezeichnung lautete dann „KW-1 Modell 1941 *s ekranami*" (mit Zusatzpanzerung). Obwohl der KW-1 durch diese Zusatzpanzerung einen noch besseren Panzerschutz erhielt, wurde das Umrüstprogramm bereits im August 1941 wieder eingestellt. Die zusätzliche Panzerung brachte das Gesamtgewicht der Panzer nahe an 50 t, so dass der ohnehin stark belastete Antrieb und das Fahrwerk endgültig überbeansprucht wurden. Eine für den KW-2 entwickelte Zusatzpanzerung wurde aus diesem Grund gar nicht an Serienfahrzeugen installiert.

Dieses Exemplar eines KW-1 Modell 1941 s ekranami *besitzt zwar eine Zusatzpanzerung an den Turmseiten, an den Wannenseiten fehlt sie jedoch. Diese Propagandaaufnahme entstand im Herbst 1941. Die Turmaufschrift bedeutet sinngemäß „Wir werden siegen“.*

Straße zwischen Jessoila und Petroskoi in Karelien, 1. September 1941: Auf diesen Bildern eines durch eine finnische Mine ausgeschalteten KW-1 Modell 1941 s ekranami *lässt sich gut die Befestigung der Zusatzpanzerung erkennen. Dieses Fahrzeug ist an den Turm- und Wannenseiten sowie dem äußeren Bereich der Turmfront und der Wannenfront mit Panzerungselementen bestückt. (SA-Kuva)*

KW-1 Modell 1941

Das Modell 1941 (Wehrmachtbezeichnung KW-1B) wurde als besser gepanzerte, bewaffnete und einfacher zu fertigende Version des KW-1 entwickelt. Zunächst wurde ab Ende Oktober 1941 ein vereinfachter Schweißturm mit stärkerer Panzerung eingeführt. Die Bewaffnung der ersten Fahrzeuge dieser Ausführung bestand noch aus der 76,2-mm-KwK F-32, bald wurde jedoch die leistungsstärkere SIS-5 mit längerem Rohr (L/41,5) verwendet. Die SIS-5 war eine an den Turm des KW-1 angepasste Version der F-34 des T-34, weshalb einige wenige KW-1 aus Mangel an SIS-5 auch mit dieser Waffe versehen wurden. Die SIS-5 verschoss 6,3 kg schwere Panzersprenggranaten BR-350A mit einer Mündungsgeschwindigkeit von 662 m/s, welche bei senkrechtem Auftreffen auf 500 m Entfernung eine Panzerung von 70 mm Stärke und auf 1000 m Entfernung noch von 63 mm Dicke durchschlugen. Bei einem Auftreffwinkel von 60° lagen diese Werte bei 59 mm bzw. 50 mm. Der KW-1 Modell 1941 wurde ausschließlich im Werk Tscheljabinsk gebaut. Nach der Verlegung des Leningrader Kirow-Werks gen Osten wurde dieses mit dem dortigen Traktorenwerk zum Kirow-Werk Tscheljabinsk vereinigt, so dass eine riesige Panzerfertigungsstätte entstand, die den Spitznamen „Tankograd" (Panzerstadt) erhielt. Zur Beschleunigung der Fertigung wurden in Tscheljabinsk zahlreiche Detailänderungen vorgenommen, vorwiegend im Inneren der Fahrzeuge. Es gab aber auch durch Kampferfahrungen bedingte Modifikationen. So wurden z. B. die beiden Winkelspiegel am Turmheck weiter zur Turmkante verlagert, um den toten Winkel nach hinten zu verringern. Zudem montierte Tscheljabinsk eine 25–35 mm starke Zusatzpanzerung an Wannenfront und -bug.

130 im November und Dezember 1941 in Tscheljabinsk gebaute KW-1 Modell 1941 wurden aus Mangel an W-2-Dieselmotoren mit Ottomotoren M-17T ausgestattet. Der fast doppelt so hohe Treibstoffverbrauch des M-17T machte es notwendig, auf den Kettenabdeckungen bis zu fünf zylindrische Benzintanks mit je 160 l Fassungsvermögen anzubringen.

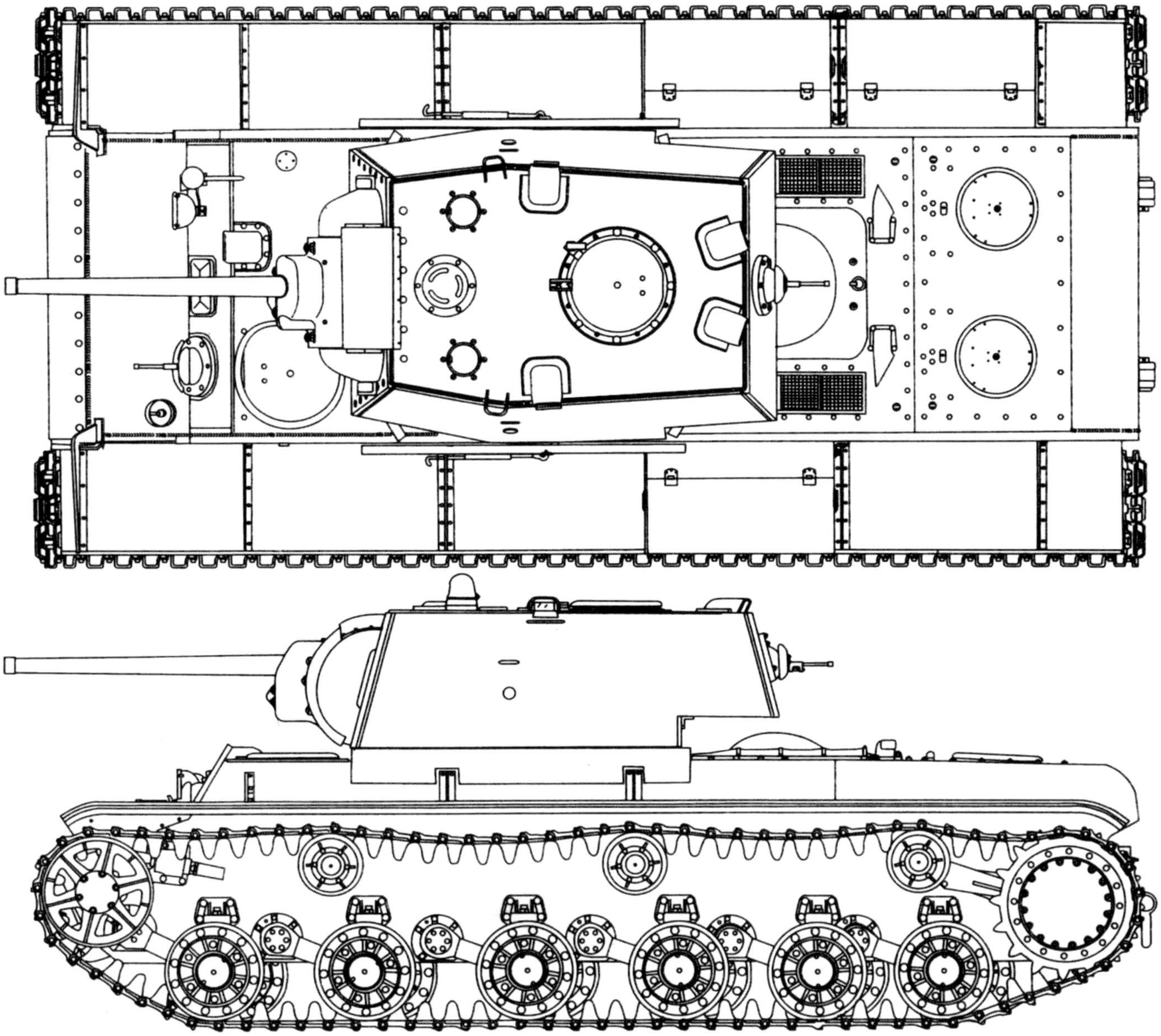

Zwei-Seiten-Ansicht eines KW-1 Modell 1941 mit dem neuen, stärker gepanzerten Schweißturm, der ab Oktober 1941 in Tscheljabinsk verbaut wurde. Man beachte den neu gestalteten Turmüberhang, der das Turmheck kürzer erscheinen lässt.

Der seitliche Turmdrehkranz wurde durch am oberen Wand der Wanne befestigte Panzerbleche geschützt. Bei späten Fahrzeugen des Modells 1941 mit geschweißtem Turm findet sich zudem bereits die veränderte Wanne des Modells 1942 mit eckigem Wannenheck.

Ab Ende 1941 gebaute KW-1 konnten auch mit Gusstürmen ausgeliefert werden, deren Panzerung an Front und Seiten bis zu 100 mm stark war. Allerdings ist dabei zu bedenken, dass Gussstahl im Vergleich zu homogenem Walzstahl bei gleicher Stärke eine um 10–20 % geringe Widerstandsfähigkeit gegen Beschuss aufweist. Gegossene Türme hatte das SKB-2 bereits seit Beginn der Fertigung des KW-1 angedacht und vom Ischorski-Werk waren auch einige Turm-Prototypen gebaut worden. Die technischen Schwierigkeiten eines so großen Bauteils konnte die sowjetische Industrie jedoch erst Ende 1941 meistern.

Vier-Seiten-Ansicht des KW-1 Modell 1941 mit Gussturm, der 1943 nach Großbritannien geliefert wurde. (NARA)

Ebenfalls ab Ende 1941 wurden die bisherigen Laufrollen durch neue, weniger aufwändigere Laufräder mit Speichen ersetzt. Auf die bisher verwendeten inneren Gummilager zur Geräuschdämpfung wurde verzichtet, so dass nun Ganzstahl-Laufrollen verbaut wurden, die erheblich mehr Lärm verursachten.

KW-1 Modell 1942

Das Modell 1942 (Wehrmachtsbezeichnung KW-1C) besaß als Antwort auf die Einführung neuer leistungsfähiger deutscher Geschütze (z. B. der 7,5-cm-KwK 40 bzw. StuK 40 L/43 und L/48 beim PzKpfw IV und dem StuG III sowie der 7,5-cm-Pak 40 L/46) eine wiederum verstärkte Panzerung. Die häufigste Panzerabwehrmunition der Pak 40, die 6,8 kg schwere PzGr. 39, erreichte eine Mündungsgeschwindigkeit von 792 m/s und durchschlug (bei einem Auftreffwinkel von 90°) auf 500 m Entfernung eine 106 mm starke Panzerung. Bei einem Auftreffwinkel von 90° lag dieser Wert sogar bei 135 mm. Der KW-1 Modell 1942 wurde ab Anfang 1942 gebaut und trug einen neuen Gussturm mit bis zu 120 mm Panzerung. Äußerlich ist dieser Turm vor allem am gepanzerten Ring um die Kugelblende des MG im Turmheck zu erkennen. Zudem überragte die Turmbasis die Wannenseiten nun ein kleines Stück. Als Hauptwaffe diente nach wie vor die SIS-5 76,2-mm-KwK. Späte Fahrzeuge dieser Baureihe weisen eine modifizierte Wanne mit eckigem Heck auf. Späte Exemplare dieser Wanne wiederum erhielten anstelle der bisherigen Wartungsluke mit kuppelförmigen Ausbuchtung über dem Motorraum eine flache Luke. Zudem kamen beim Modell 1942 neue Laufrollen aus Stahlguss zur Einführung. Das Modell 1942 war die letzte Ausführung des ursprünglichen KW-1. Im August 1942 wurde die Fertigung eingestellt.

Ein finnischer Beute-KW-1 Modell 1942. Man beachte die etwas breitere Turmbasis sowie die neuen Laufrollen. (SA-Kuva)

Dieser ausgefallene KW-1 mit Gussturm zeigt sehr schön Merkmale des Modells 1942. Dazu gehören der „Kragen“ rund um die Kugelblende des MG im Turmheck, die leicht über die Wannenseiten, bzw. die Zusatzpanzerung an den oberen Wannenseiten hinausragende Turmbasis sowie die späten Laufrollen.

Diese KW-1 mit geschweißten Türmen sind aufgrund ihres kantigen oberen Wannenhecks als späte Exemplare des Modells 1942 zu erkennen.

Organisation der sowjetischen Panzertruppe

Seit Juli 1940 war die Panzertruppe der Roten Armee in Mechanisierte Korps unterteilt, riesige Verbände mit einer Sollstärke von 1108 Panzerkampfwagen (davon 126 KW, 420 T-34 und der Rest leichte Panzer diverser Typen) sowie 37.200 Mann. Hinzu kamen den Schützendivisionen angegliederte selbstständige Panzerabteilungen (tanki neposredstwennoy podderschki pechoty), welche die Infanterie beim Durchbruch durch die feindlichen Linien unterstützen sollten. Die Mechanisierten Korps waren am 22. Juni 1941 aber zum großen Teil noch nicht vollständig ausgestattet. Aufgrund der riesigen Verluste der Roten Armee wurden diese bereits im August 1941 wieder abgeschafft und durch Panzerbrigaden ersetzt, die um ein Panzer- und ein motorisiertes Schützenregiment herum organisiert waren. Die Sollstärke bestand aus 93 Panzern. Davon waren 7 KW-1 und 22 T-34. Die restlichen 64 Fahrzeuge setzten sich verschiedenen leichten Panzer zusammen – je nachdem, was verfügbar war. Bereits im September bestand die Sollstärke einer Panzerbrigade aus nur noch 67 Fahrzeugen, davon 7 KW. Zudem wurden zu jener Zeit den selbstständigen, zur Infanterieunterstützung gedachten Panzereinheiten, aus Mangel an schweren Panzerkampfwagen offiziell keine KW mehr zugeordnet. Durch die Verlegung der Produktion nach Osten sank die nominelle Stärke der Brigaden im Februar 1942 auf nur noch 27 Panzer ab, von denen 10 KW-1 sein sollten. Mit dem Anlauf der Fertigung im Ural war die Sollstärke im Frühjahr 1942 bereits wieder auf 46 Kampfwagen angestiegen, davon weiterhin 10 KW-1. Zu jener Zeit waren die Brigaden in zwei Abteilungen geteilt, die jeweils aus einer leichten, mittleren und schweren Kompanie bestanden. Die schwere Kompanie wiederum setzte sich aus zwei Zügen KW-1 und einem KW-1 des Kompaniechefs zusammen. Es zeigte sich jedoch zunehmend, dass die Zusammensetzung der Brigaden überarbeitet werden musste. Drei oder mehr Panzertypen in einer Einheit bedeutete, dass für jeden Typ verschiedene Ersatzteile bevorratet werden mussten. Zudem war der KW-1 zu langsam, um mit den leichten und mittleren Typen mithalten zu können und überforderte viele Brücken in der ländlichen UdSSR, ja zerstörte diese sogar teilweise beim Versuch sie zu überqueren. Ab Oktober 1942 wurden die KW-1 daher aus den Panzerbrigaden entfernt und unabhängigen schweren Panzerregimentern zugeordnet, die dem Kommando der Armeeführung unterstanden und als Speerspitze bei Durchbruchsversuchen und zur Infanterieunterstützung gedacht waren.

Fertigung von KW-1 im Kirow-Werk in Tscheljabinsk. Die hier zusehenden Panzer sind zum Teil mit Guss- und zum Teil mit Schweißtürmen ausgestattet, besitzen jedoch alle die für späte KW-1 des Modells 1942 typische kantige obere Wannenheck.

Technische Angaben	KW-1
Daten für KW-1 Modell 1941 (mit Gussturm)	
Typ	schwerer Panzerkampfwagen
Hersteller	Kirow-Werk Tscheljabinsk
Gebaute Stückzahl	3154 + 70 (KW-1 aller Modelle)
Gefechtsgewicht	45.000 kg
Länge	6675 mm/6915 mm (mit Rohr)
Breite	3320 mm
Höhe	2710 mm
Motor	W-2K, 12-Zylinder-Dieselmotor
Leistung kW/PS	441/600
Leistungsgewicht	13,3 PS/t
Höchstgeschwindigkeit	30 km/h (Straße), 10–15 km/h (Gelände)
Furttiefe	1,6 m
Kraftstoffvorrat	600 l
Fahrbereich	250 km (Straße)
Besatzung	5
Bewaffnung M1941	1 x 76,2-mm-Kanone SIS-5 L/41,5, 3 x 7,62-mm-DT-MG (koaxial, Bug, Turmheck) teils 1 x 7,62-mm-Fla-MG)
Kampfsatz	98–111 x 76,2 mm, 3024 x 7,62 mm
Panzerung (mm/Neigung)	
Wannenfront	75 + 25/60°
Wannenbug	75 + 25/65°
Wannenseiten	75/90°
Wannenheck	52/rund
Wannenoberseite	40 (vorn)/0°, 30 (hinten)/0°
Wannenunterseite	40 (vorn)/0°, 30 (hinten)/0°
Turmfront	82/75°
Geschützblende	90/rund
Turmseiten	100/75°
Turmheck	100/75°
Turmdach	30/0°

Einsatz

Zur Zeit seiner Entwicklung im Jahre 1939 war der KW ein moderner Entwurf, der zahlreiche innovative Merkmale aufwies, die später Standard im internationalen Panzerbau werden sollten. Der W-2K Motor war, wie für einen Diesel typisch, verbrauchsarm und verfügte über ein starkes Drehmoment. Dieseltreibstoff ist zudem weniger feuer- bzw. explosionsgefährlich als Benzin. (Allerdings waren die Sowjets nicht die Ersten, die einen Panzer mit Dieselmotor in Serie bauten, dies waren die Japaner, gefolgt von den Italienern). Der KW gehörte zu den ersten Kampfwagen, die über eine moderne Drehstabfederung verfügten und zudem war geplant, alle Fahrzeuge ab Werk mit Funk auszustatten – obwohl dies aus Mangel an Funkgeräten nicht immer möglich war und zum Teil sogar für Flugzeuge vorgesehene Anlagen verbaut werden mussten. Obwohl man in späteren Jahren mit Recht davon sprechen muss, dass der KW-1 unterbewaffnet war, so war seine 76,2-mm-KwK mit Rohrlänge L/30 1939 im internationalen Vergleich führend. Mittlere Panzerkampfwagen jener Zeit waren mit Waffen im Kaliber 37 mm bis 47 mm ausgerüstet, während der schwerste deutsche Panzer jener Zeit, der PzKpfw. IV, zwar immerhin eine 7,5-cm-KwK L/24, jedoch nur eine maximal 30 mm starke Panzerung aufwies. Selbst der schwerste und bestgeschützte westliche Panzer jener Tage, der französische Char B1 besaß nur eine 47-mm-KwK L/32 im Turm und eine 75-mm-Haubitze L/17 mit sehr beschränktem Schwenkbereich in der Wanne. Mit einer Panzerung von bis 90 mm Stärke war es jedem anderen zeitgenössischen Panzer unmöglich, dem KW unter normalen Bedingungen gefährlich zu werden.

Bis zum 1. Juni 1941 hatte die Rote Armee offiziell 383 in Leningrad und Tscheljabinsk gefertigte KW-1 (inklusive Prototypen und Vorserienexemplare) abgenommen, 370 davon befanden sich im Bestand der Truppe. Davon wiederum waren 337 Panzer den Verbänden in westlichen Militärbezirken zugeordnet. Bis Ende Juni wurden noch weitere 51 KW-1 abgenommen, so dass bis zum Beginn des Angriffs auf die UdSSR am frühen Morgen des 22. Juni 1941 einige Panzer hinzugekommen sein dürften. Die Gesamtzahl der KW-1 zu Beginn des Unternehmens „Barbarossa" war jedoch sehr gering – zum Glück für die deutschen Truppen.

Diese hatten bis dahin keine Kenntnis von dem neuen schweren Kampfwagen und erlebten buchstäblich eine böse Überraschung. Die Panzerung des KW war für das Standard-Panzerabwehrgeschütz, die 3,7-cm-Pak 35/36, praktisch undurchdringlich. In der Regel hinterließen Treffer nicht mehr als Einkerbungen oder Kratzer auf der Außenhaut der sowjetischen Kolosse. Nur auf kürzeste Entfernung (unter 50 m) war es mit der Panzergranate 40, einem Hartkerngeschoss aus Wolframkarbid, möglich, die seitliche und hintere Panzerung zu

Der KW-1 setzte bei seinem Erscheinen Maßstäbe bezüglich Panzerschutz. Hier einer der ersten drei in Tscheljabinsk gebauten KW-1 Modell 1940, allerdings noch mit der 76,2-mm-Kanone L-11.

durchschlagen. Auch der neuen, noch im Zulauf befindlichen 5-cm-Pak 38, erging es kaum besser. Die Infanterie war daher auf Nahkampfmittel oder Unterstützung durch 8,8-cm-Flak oder Feldgeschütze wie die 10,5-cm-leFH 18, die 10-cm-Kanone 18 oder gar die 15-cm-sFH 18 zur Bekämpfung des KW angewiesen. Allerdings waren diese Geschütze nicht immer und überall zur Stelle und verfügten nur über eine beschränkte Anzahl an Panzergranaten. Doch selbst die 8,8-cm-Flak hatte mitunter Schwierigkeiten mit diesem Panzer.

Generalmajor Konstantin Rokossowski erwähnte die KW lobend in seinen Memoiren und beschrieb, wie diese von zahlreichen Geschossen getroffen aus dem Einsatz zurückkehrten – voller Treffer, manchmal bis zu 70 Stück, und doch fahr- und kampfbereit. Generalmajor Morgunow war der Ansicht, dass ein einzelner KW-1 zehn feindliche Panzer wert sei. In einem Bericht an das sowjetische Oberkommando schrieb Generalleutnant Andrei Iwanowitsch Jerjomenko, dass die KW mit den richtigen Besatzungen wahre Wunder vollbrächten und auch ohne Munition ihre Feinde einfach niederwalzen könnten, da sie für die feindlichen Geschütze unverwundbar seien. Die Panzer gingen häufig nur verloren, so Jerjomenko, weil ihre Besatzungen zu zögerlich oder unsicher handelten, weshalb er Anweisung gegeben habe, nur die besten Männer für die KW auszusuchen. Jerjomenko schrieb sogar davon, dass einer seiner KW mehr als 200 Treffer erhalten habe und dennoch zu den eigenen Linien zurückgekehrt sei.

Wie viele Treffer ein KW-1 einstecken und wie überlegen dieser Panzer in den Anfangstagen des Ostfeldzuges sein konnte, zeigt ein Ereignis, das sich nach sowjetischer Schilderung nahe Leningrad (heut Sankt Petersburg) in Krasnogwardeisk (heute Gattschina) abspielte. Als der Kommandeur der sowjetischen 1. Panzerdivision, General Viktor Iljitsch Baranow, am 19. August 1941 Kenntnis vom Herannahen der Spitzen der deutschen 6. Panzerdivision erhielt, beauftrage er Oberleutnant Sinowy Grigorjewitsch Kolobanow damit, die Zufahrtsstraße nach Krasnogwardeisk unter allen Umständen zu verteidigen. Kolobanow, Führer des 3. Zuges der I. Abteilung der Division, positionierte daher seine fünf KW-1 am 20. August gut getarnt an einer T-Kreuzung, welche die Deutschen passieren mussten. Kolobanow hatte diese Stelle geschickt gewählt, da die heranführenden Straßen rechts und links von sumpfigen Wiesen umgeben waren, so dass die deutschen

Die meisten KW-1 fielen im Sommer 1941 nicht durch feindlichen Beschuss, sondern durch technische Probleme aus. So auch dieser verlassene KW-1 Modell 1940, der im Juni 1940 im Raum Brjansk aufgenommen wurde. Man beachte das ausgebaute Bug-MG.

Deutsche Soldaten begutachten im Sommer 1941 einen KW-1 mit Zusatzpanzerung, dessen Kanonenblende von einer Granate größeren Kalibers durchschlagen wurde. (DWA)

Panzer nicht frei manövrieren konnten. Da er wusste, dass er einer „zahlenmäßig weit überlegenen Einheit" gegenüberstehen würde, war nicht nur sein KW-1E, sondern auch die anderen vier Panzer seines Zuges mit der doppelten Menge an 76,2-mm-Munition beladen, davon 2/3 Panzergranaten. Kolobanow wies die anderen Panzer an, nicht zu feuern, bis er es befahl. Um die Größe seines Zuges nicht zu verraten, sollte zudem immer nur einer der KW feuern.

Als die deutschen Kampffahrzeuge in Schussweite kamen, feuerte Kolobanow auf den führenden deutschen Panzer und traf diesen mit dem ersten Schuss. Die Deutschen ahnten nicht, dass sie in einen Hinterhalt geraten waren und nahmen an, dass der Panzer auf eine Mine gefahren sei, weshalb sie anhielten. Als daraufhin der zweite Panzer einen Treffer erhielt, bemerkten die Deutschen, was vor sich ging, konnten aber keinen Gegner ausmachen. Kolobanow schoss dann den letzten deutschen Panzer ab, so dass die anderen, wollten sie nicht links und rechts in die sumpfigen Wiesen geraten, auf der Straße gefangen waren. Als die Deutschen Kolobanows KW-1 entdeckten, eröffneten sie das Feuer mit ihren 3,7-cm-KwK und erzielten eine Reihe von Treffern, die jedoch alle wirkungslos blieben. Kolobanow und sein Richtschütze Andrej Usow zerstörten, so die sowjetische Schilderung, insgesamt 22 Panzer, bevor ihnen die Munition ausging. Die anderen KW-1 fügten 21 weitere hinzu, so dass insgesamt 43 deutsche Panzer, vermutlich PzKpfw. 35(t), als Wracks zurückblieben. Als Oberleutnant Kolobanow und seine Besatzung später ihren KW-1 untersuchten, zählten sie 156 (nach anderen Quellen 135 oder 147) Treffer an ihrem Panzer. Kolobanow wurde für diesen Erfolg der Rotbannerorden, Usow der Leninorden verliehen.

Eine Begegnung mittlerer deutscher PzKpfw III mit schweren KW-1 bei Rossenie Ende Juni 1941 schildert ein zeitgenössischer Bericht des Panzer-Regiments 1: „Die hier auftauchenden KW 1 und 2 waren dolle Brocken! Auf etwa 800 Meter eröffneten unsere Kompanien das Feuer, es blieb wirkungslos. Näher und näher rollten wir an den Feind, der ebenfalls weiterfuhr. Nach kurzer Zeit stand man sich fünfzig bis hundert Meter gegenüber. Ein tolles Feuergefecht entwickelte sich ohne sichtbaren deutschen Erfolg. Die Russenpanzer rollten weiter, alle Panzergranaten prallten an ihnen ab. So ergab sich die bestürzende Situation, dass Russenpanzer durch die Reihen des Panzerregiments 1 auf die eigenen Schützen zurollten und in unser Hinterland durchbrachen. Das Panzerregiment machte kehrt und rollte jetzt mit den KW 1 und KW 2 auf gleicher Höhe. Dabei gelang es, diese mit Sondergranaten auf kürzeste Entfernung, dreißig bis sechzig Meter, abzuschießen. Im Gegenangriff wurden die russischen Kräfte zurückgeworfen…"

Auch im Winter 1941 konnten KW-1 noch erhebliche Erfolge erzielen. Dazu ein Beispiel, das sich rund 35 km vor Moskau Anfang Dezember 1941 ereignete, als die von Generalmajor Konstantin Rokossowski befehligte 16. Armee verzweifelt ver-

Am 6. und 7. Oktober 1941 trifft die deutsche 4. Panzerdivision bei der Ortschaft Perwy Woin (nahe Mzensk) auf die sowjetische 4. Panzerbrigade, zu der neben 22 T-34 und 31 BT auch 7 KW-1 gehören. Den deutschen Panzern gelingt es nicht, die sowjetischen Gegner abzuschießen, erst der Einsatz von Artillerie und 8,8-cm-Flak rettet die Situation. Diesem KW-1 Modell 1940 wurde bei diesem Gefecht der Turm vom Rumpf gerissen.

Dieser KW-1 wurde am 27. November 1941 beim Kampf um die Stadt Wenjow (nähe Tula) abgeschossen - allerdings erst, nachdem er dutzende Treffer erhalten hatte, die allesamt nur Dellen hinterließen.

suchte, den Vormarsch deutscher Truppen auf die sowjetische Hauptstadt aufzuhalten. Leutnant (später Generalleutnant) Pawel Gudz befehligte einen KW-1 der 89. unabhängigen Panzerabteilung, die in heftigen Kämpfen in weniger als einem Monat alle bis auf zwei Panzer verloren hatte. Als die sowjetischen Truppen am 5. Dezember 1941 einen Gegenangriff starteten, überraschte der von Gudz geführte KW-1 am frühen Morgen Wehrmachtseinheiten, darunter 18 Kampfwagen der 10. Panzerdivision, im Dorf Nefedewo nahe Wolokolamsk. In dem folgenden dreistündigen Gefecht gelang es diesem einsamen KW-1 zehn deutsche Panzer und vier Pak abzuschießen, während er selbst insgesamt 29 Treffer erhielt, die sämtlich die Panzerung nicht durchdringen konnten. Gudz erhielt für seine Tat den Leninorden und wurde zum Hauptmann und stellvertretenden Kommandeur der 89. unabhängigen Panzerabteilung ernannt.

Trotz ihrer bemerkenswerten Widerstandsfähigkeit und Kampfkraft konnte der KW-1 aber keinen entscheidenden Einfluss auf den Verlauf des Krieges nehmen. Spätestens mit dem Auftauchen von „Tiger" und „Panther" sowie der 7,5-cm-Pak 40 war es mit der waffenmäßigen Überlegenheit vorbei. In der ersten Phase des Ostfeldzuges waren deutsche Panzereinheiten ihren sowjetischen Kontrahenten außerdem in Bezug auf Führung, Erfahrung, Ausbildung und Taktik weit überlegen, so dass sie die technische Überlegenheit des schweren KW meist ausgleichen konnten. In den Anfangstagen des Krieges waren die KW-Besatzungen noch kaum mit ihren Fahrzeugen vertraut, da die Mehrzahl erst wenige Monate zuvor ausgeliefert worden waren. Um Treibstoff zu sparen und die wenig belastbare Mechanik der KW zu schonen, war zudem angeordnet worden, dass die Ausbildung der Fahrer dieser schweren Fahrzeuge zum größten Teil mit Tanketten T-27 durchgeführt werden sollte, die nur 2,7 t wogen und einen 40-PS-Motor besaßen. Als am 22. Juni 1941 dann die Wehrmacht in der UdSSR einmarschierte, hatten viele KW-Fahrer nur eine Handvoll Stunden an den Kontrollhebeln ihrer Panzer verbracht und

Dieses Bild zeigt den Platz des Fahrers in jenem KW-1 Modell 1941, der den USA zur Erprobung überlassen wurde. Oben in der Mitte befindet sich die Sichtblende, links oben die Kugelblende für das (hier fehlende) 7,62-mm-MG. Darunter die Funkanlage. (NARA)

wussten diese Kolosse kaum zu steuern. Hinzu kam, dass das qualitativ minderwertige Panzerglas in der Fahrersichtblende meist von so vielen Lufteinschlüssen bzw. Blasen durchsetzt war, dass die Sicht nach außen erschwert wurde.

Und dies war nicht das einzige technische Problem des KW. Das auf einem alten Caterpillar-Entwurf aus der frühen 1920er-Jahren basierende Getriebe, zu schwache Vorgelege und Kupplungen waren die Ursache häufiger Pannen. Diese Faktoren limitierten die tatsächliche Höchstgeschwindigkeit erheblich, 30 km/h (auf guten Wegen) wurden nur bei neuen Exemplaren unter idealen Umständen erreicht – 15 bis 20 km/h waren realistischer. Im Gelände erreichten die WK oft nicht einmal Schritt-

Die links vom Fahrer installierte Funkanlage 10R. (NARA)

geschwindigkeit. Das Einlegen der Gänge erforderte einen erheblichen Kraftaufwand und ermüdete den Fahrer auf längeren Strecken. Die für den Luftfilter des Motors vorgeschrieben Wartungs- und Säuberungsintervalle mussten penibel eingehalten werden, sonst konnten bereits nach einigen Stunden Motorschäden auftreten. So musste bei Kolonnenfahrten unter Sommerbedingungen der Luftfilter des W-2K Motors alle 60–90 Minuten gereinigt oder ersetzt werden. Im Ernstfall war dies eine kaum zu erfüllenden Vorgabe. Die zahlreichen Ausfälle von KW-1 im Sommer 1941 verwundern daher nicht.

Obwohl sich drei Mann im Turm befanden, hatte der rechts sitzende Kommandant zugleich die KwK zu laden, da einer der Männer als Schütze für das MG im Turmheck vorgesehen war. Ein Platztausch zwischen Kommandant und MG-Schütze war wenig sinnvoll, da Letzterer nur beschränkte Sicht nach außen hatte. Überhaupt waren die Sichtmöglichkeiten aus dem Panzer heraus eher dürftig, eine Kommandantenkuppel fehlte völlig. Auch der Ausstieg aus dem Panzer im Falle eines Treffers war schwierig, da die drei Männer im Turm nur eine Luke (über dem Richtschützen) nutzen konnten. Die beiden Besat-

Der Boden des Kampfraums unter dem Turm, der Blick geht von vom Fahrerplatz aus nach hinten zum Brandschott des Motorraums. Der Boden ist von Metallkisten mit Munition bedeckt, über denen Gummimatten liegen. Links ist der Sitz des Kommandanten/Ladeschützen zu erkennen. (NARA)

zungsmitglieder in der Wanne mussten sich ebenso eine Luke teilen. Der Turm besaß keinen Turmkorb oder eine Drehbühne, die drei Mann im Turm mussten daher den Bewegungen des Turmes folgen. Auf dem Wannenboden unter dem Turm waren Munitionsbehälter für 76,2-mm-Granaten untergebracht, die von Gummimatten abgedeckt waren. Öffnete der Ladeschütze nun diese Behälter und entnahm Granaten, so war der Wannenboden unterhalb des Turms in der Hitze des Gefechtes rasch mit geöffneten Munitionskisten, umher liegenden Gummimatten und Granathülsen bedeckt.

Zudem war die Leistung des Kühlsystems bei Außentemperaturen über 25° Celsius nur unzureichend. Selbst bei moderater Leistung erreichte die Temperatur des Wassers im Motor dann 105° Celsius und jene des Öls 115° Celsius. Als im Winter 1941–42 deutlich wurde, dass der KW-1 Probleme mit dem Vorankommen im tiefen Schnee hatte, wurde Ende Januar 1942 angeordnet, ab Mitte Februar 1942 einen leistungsgesteigerten W-2 Motor mit 650 PS zu verbauen sowie die Getriebeübersetzung und das Treibrad entsprechend zu modifizieren. Versuche ergaben jedoch, dass ein solches Triebwerk

Der Platz des Richtschützen links der Hauptwaffe. Das Handrad links dient bei Ausfall der elektrischen Turmschwenkanlage zum Schwenken des Turms. Der Richtschütze verfügt über zwei Visiere. Hier in der Bildmitte das Panoramavisier PTK, direkt links neben dem Verschlussstück der BK das Zielfernrohr TMFD. (NARA)

das Kühlsystem endgültig überfordert hätte, so dass auch dieses grundlegend hätte überarbeitet werden müssen. Um die Produktionsabläufe nicht zu unterbrechen, wurde daher auf die Umstellung auf einen stärkeren Motor verzichtet. Ebenfalls nicht verwirklicht wurden Anfang 1942 formulierte Pläne, den W-2K auf 700 PS zu bringen und mit einem neuen 8-Gang-Getriebe zu koppeln.

In einem Schreiben an Stalin vom 16. Mai 1942 beklagten der Leiter und der stellvertretende Leiter der Abteilung Panzer der Militärakademie für Mechanisierung und Motorisierung N.I Grusdew und A.I Blagonrawow, dass die Kraftübertragung (Getriebe, Kupplungen, Vorgelege, Lenkbremsen) sowohl des KW-1 als auch des T-34 sich nicht grundlegend von jenen des T-18 aus dem Jahre 1929 unterschieden. Weiter führen Grusdew und Blagonrawow aus, welche Folgen dies für die Mobilität des KW-1 hatte. Sie verglichen den im Rahmen des von US-Präsident Roosevelts eingefädelten *Lend-Lease-Acts* (Leih-Pacht-Abkommen; d. h. die Unterstützung der UdSSR

Blick auf das Heck des Gussturms eines KW-1 Modell 1941. Mittig ist die Kugelblende des 7,62-mm-MG zu erkennen, das vom dritten Mann im Turm bedient wird, der zugleich zweiter Fahrer ist. Links und rechts davon befinden sich die MG-Munitionstrommeln. An den Turmwänden lagert Bereitschaftsmunition der KwK. (NARA)

mit amerikanischen und britischen Rüstungsgütern) an die UdSSR gelieferten Infantry Tank Mk II A12 „Matilda“ aus Großbritannien mit dem KW-1. Obwohl der KW-1 über ein Leistungsgewicht von rund 13 PS/t und der „Matilda“ von nur rund 7 PS/t verfügten, gab es keinen wahrnehmbaren Geschwindigkeitsunterschied der beiden Typen auf dem Gefechtsfeld. Als Grund hierfür nannten Grusdew und Blagonrawow den moderneren und leistungsfähigeren Antriebsstrang des britischen Kampffahrzeugs.

Obwohl fast 20 t schwerer als der T-34, verfügte der KW-1 über keine stärkere Feuerkraft und war bei Weitem nicht so günstig geformt wie dieser. Der KW-1 war so schwer, dass sein Gewicht nicht selten die Tragfähigkeit der damaligen Brücken in ländlichen Teilen der UdSSR überforderte, was seine Beweglichkeit weiter einschränkte. Zudem war der KW-1 weniger mobil sowie teurer und aufwändiger in der Herstellung. Sein einziger Vorteil gegenüber dem T-34 war seine stärkere Panzerung. Als im Laufe des Jahres 1942 auf deutscher Seite dann immer mehr leistungsfähige 7,5-cm-Pak 40 L/46 eingeführt und das StuG III sowie der PzKpfw. IV mit ähnlichen Waffen ausgestattet wurden, welche die Panzerung des KW durchdringen konnten, schmolz sei einziger Vorteil dahin. Die

Blick auf das Verschlussstück der Kanone SIS-5. Links daneben das Zielfernrohr des Richtschützen, rechts die Munitionstrommel des koaxialen MG. (NARA)

Rote Armee betrachtete den KW-1 daher 1942 als Fehlschlag und ließ die Fertigung im August jenes Jahres einstellen. Obwohl der KW-1 bald durch die JS-Reihe ersetzt wurde, waren einige KW-1 Modell 1941 und 1942 noch Mitte 1944 im Nordabschnitt der Ostfront zu finden. Auch beim Angriff auf die Japaner in der Mandschurei im August 1945 waren noch vereinzelt KW-1 dabei.

Dennoch: Bis zum Erscheinen des PzKpfw. VI „Tiger“ Ende 1942 war der KW-1 der am besten geschützte und schlagkräftigste schwere Panzer der Welt. Zudem war der KW-1 zur Zeit seiner Einführung sehr innovativ und legte die Grundlage für die erfolgreiche JS-Serie von schweren Panzern.

Panzerkampfwagen KW-2

Die erfolgreiche Erprobung des KW-Prototyps im Winterkrieg gegen Finnland im Dezember 1939 zeigte, dass dieser zwar gegen den Beschuss finnischer Pak gefeit war, die 76,2-mm-KwK sich jedoch nicht eignete, um Betonbunker und Feldbefestigungen wirkungsvoll zu bekämpfen. Der Militärrat der Nordwestfront drängte daher auf die Entwicklung eines Panzers mit einem schweren Geschütz, der dazu in der Lage sein sollte. Als Antwort darauf entstanden unter anderem das Projekt T-100Z, die Selbstfahrlafette SU-100Y sowie der spätere KW-2. Die Erfahrungen des Winterkriegs gegen Finnland führten dazu, dass zusätzlich die Entwicklung eines Bergepanzers sowie eines Panzers mit einem elektromagnetischem Minenräumgerät auf Basis des KW gefordert wurden, zu einer Verwirklichung dieser Forderung kam es jedoch nicht.

Da es der Roten Armee nicht gelang, die Linien der eigentlich weit unterlegenen Finnen zu durchbrechen und dies einer nationalen Demütigung gleichkam, bearbeitete das SKB-3 des Kirow-Werks (Leitung N.W. Kurin) dieses Projekt mit hoher Dringlichkeit und brachte es in nur zwei Wochen zum Abschluss. Das SKB-3 entschied sich als Bewaffnung für die 152,4-mm-Haubitze M-10T Modell 1938/40, die aufgrund ihrer Größe jedoch nicht in den Standardturm des KW passte. Die Entwurfsgruppe um Kurin konstruierte daher einen riesigen, kastenförmigen Drehturm, der auf den regulären Drehkranz (Durchmesser 1535 mm) der Wanne eines KW Modell 1939 gesetzt wurde. Die Bezeichnung lautet daher zunächst auch schlicht „KW mit großem Turm“ (im Gegensatz zur Ursprungsvariante „KW mit kleinem Turm“). Die Bezeichnung KW-2 wurde erst 1941 eingeführt, wird hier jedoch aus Gründen der Einfachheit durchgängig verwendet.

Die Fertigstellung des ersten Fahrzeugs (U-0) erfolgte bereits Anfang Februar 1940, drei weitere Prototypen folgten. Ab Juli lief die Serienfertigung, die bis Juni 1941 andauerte. Über die insgesamt im Leningrader Kirow-Werk gefertigten KW-2 liegen unterschiedliche Angaben vor. Galt früher als gesichert, dass bis Juni oder Juli 1941 336 Fahrzeuge komplettiert wurden, so sprechen neuere russische Quellen von 204 Panzern bis Ende Juni 1941.

Technische Angaben	**KW-2**
Daten für KW-2 Modell 1940	
Typ	schwerer Sturmpanzer
Hersteller	Kirow-Werk Leningrad
Gefertigte Exemplare	204
Gefechtsgewicht	52.000 kg
Länge	6750 mm (ohne Rohr)
Breite	3300 mm
Höhe	3500 mm
Motor	W-2K, 12-Zylinder-Dieselmotor
Leistung kW/PS	441/600
Leistungsgewicht	11,54 PS/t
Höchstgeschwindigkeit	25 km/h (Straße), 15 km/h (Gelände)
Kraftstoffvorrat	600 l
Fahrbereich	200 km (Straße)
Besatzung	6
Bewaffnung	1 x 152,4-mm-Haubitze M10T L/20, 3 x 7,62-mm-DT-MG
Bewaffnung	1 x 76,2-mm-Kanone L-11 L/30, 2 x 7,62-mm-DT-MG (koaxial, Turmheck)
Kampfsatz	111 x 76,2 mm, 3024 x 7,62 mm
Panzerung (mm/Neigung)	
Wannenfront	75/60°
Wannenbug	75/65°
Wannenseiten	75/90°
Wannenheck	60–70/rund
Wannenoberseite	40 (vorn)/0°, 30 (hinten)/0°
Wannenunterseite	40 (vorn)/0°, 30 (hinten)/0°
Turmfront	75/90°
Geschützblende	110/rund
Turmseiten	75/90°
Turmheck	75/90°
Turmdach	40/0°

Produktion KW-2 im Kirow-Werk Leningrad

Jahr/Monat	Jan.	Feb.	März	April	Mai	Juni	Juli	Aug.	Sept.	Okt.	Nov.	Dez.	gesamt
1940	-	3	1	-	-	-	10	10	-	-	25	55	104
1941	-	-	-	-	60	40	-	-	-	-	-	-	100
Total													204

Technik und Aufbau

Abgesehen vom neuen Turm blieb die Auslegung gegenüber dem Grundmodell unverändert. Vorn in der Wanne saß mittig der Fahrer, links von ihm der Funker, der eine Funkanlage Typ 71-TK-3 bediente. Im Turm selbst befanden sich vier Mann. Links der Richt- und ein Ladeschütze, rechts der Kommandant sowie ein weiterer Ladeschütze. Neben einer Dachluke über dem Kommandanten stand der Besatzung eine türartige Luke im Turmheck zur Verfügung. Eine Kommandantenkuppel gab es nicht, dem Kommandanten stand nur ein Panoramavisier Typ PTK zur Verfügung, der Richtschütze verfügte über ein zweites Visier dieses Modells. An beiden Turmseiten gab es je einen Sehschlitz mit darunter befindlicher Nahkampf- bzw. MPi-Öffnung. Hinzu kamen zwei seitwärts sowie ein nach hinten gerichteter Winkelspiegel.

Die Hauptwaffe war eine modifizierte Haubitze ML-10 (daher ML-10T, „T“ für Tank) mit verkürztem Rohr. Der Höhenrichtbereich der ML-10T betrug –3° bis +18°. Da die Hauptaufgabe in der Bekämpfung von Bunkern lag, war die wichtigste Munitionsart ein 40 kg schweres betonbrechendes Geschoss G-530 mit einer Sprengstofffüllung von 5,1 kg. Vom Artilleriegeschütz ML-10 abgefeuert, durchschlug die Granate G-530 auf 1000 m Entfernung 114 cm Beton. Da die Panzerversion ML-10T jedoch mit einer verringerten Treibladung schießen musste und zudem ein verkürztes Rohr besaß, dürfte die Durchschlagsleistung ebenfalls verringert gewesen sein. Eine Panzergranate war nicht vorhanden und für die Durchschlagsleistung der G-530 bei Panzerstahl liegen keine exakten Angaben vor. Zentrale Treffer dieses 40 kg schweren Geschosses genügten aber, um 1940/41 alle deutschen Panzerkampfwagen außer Gefecht zu setzten. Die Munition der ML-10T war zweiteilig, d. h. neben der eigentlichen Granate musste die Treibladung noch separat als Kartusche geladen werden. Im Panzer wurden 36 Schuss mitgeführt.

Werksfoto des ersten Prototyps U-0 des KW-2. Man beachte die abgeschrägte Turmfront sowie die anders geformte Geschützblende.

Ausführungen

Die ersten 24 KW-2 basierten auf Wannen des KW-1 Modell 1939 und besaßen keine MG-Bewaffnung, weder in der Wanne noch im Turm. Sie wiesen zudem einen Turm mit leicht abgeschrägter Front und einem leicht spitz zulaufenden Heck auf. Die ab November 1940 gebauten KW-2 erhielten einen niedrigeren und etwas leichteren Turm, der im Versuchsfahrzeug U-7 erprobt worden war. Dieser Turm besaß zudem eine gerade Front und ein gerades Heck sowie eine neue Geschützblende für die Hauptwaffe. Die 152,4-mm-Haubitze wurde nun auch durch je ein 7,62-mm-MG in der Wanne, koaxial zur Hauptwaffe und im Turmheck ergänzt, für die 3087 Schuss mitgeführt wurden.

Weitere Varianten des KW-2 wurden nicht gebaut. Zwar konzipierte das SKB-4 des Kirow-Werks im Mai 1941 einen erneut leichteren und niedrigeren Turm, der gut 2 t weniger wog. Doch da man dafür den Rücklauf der Haubitze ML-10T von 900 mm auf maximal 700 mm hätte begrenzen müssen, was als nicht machbar galt, wurde dieser Vorschlag nicht weiter verfolgt.

Im Zuge der Entwicklung des KW-3 wurde ein KW-2 im Mai 1941 versuchsweise mit der 107-mm-KwK SIS-6 L/43 ausge-

Prototyp U-3, erkennbar an den versuchsweise installierten Staukisten auf den Kettenabdeckungen. An der Rohrmündung ist eine Abdecklappe zu erkennen.

Der Prototyp U-7 wurde ab September 1940 erprobt und verfügte über einen neuen, etwas kleineren und anders geformten Turm mit gerader Front und Heck.

Im Mai 1941 wurde versuchsweise die 107-mm-KwK SIS-6 im den Turm eines KW-2 installiert, um diese Waffe zu erproben.

rüstet, da diese große und leistungsfähige Waffe in keinen der anderen vorhandenen Panzertürme passte. Die SIS-6 war eine Variante der in geringen Stückzahlen gebauten Feldkanone M-60. Obwohl der Konstrukteur der M-60 bzw. SIS-6, Fjodor Fjodorowitsch Petrow, sich für eine Bewaffnung des KW-2 mit dieser Waffe aussprach, gab es nie Pläne zur serienmäßigen Ausrüstung des Fahrzeugs mit diesem Geschütz.

Einsatz

Am 17. Februar 1940 sandte die Rote Armee zwei Versuchsfahrzeuge (U-0 und U-1) an die finnische Front. Ihr erster Kampfeinsatz erfolgte am 22. Februar. Ende jenes Monats folgte das Versuchsfahrzeug U-3, Mitte März U-4. Zu diesem Zeitpunkt war die so genannte Mannerheim-Linie zwar schon durchbrochen, dennoch zerstörten U-0 und U-1 insgesamt 11 Bunker sowie 14 finnische Pak und feuerten versuchsweise auf verlassene Feldbefestigungen. U-0 erhielt dabei 22 Treffer, fiel jedoch nicht aus. Zugleich offenbarte jedoch bereits dieser erste Einsatz einige eklatante Schwächen des Entwurfes. Das hohe Gewicht von über 54 t überlastete den ohnehin an seinen Grenzen operierenden Antriebsstrang, insbesondere im tiefem

Zwei-Seiten-Ansicht eines zwischen November 1940 und Juni 1941 gebauten KW-2. (Vincent Bourguignon)

Schnee und schwerem Gelände. Die großen Rückstoßkräfte der ML-10-Haubitze in Verbindung mit ihrer hohen Lafettierung und dem relativ kleinen Drehkranzdurchmesser führten dazu, dass eine Schussabgabe bei seitlich geschwenktem Turm nicht ratsam war. Der Turmschwenkmechanismus konnte dann verklemmen oder der Rückstoß (aufgrund der erheblichen Nickbewegungen) sogar den Antriebsstrang beschädigen. Zwar war die Hauptwaffe im Turm ausbalanciert, der 12 t schwere Turm selbst jedoch nicht. Sein Schwerpunkt war gegenüber der Rotationsachse nach vorn verschoben, was den elektrischen Turmantrieb überforderte, wenn der Panzer nicht auf ebenem Grund stand. Überhaupt war eine Schussabgabe nur im Schießhalt erlaubt, d. h. wenn der Panzer stand.

Nach offiziellen Zahlen besaß die Rote Armee am 1. Juni 1941 132 KW-2. Von diesen war jedoch nur eine Minderheit am 22. Juni vollständig einsatzbereit. Viele hatten noch keine gründlich ausgebildete, bzw. einige sogar noch gar keine Besatzung. Die Fahrer der KW-2 waren aus wirtschaftlichen Gründen oft auf Tanketten T-27 oder leichten Panzerkampfwagen T-26 geschult worden, deren Fahreigenschaften kaum jenen eines 600 PS starken und über 50 t schweren Kolosses entsprachen. Da die mechanischen Probleme des KW-1 (Getriebe, Bremsen, Vorgelege, Kühlanlage, Luftfilter) durch das höhere Gewicht des KW-2 nicht geringer wurden, fielen zahlreiche Fahrzeuge

Ein verlassener KW-2 am Straßenrand im Juni/Juli 1941. Soldaten der deutschen 12. Panzerdivision haben am Turm das Zeichen ihrer Division als Wegweiser aufgemalt. (NARA)

durch technische Schwierigkeiten aus, ohne je Feindberührung gehabt zu haben. Schlecht ausgebildete Besatzungen, ein Mangel an Ersatzteilen sowie nicht zuletzt geeigneter Bergemittel, führten dazu, dass viele KW-2 nicht vor Ort repariert oder abgeschleppt werden konnten; zum Teil nur aufgrund kleiner mechanischer Schäden oder mangelnden Treib- oder Schmierstoffs. Doch selbst wenn Treibstoff vorhanden war, dauerte der Betankungsvorgang zwischen 60 und 90 Minuten. Um Verunreinigungen im Diesel zu verhindern, welche den Kraftstofffilter oder gar die Injektoren (Einspritzdüsen) des Motors verstopft hätten, musste dieser mittels eines speziellen Trichters eingefüllt werden und dabei ein engmaschiges Netz sowie zwei Lagen Seide passieren. Die Durchlaufgeschwindigkeit des Diesels war entsprechend gering. Im Sommer 1941 blieb oft keine Zeit, diesen Vorgang exakt nach Handbuch durchzuführen – mit entsprechenden Folgen für den Motor.

Doch selbst wenn KW-2 im Gefecht eingesetzt wurden, waren die ersten Wochen und Monate des Unternehmens „Barbarossa“ nicht die Art von Krieg, für die sie entworfen worden waren. Anstelle von Bunkern, Feldbefestigungen und Pak-Stellungen begegnete ihnen ein hoch mobiler Gegner. Für den Einsatz gegen andere Panzer war der KW-2 nicht entworfen, ja verfügte noch nicht einmal über die entsprechende Munition – auch wenn, wie bereits erwähnt, ein Treffer der 152,4-mm-Haubitze selbst mit Spreng- oder Splittergeschossen ausreichte, um jedes Kampffahrzeug der deutschen Wehrmacht oder ihrer Verbündeten auszuschalten. Allerdings war 152,4-mm-Munition, egal welcher Art, kaum verfügbar. So waren in den Militärbezirken Kiew und Odessa nur je 10–15 % des Sollbestandes an Betongeschossen G-530 für die KW-2 auf Lager, während in den Militärbezirken Leningrad, Baltikum und West überhaupt keine Munition dieses Typs zur Verfügung stand. Die Besatzungen mussten daher die Munition laden, die greifbar war, gleichgültig, ob dies nun Spreng- oder Splittergranaten oder aber eben gar keine Granaten waren. In ihrer Verzweiflung rammten daher einige KW-2 ihre Gegner oder überrollten feindliche Infanterie und Geschütze, ja sogar leichte Panzer. Der KW-2 war für die Operationen der Roten Armee in der Anfangsphase des Krieges im Osten nicht ausgelegt. Im Kampf gegen feindliche Panzer besaß er nur geringen Wert, und An-

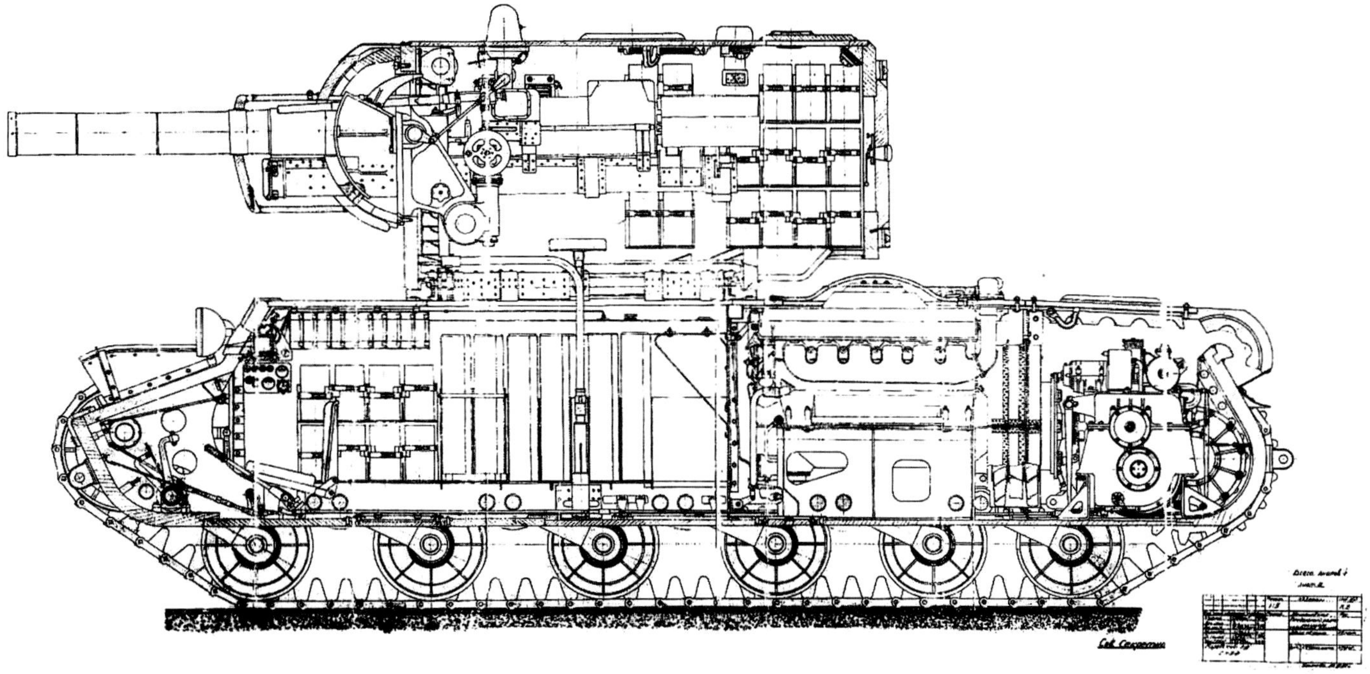

Werkszeichnung eines der ab November 1940 gebauten KW-2.

griffe auf feindliche Bunker oder Feldbefestigungen kamen zu jener Zeit nur selten vor. Die letzten Einsätze erlebten KW-2 im Winter 1941–42 bei der Verteidigung Moskaus, danach verschwanden noch übrig gebliebene Exemplare aus den Beständen der Roten Armee.
Trotz all dieser Schwierigkeiten und Probleme war der KW-2, wie auch der KW-1, im Jahre 1941 aufgrund seiner Panzerung ein formidabler Gegner, der sich nur mit großen Mühen ausschalten ließ. Wie auch Panzerkampfwagen des Typs KW-1 überstanden KW-2 unbeeindruckt zahlreiche Treffer von 3,7-cm- und 5-cm-Kanonen. Erst der Einsatz von 8,8-cm-Flak, 10-cm-Kanonen oder gar Sturzkampfbombern vermochte Abhilfe zu schaffen. Zeugnis davon legt ein Ereignis ab, das sich nahe der Stadt Raseiniai (südliches Litauen) in der Zeit vom 23. bis 25. Juni 1941 ereignete. Beim Vorstoß auf Leningrad (heute Sankt Petersburg) trafen dort Einheiten der deutschen 6. Panzerdivision auf KW der 2. Panzerdivision der Roten Armee. Nordöstlich von Raseiniai (früher Rossenie) fließt die Dubysa, ein Nebenfluss der Memel. Zwei deutschen Kampfgruppen gelang es von Raseiniai kommend zwei Brücken über den Fluss zu besetzen und Brückenköpfe auf dem östlichen Ufer zu errichten. Im Norden war dies die Kampfgruppe Raus, im Süden die Kampfgruppe Seckendorf. Der südliche Brückenkopf war am 23. Juni heftigen sowjetischen Gegenangriffen ausgesetzt. Dabei trafen die Deutschen zum ersten Mal auf schwere Panzer des Typs KW, welche unbeeindruckt vom Feuer der Pak ihre Linien durchbrachen und alles zermalmten, was sich ihnen in den Weg stellte. Erst als 8,8-cm-Flak einige der sowjetischen Kolosse abgeschossen hatten, zogen sich diese zurück. Als gegen Mittag des 24. Juni ein Lkw der Kampfgruppe Raus (diese bestand aus dem Panzerregiment 11, dem 4. motorisierten Infanterieregiment, der 2. Abteilung des Artillerieregiments 76, einer Kompanie des Panzerpionier-Bataillons 57, einer Kompanie des Panzerjäger-Bataillons 41, einer Batterie des Flak-Regiments 411 sowie dem Kradschützen-Bataillon 6) auf dem Weg zum Hauptquartier in Raseiniai war, stießen dieser auf der einzigen Straße dorthin auf einen KW-2[1], der sofort das Feuer eröffnete. Der LKW kehrte daraufhin zur Kampfgruppe Raus zurück und die Besatzung erstattete Bericht. Generaloberst Raus deutete diesen Vorfall als Beginn eines sowje-

Bilder zerstörter KW-2 sind selten, meist wurden die Panzer von ihrer Besatzungen wegen Treibstoffmangels oder technischen Problemen aufgegeben. So auch dieses Fahrzeug, das im Sommer 1941 im Raum Lwiw (Lemberg; westliche Ukraine) aufgenommen wurde.

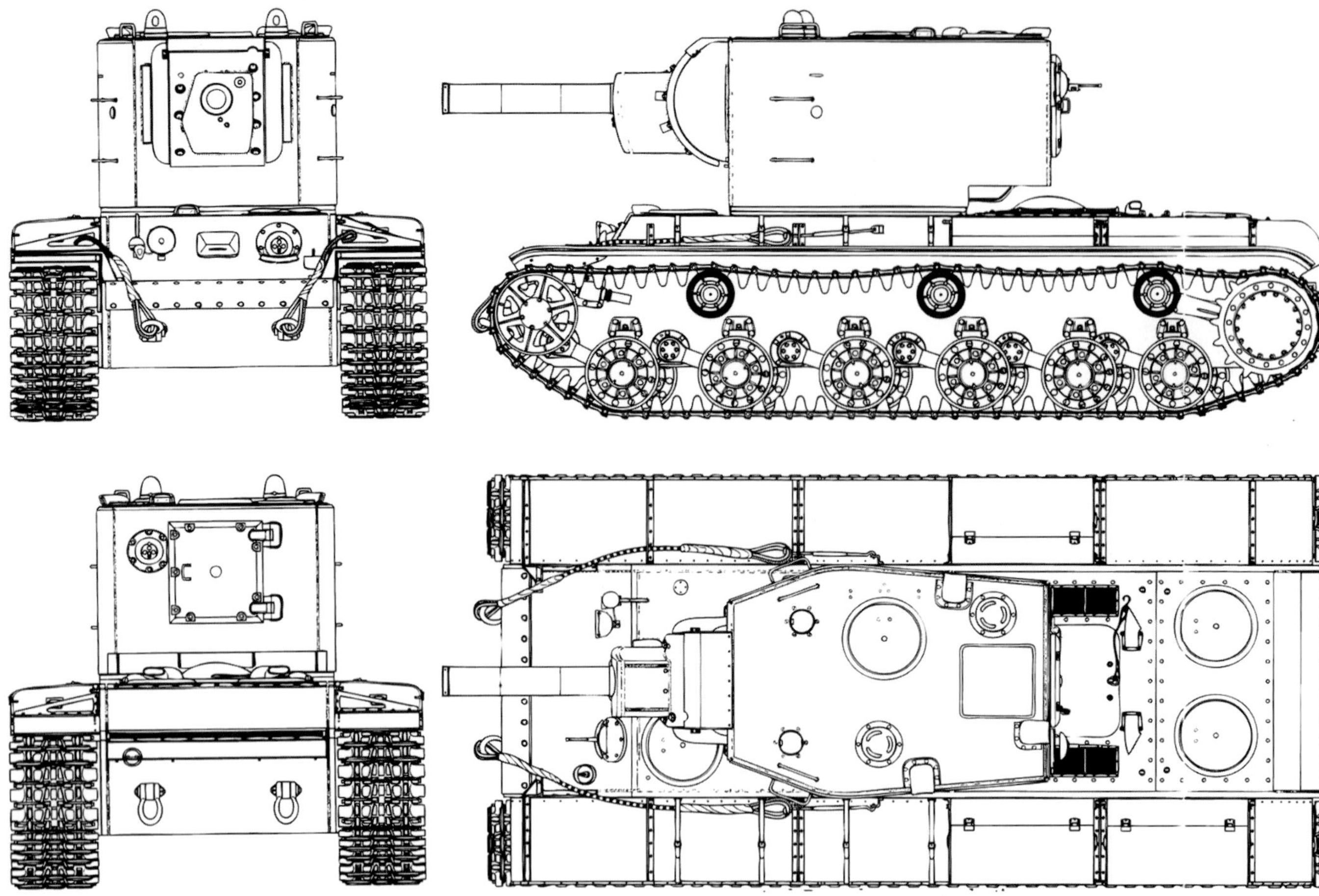

Vier-Seiten-Ansicht eines im Dezember 1940 gefertigten KW-2.

tischen Gegenangriffes auf seinen Brückenkopf und brachte seine Einheiten in Verteidigungsstellung. Währenddessen hatte der KW das Feldtelefonkabel zwischen Raus und Raseiniai gekappt und zwölf LKW, die von der Stadt zum Brückenkopf unterwegs waren zerstört. Da die Straße, auf der sich der KW befand, die einzige passierbare Route zwischen Hauptquartier und dem Brückenkopf war (links und rechts von ihr befanden sich dichtes Unterholz bzw. Wald sowie marschige Wiesen, in denen Fahrzeuge einsanken), musste Raus handeln. Um nicht von Nachschub abgeschnitten zu sein und um Verwundete sowie Gefangene abtransportieren zu können, musste der KW unschädlich gemacht werden. Zunächst gingen vier 5-cm-Pak in Stellung und erzielten acht Treffer. Das minutenlang nichts mehr passierte, gingen die Pak-Mannschaften davon aus, dass sie ihren Auftrag erfolgreich erfüllt hatten. Dann begann sich jedoch der Turm zu bewegen und der KW eröffnete das Feuer. Zwei Pak wurden zerstört, die beiden anderen beschädigt und mehrere Soldaten getötet oder verletzt. Als nächstes versuchten die Deutschen den KW durch indirektes Artilleriefeuer zu zerstören (je nach Quelle entweder mit 105-mm- oder 150-mm-Geschützen). Die Haubitzen waren jedoch zu weit entfernt und erzielten keine Treffer. Eine Bitte um Unterstützung durch Sturzkampfbomber der Luftwaffe blieb erfolglos, so dass eine 8,8-cm-Flak herangebracht wurde. Nun war dieses Geschütz zwar sehr leistungsfähig und in der Lage, auch einen stark gepanzerten KW auf große Entfernung zu vernichten, eine ideale Panzerabwehrwaffe war es jedoch nicht. Die „Acht-Acht" musste von einem großen Zugfahrzeug bewegt und dann zunächst abgeprotzt und in Stellung gebracht werden, bevor sie einen zielgenauen Schuss abgeben konnte. Zudem war der Aufzug der Waffe hoch und damit sehr auffällig. Zunächst schoss die Flak aus rund 2000 m auf den KW, er-

[1] Ob es sich bei dem Panzer von Raseiniai um einen KW-2 handelte, daran gibt es begründete Zweifel. Der russische Historiker Maxim Kolomiets geht aufgrund seiner Forschungen (u.a. auch Interviews mit den letzten Zeitzeugen) davon aus, dass es sich um einen KW-1 handelte. Dafür spricht unter anderem auch die Menge an Munition, die das Fahrzeug mitgeführt haben muss sowie die relativ rasche Geschwindigkeit, mit der es seinen Turm drehen konnte. Tatsächlich wurden bei der Exhumierung der Besatzung im Jahre 1965 jedoch sechs Leichen gefunden, von denen zwei einen Gürtel mit Offiziersschnalle trugen. Die Besatzung eines KW-2 bestand aus sechs Mann, die eines KW-1 nur aus fünf. Kolomiets gibt jedoch an, es sei nicht unüblich gewesen, dass in den Panzern der Zug- oder Kompanieführer noch ein Techniker mit an Bord war, was das zusätzliche Besatzungsmitglied erklären würde. Ob nun KW-1 oder KW-2, der Panzer von Raseiniai hatte offenbar eine Panne oder keinen Treibstoff mehr, so dass er auf der dortigen Straße liegenblieb. Anstelle ihr bewegungsunfähiges Fahrzeug zu verlassen und sich zu Fuß zu den eigenen Linien durchzuschlagen, entschied sich die Besatzung allen Anscheins dazu, stattdessen einen letzten Kampf zu führen, um den Vormarsch der Deutschen aufzuhalten.

KW-2 als Beutepanzer einer unbekannten deutschen Panzereinheit in Wintertarnung. Das Fahrzeug hat eine deutsche Kommandantenkuppel erhalten und ist auf der Turmoberseite durch ein Fliegersichttuch als Beutepanzer gekennzeichnet. (Oliver Missing)

zielte jedoch keinen Treffer. Während die Flak-Bedienung das Geschütz nun also in rund 700 m Entfernung erneut in Stellung brachte, muss dieser Vorgang offenbar vom Kommandanten des KW beobachtet worden sein, der kühl abwartete, bis die Vorbereitungen abgeschlossen waren und die Mannschaft ihren Platz am Geschütz eingenommen hatte. Erst dann feuerte der KW und zerstörte das deutsche Geschütz, kurz bevor es selbst einen Schuss abgeben konnte. Während der Nacht näherten sich Pioniere dem Panzer und legten Sprengladungen unter das Fahrzeug, die jedoch nur das Laufwerk beschädigten. Am nächsten Tag (25. Juni) versuchten die Deutschen erneut den KW auszuschalten. Dieses Mal stellten sie es jedoch geschickter an. Während eine Einheit von PzKpfw. 35(t) die Aufmerksamkeit des KW auf sich zog, ging (dieses Mal unbemerkt) eine 8,8-cm-Flak in Stellung und feuerte. Der erste Schuss traf – doch der Turm begann sich in Richtung der Flak zu drehen. Ein zweiter Treffer – der Turm stoppte. Um sicher zu gehen, gab die Flakmannschaft noch vier weitere Schüsse ab, die sämtlich ihr Ziel trafen. Eine halbe Stunde später, gegen Mittag, näherten sich schließlich deutsche Infanteristen, um das Fahrzeug zu untersuchen. Erstaunt betrachteten sie die Treffer der 5-cm-Pak, die nur Dellen und Einkerbungen hinterlassen hatten. Zu ihrer Verwunderung mussten sie zudem feststellen, dass nur zwei der sechs 8,8-cm-Geschosse die seitliche Panzerung durchschlagen hatten. Als die Landser nun auf den KW kletterten und auf die Panzerung klopften, begann sich plötzlich erneut der Turm zu drehen. Erschrocken suchten sie Deckung, doch ein entschlossener Soldat schob eine Handgranate durch eines der Löcher in der Panzerung, das die Treffer der 8,8-cm-Flak hinterlassen hatten. Die folgende Explosion sprengte das Turmluk von innen auf. Die Deutschen näherten sich erneut und fanden nun sechs Tote im inneren des Fahrzeugs. Über den weiteren Verlauf dieser Geschehnisse gibt es unterschiedliche Versionen. Während General Erhard Raus nach dem Krieg angab, die sechs Toten seien in Hochachtung vor ihrem Mut und ihrer Ausdauer mit militärischen Ehren begraben worden, beschreibt der russische Historiker Maxim Kolomiez aufgrund von Interviews mit den letzten Zeitzeugen einen etwas anderen Ablauf. Kolomiez schreibt, die Wehrmacht hätte Juden aus Raseiniai gezwungen, die verstümmelten Leichen aus dem Panzer zu bergen und anschließend am Straßenrand zu verscharren. 1965 wurden die sowjetischen Panzersoldaten schließlich exhumiert und auf einen Friedhof in Raseiniai umgebettet. Der KW selbst soll laut diesen Zeitzeugen nach Raseiniai geschleppt worden sein und habe dort noch lange auf dem Marktplatz gestanden.

Dieser KW-2 wurde im April 1945 von US-Truppen auf dem Krupp-Werksgelände in Essen vorgefunden, wohin er 1941 zur Erprobung verbracht worden war. (NARA)

Panzerkampfwagen KW-1K

Im Frühjahr 1942 regte der Leiter der Artillerieabteilung der Militärakademie der Streitkräfte Oberstleutnant W.I. Alexandrow an, die Feuerkraft des KW-1 durch die Installation von Feldraketen zu erhöhen. Das Versuchswerk Nr. 100 rüstet daher unter der Leitung von Afanasy Semjonowitsch Ermolaew einen KW-1 mit einem so genannten КАРСТ-1 (короткая артиллерийская ракетная система танковая) bzw. KARST-1 (Kurzes Artillerieraketensystem für Panzer) aus. Dabei wurden vier Startbehälter für je zwei Raketen M-13 paarweise auf die Kettenabdeckungen des KW-1 montiert. Die vorderen beiden Behälter waren um +3°, die hinteren beiden um +4° nach oben gerichtet. Die Raketen wurden mittels eines elektrischen Zünders gestartet. Die Startvorrichtungen bestanden aus 10 mm und 30 mm starken Blechen, um die Raketen vor Splittern und Handfeuerwaffen zu schützen. Die M-13 hatte ein Kaliber von 132 mm, war 1410 mm lang, wog 42,4 kg und besaß eine 4,9 kg schwere Sprengladung. Die Rakete M-13 wurde auch vom Raketenwerfer BM-13 (besser bekannt als „Katjuscha" oder „Stalinorgel") verwendet.

Das so ausgerüstete Fahrzeug brachte aufgrund der Raketen sowie ihrer gepanzerten Startbehälter 49 t auf die Waage und erhielt die Bezeichnung K-1K (bzw. KW-10). Es wurde vom 7. bis 31. August 1942 auf dem Schießplatz Tschebarkul (ca. 80 km westlich von Tscheljabinsk) getestet. Dabei zeigte sich eine Reichweite von ca. 600 m für die vorderen und gut 800 m für die hinteren Raketen. Da die Startschienen wesentlich kürzer als jenes des BM-13 ausfielen, neigten die flossenstabilisierten Raketen jedoch zu einer erheblichen Seitenstreuung. Es war möglich, die Geschosse einzeln oder als Salve abzufeuern. Gezielt werden musste mit dem gesamten Fahrzeug und eine Schussabgabe war nur möglich, wenn die Hauptwaffe nach 12- bzw. 6-Uhr gerichtet war. Dennoch wurde die Erprobung als erfolgreich bewertet und die Einführung auf Basis des KW-1S empfohlen. Zwar wurde ein Vorserienpanzer KW-1S noch entsprechend modifiziert und bis zum 20. Oktober 1942 erprobt, zur Serienfertigung kam es jedoch nicht, so dass es bei zwei KW-1K bzw. KW-10 blieb.

Der KW-1K (oder auch KW-10) besaß auf jeder Kettenabdeckung vier Startvorrichtungen für 132-mm-Raketen. Man beachte die unterschiedlichen Neigungswinkel der Startschienen (vorn +3°, hinten +4°).

Panzerkampfwagen KW-1S

Die Klagen von Frontverbänden über die mangelnde Beweglichkeit und Zuverlässigkeit des KW-1 führten dazu, dass dieses Thema selbst in einem Gespräch zwischen Stalin und dem stellvertretenden Volkskommissar für die Panzerproduktion Isaak Moisejewitsch Salzman thematisiert wurde. Im Februar 1942 wurden daher in Tscheljabinsk Versuche zur Erhöhung der Mobilität des KW-1 durchgeführt. Ein Panzer erhielt eine veränderte Übersetzung und ein verändertes Treibrad, ein weiterer neben diesen Änderungen zudem einen auf 650 PS leistungsgesteigerten Diesel. Der 650-PS-Motor überhitzte jedoch und überforderte das Kühlsystem, während die anderen Maßnahmen die Mobilität nicht wesentlich verbesserten. Als Ergebnis dieser Versuche wurde festgelegt, dass die Kühlanlage überarbeitet werden und die veränderte Übersetzung in die Serienfertigung übernommen werden sollte – beide Punkte wurden für den KW-1 jedoch nie umgesetzt. Denn als Hauptprobleme wurden das Gewicht sowie das nicht geeignete Getriebe identifiziert. Das Entwurfsgewicht des KW im Jahre 1939 lag bei gut 40 t und war dann immer weiter angestiegen. Seit im Werk Tscheljabinsk Gusstürme verbaut wurden, erreichte das Gewicht nicht selten annähernd 50 t. Der Grund dafür lag nicht nur in der planmäßigen Verstärkung der Panzerung, sondern auch darin, dass die Fertigungstoleranzen der Türme sehr nachlässig gefasst waren, so dass es immer wieder zur Überschreitung des vorgegebenen Gewichts kam. Bereits während der Erprobung der Prototypen 1939 hatte sich das Getriebe als Schwachstelle erwiesen, das zusätzliche Gewicht verschärfte dieses Problem nun. Hinzu kam die Tatsache, dass der Entwurf des KW seit Kriegsbeginn immer weiter rationalisiert und vereinfacht worden war, um die Produktion zu beschleunigen, u. a. fielen die Reibbeläge der Kupplungsscheiben fort. Seit der Evakuierung des Kirow-Werks und der Zulieferbetriebe hinter den Ural litt zudem die Qualität der Komponenten, so dass aus einem zunächst bereits mangelhaften Getriebe seit Herbst 1941 ein ungenügendes geworden war. Bereits ab April 1942 wurden daher neue Getriebe erprobt, von denen schließlich das von N.F. Schaschmurin entworfene 8-Gang-Getriebe zur Produktion ausgewählt wurde.

Um das Gewichtsproblem zu lösen, entwarf das nun in Tscheljabinsk angesiedelte SKB-2 ab Mai 1942 eine leichtere, weniger stark gepanzerte Version. Projektleiter war Josef Kotin, Koordinator Nikolai Duchow und leitender Ingenieur M.F. Baldschi. Diese Ausführung des KW-1 sollte neben dem neuen Getriebe auch eine verbesserte Kupplung, einen verbes-

Technische Angaben	**KW-1S**
Typ	schwerer Panzerkampfwagen
Hersteller	Kirow-Werk Tscheljabinsk
Gefertigte Exemplare	1086
Gefechtsgewicht	42.500 kg
Länge	6900 mm (Wanne)/ 7100 mm (mit Rohr)
Breite	3250 mm
Höhe	2640 mm (Oberkante Kuppel)
Motor	W-2K, 12-Zylinder-Dieselmotor
Leistung kW/PS	441/600
Leistungsgewicht	14,12 PS/t
Höchstgeschwindigkeit	43 km/h (Straße), 15 km/h (Gelände)
Kraftstoffvorrat	600–615 l
Fahrbereich	250 km (Straße)
Besatzung	1,6 m
Bewaffnung	5
Bewaffnung	1 x 76,2-mm-Kanone SIS-5 L/41,5; 3 x 7,62-mm-DT-MG (koaxial, Bug, Turmheck)
Kampfsatz	114 x 76,2 mm, 3000 x 7,62 mm
Panzerung (mm/Neigung)	
Wannenfront	75/60°
Wannenbug	75/60°
Wannenseiten	60/90°
Wannenheck	40/65° (oben), 75/rund (unten)
Wannenoberseite	40/0° (vorn), 30/0° (hinten)
Wannenunterseite	30/0° (vorn), 20/0° (hinten)
Turmfront	82/rund
Geschützblende	82/rund
Turmseiten	75/75°
Turmheck	75/75°
Turmdach	40/0°

Der erste Prototyp des KW-1 (Seriennummer 15001) in Tscheljabinsk Ende Juli 1942.

Der zweite Prototyp während der Werkserprobung in Tscheljabinsk Ende Juli 1942.

serten Luftfilter und eine neue Kühlanlage erhalten. Die Wanne entsprach weitgehend jener des KW-1, allerdings wurde die Zusatzpanzerung an der Front weggelassen und die Stärke der Seitenplatten auf 60 mm verringert. Die Wanne des KW-1S bestand aus geschweißten Walzstahlblechen und war in drei bzw. vier Bereiche aufgeteilt. Im vorderen Teil der Wanne fanden mittig der Fahrer/Mechaniker und links daneben der Funker/MG-Schütze ihren Platz, rechts vorn waren Granaten des Kalibers 76,2 mm verstaut. Beide Besatzungsmitglieder teilten sich eine über dem Fahrer eingebaute Luke für den Ein- und Ausstieg. Hinter dem Fahrer befand sich zudem eine Notausstiegsluke im Wannenboden. Der KW-1S war mit einer Funkanlage des Modells 9P (oder 10P oder 10RK-26) ausgestattet. Eine Gegensprechanlage TPU-4 erlaubte die Kommunikation von vier Besatzungsmitgliedern über Kopfhörer und Kehlkopfmikrofon. Wie beim KW-1 waren auch im KW-1S die 600–615 l fassenden Treibstofftanks im Kampfraum untergebracht.

Ein neuer, kleinerer Gussturm half bei der Gewichtseinsparung und wies Gemeinsamkeiten mit dem Turm des seit Frühjahr 1942 entworfenen KW-13 auf, besaß jedoch den gleichen Drehkranzdurchmesser (1535 mm) wie der KW-1. Die Anordnung der Turmbesatzung änderte sich, so dass sich der nun links neben der KwK und hinter dem Richtschützen sitzende Kommandant endlich auf die Führung des Fahrzeugs konzentrieren konnte. Das MG im Turmheck blieb zwar erhalten, war nun aber auf der linken Heckseite hinter dem Kommandanten angebracht, der es bei Bedarf auch bediente. Links der KwK vor dem Kommandanten befand sich der Platz des Richtschützen. Rechts der Hauptwaffe war der Ladeschütze untergebracht. Zur besseren Übersicht wurde zudem eine Kuppel für den Kommandanten eingeführt, die jedoch erstaunlicherweise keine Luke besaß. Die Turmbesatzung musste nach wie vor durch eine einzige Luke auf der rechten Turmseite ein- und aussteigen.

Schmalere Ketten (608 mm anstelle von bisher 700 mm) und leichtere Laufrollen trugen weiterhin zur Reduzierung der hohen Masse bei. Dieselmotor (W-2K mit 600 PS) und Bewaffnung (76,2-mm-KwK SIS-5) blieben unverändert. Da die maximale Panzerung der Wanne auf 75 mm und die des verkleinerten Turms auf 82 mm reduziert wurden, brachte der KW-1S („S" für skorohodnymi – schnell) nur noch 42,5 t auf die Waage. Dank dieser Gewichtsreduzierung, des neuen Getriebes und der verbesserten Kupplung erreichte der Typ nun 43 km/h und zeigte auch im Gelände eine höhere Beweglichkeit. Bis zum 27. Juli wurden zwei Prototypen mit den Seriennummern 15001 und 15002 fertig gestellt, die sich haupt-

Obwohl der KW-1S dem Kommandanten eine bessere Rundumsicht gewährte, fehlte der Kuppel eine Ein- und Ausstiegsluke. Zudem blockierte das vor der Kuppel installierte Panoramavisier zum Teil die Sicht nach vorn.

Die Serienfertigung des KW-1S lief in August 1942 an. Dieses Bild aus dem Kirow-Werk in Tscheljabinsk entstand im September des Jahres. (TASS)

sächlich durch Haltegriffe am oberen Turm bzw. deren Fehlen unterschieden. Die Erprobung der beiden Fahrzeuge verlief erfolgreich. Neben der Mobilität hatte sich auch die Zuverlässigkeit entschieden verbessert, während der Testfahrten kam es zu keiner Panne. Bereits im August 1942 liefen die ersten 34 KW-1S in Tscheljabinsk vom Band. Diese entsprachen weitgehend dem zweiten Prototyp 15002 und wiesen zunächst keine Handgriffe am Turm oder der Wanne auf, waren jedoch noch mit einem 5-Gang-Getriebe anstelle des von Schaschmurin konzipierten 8-Gang-Getriebes ausgestattet. Da die neuen leichten Laufrollen zur Verformung neigten, wurden als Übergangslösung Laufrollen des KW-1 verbaut, die den KW-1S jedoch um 390 kg schwerer machten, weshalb man schließlich zu Laufrollen wechselte, die auf jenen basierten, die für den KW-13 entwickelt worden waren.

Ein früher KW-1S, gefertigt im September oder Oktober 1942, erkennbar an den fehlenden Haltegriffen oben am Turm.

Im September 1942 wurden bereits 176 KW-1S komplettiert. Im Laufe der Fertigung kam es zu einigen Änderungen. So wurden bereits im September die Kühlanlage modifiziert und leichtere Laufrollen-Schwingarme installiert. Ab dem 9. Oktober 1942 wurden die Munitionshalterungen so abgeändert, dass anstelle von 90 nun 114 76,2-mm-Granaten sowie 49 Magazine für die DT-MG Platz fanden. Zudem wurden ab jenem Datum externe Treibstoff- und Schmierölbehälter montiert, die ursprünglich bereits an den ersten Serienexemplaren hätten angebracht werden sollen. Diese Tanks waren allerdings nicht mit der Treibstoffanlage des Fahrzeugs verbunden, so dass ihr Inhalt von Hand umgepumpt werden musste. Im Laufe des Oktober wurden erneut leicht modifizierte Laufrollen eingeführt, da sich die zuvor verwendeten als zu schwierig in

Mitte Oktober kam es zu einem Lieferengpass an KW-1S-Wannen. Um die Serienfertigung nicht zu stoppen, griff das Werk in Tscheljabinsk auf eingelagerte KW-1-Wannen zurück (hier erkennbar an der Zusatzpanzerung der Fahrerfront). So entstanden bis Anfang November 70 Hybride aus KW-1-Wannen mit KW-1S-Türmen.

der Herstellung erwiesen hatten. Ab dem 1. November wurden 650 mm breite Ketten aufgezogen und ab dem 28. November Wannen-Handgriffe, ab dem 10. Dezember Turm-Handgriffe eingeführt. Bereits ab dem 25. November wurden erneut modifizierte Laufrollen verwendet. Im Januar 1943 wurde der bisher runde Panzerschutz des Antennenfußes durch einen dreieckigen ersetzt und ab Februar ein neues Zielfernrohr für den Richtschützen verbaut. Ab März wurden an den vorderen und hinteren Turmseiten Hebeösen hinzugefügt. Die letzten Detailänderungen wurden im Juli eingeführt. Dazu gehörten abnehmbare vordere Kettenabdeckungen, eine modifizierte Zugangsluke zum Motorraum sowie neue Abdeckungen der Auspuffrohre. Bis August 1943 verließen (einschließlich der beiden Prototypen) insgesamt 1086 KW-1S (sowie zusätzlich 35 Flammpanzer KW-8S) die Hallen des Kirow-Werks in Tscheljabinsk.

Die Massenfertigung des KW-1S wurde von einer Reihe Faktoren behindert. Zum einen fehlten Facharbeiter, zum anderen musste das Kirow-Werk auf Geheiß aus Moskau einen Teil seiner Fertigung auf mittlere Panzerkampfwagen T-34 umstellen. Auch der im Frühjahr 1943 anlaufende Bau von Selbstfahrlafetten/Sturmgeschützen SU-152 (die auf den Wannen des KW-1S basierten) verlangsamte den Ausstoß von KW-1S. Um die Produktionsvorgaben zu erfüllen, musste unter höchstem Zeitdruck gearbeitet werden.

Die ersten KW-1S wurden im September 1942 an Fronteinheiten geliefert. Im Oktober wurden die schweren Panzer aus den Panzerdivisionen abgezogen und in schweren Garde- Panzerregimentern zusammengefasst. Diese bestanden aus je 21 Kampffahrzeugen. (Übrigens waren vier dieser Regimenter ausschließlich mit britischen „Churchill“-Panzern ausgerüstet). Der Eindruck, den die KW-1S bei Fronteinheiten hinterließen, war ein gemischter. Zwar wurde die bessere Beweglichkeit gelobt, die Zuverlässigkeit ließ jedoch nach wie vor zu wünschen übrig. Immer wieder gab es Probleme mit den Laufrollen (daher die ständigen Veränderungen in der Fertigung) und mit dem Getriebe. Untersuchungen brachten jedoch zutage, dass nicht die Konstruktion des Getriebes mangelhaft war, sondern die Montage und die anschließende Qualitätskontrolle im Werk. Doch es traten nicht nur Schwierigkeiten aufgrund der hastigen Fertigung auf. Der Zeitdruck, unter dem der KW-1S entworfen worden war, machte sich ebenfalls bemerkbar. Das Sichtfeld der Kommandantenkuppel betrug theoretisch zwar 360°, doch die direkt vor der Kuppel installierte drehbare Optik des Kommandanten behinderte seine Sicht nach vorn. Zudem hatte der Panzerführer einen ca. 30 m betragenden toten Winkel vor dem Fahrzeug. Das MG im Turmheck drückte in den Rücken des Kommandanten und falls dieser es abfeuern wollte, musste der Richtschütze nach vorn rücken, so dass dieser die Hauptwaffe nicht mehr richten oder abfeuern konnte. Überhaupt klagten Besatzungen über die mangelhaften Platzverhältnisse im Turm im Vergleich zum KW-1. Der Ausblick des Richtschützenzielfernrohres wurde zum Teil von der eigenen

Fertigung KW-1S im Kirow-Werk Tscheljabinsk

Jahr/ Monat	Typ	Jan.	Feb.	März	April	Mai	Juni	Juli	Aug.	Sept.	Okt.	Nov.	Dez.	gesamt
1942	KW-1S	-	-	-	-	-	-	2	34	174	166	125	125	626
	KW-8S	-	-	-	-	-	-	-	-	6	9	10	0	25
1943	KW-1S	97	72	52	50	75	30	52	39	-	-	-	-	462
	KW-8S	7	3	-	-	-	-	-	-	-	-	-	-	10
Total														**1123**

Nordkaukasus, Frühjahr 1943: KW-1S des 6. schweren Garde-Panzerregiments.

gepanzerten Abdeckung verdeckt. Obwohl dieses Manko bereits seit September 1942 bekannt war, wurde erst ab Februar 1943 ein anderes Zielfernrohr eingebaut. Weitere Modifikationen wie z.B. eine verbesserte Kommandantenkuppel wurden aufgrund der Einstellung der Produktion im August 1943 nicht mehr umgesetzt.
Dennoch erwies sich der KW-1S als erfolgreicher Panzerkampfwagen, z. B. in der Schlacht um Stalingrad. Seine Mo-

Später, ab Ende Juli 1943 gefertigte KW-1S wie dieser besaßen eine veränderte Abdeckung der Abgasrohre sowie einen dreieckigen Panzerschutz vor dem Antennenfuß an der Front.

bilität und trotz allem höhere Zuverlässigkeit im Vergleich zum KW-1 glich dessen Vorteil einer stärkeren Panzerung aus. Vor allem, da der KW-1 nicht mehr schier unverwundbar war wie noch im Sommer 1941 – denn die neuen deutschen Geschütze, wie z. B. die 7,5-cm-Pak 40 L/46, die 7,5-cm-KwK L/43 oder L/48 sowie die 8,8-cm-KwK 36 L/56 des „Tiger I" durchschlugen auch die Panzerung des KW-1 ohne Probleme.
Ab Ende 1943 wurden die KW-1S langsam durch JS-1 und JS-2 abgelöst, doch einige Einheiten am Nordabschnitt der Ostfront verwendeten diesen Typ bis in den Herbst 1944 hinein, z. B. während des Vordringens ins Baltikum, vereinzelte Panzer blieben sogar bis Kriegsende bei der Truppe. Ab Februar 1944 wurden zudem einige KW-1S zu turmlosen Bergefahrzeugen umgerüstet, die in dieser Rolle bis Mai 1945 im Einsatz standen.

KW-1S mit 85-mm-Kanone S-31 (Objekt 238)

Die Bewaffnung des KW-1 mit einer 76,2-mm-KwK gab bereits kurz nach seiner Indienststellung Anlass zur Kritik. So bezeichnete der stellvertretende Volkskommissar für Verteidigung, Marschall Kulik, im Juni 1940 die Bewaffnung des KW-1 als zu schwach im Vergleich zum gut 20 t leichteren T-34. Daher erging am 16. Juni jenes Jahres die Order, eine 85-mm-KwK zu entwickeln, die über die ballistischen Eigenschaften der 85-mm-Flak 52-K verfügen sollte. Dieses als F-30 bezeichnete Geschütz wurde im Prototyp T-220 erprobt, dann aber die weitere Entwicklung zugunsten der 107-mm-KwK SIS-6 eingestellt. Ein weiterer Ansatz zur Entwicklung einer 85-mm-KwK, dieses Mal mit der Bezeichnung U-12 durch das Konstruktionsbüro des Ural Schwermaschinenbau-Werks (USMT) unter F.F. Petrow blieb ein Papierprojekt. Ebenso erging es einem weiteren Projekt des USMT in Swerdlowsk im Frühjahr 1942; die dort entworfene Kanone ZIK-1 wurde nicht realisiert. Auch die im Herbst 1942 im Werk Nr. 92 konzipierte SIS-25 lehnte die GABTU ab, vor allem weil diese noch für den Turm des KW-1 konzipiert war, dieser Typ jedoch zu jenem Zeitpunkt schon gar nicht mehr in Produktion war.
Als die Rote Armee am 18. Januar 1943 nahe Leningrad zwei neue schwere deutsche PzKpfw. IV „Tiger" erbeutete, erhielt der Bau einer 85-mm-KwK für den KW-1S erneut höchste Dringlichkeit. Beschussversuche ergaben nämlich, da der „Tiger" mit der 76,2-mm-KwK SIS-5 nicht erfolgreich bekämpft werden konnte. Obwohl noch kein offizieller Auftrag vorlag, begann das TsAKB unter der Leitung von Wassili Grabin bereits im Februar 1943 mit der Anpassung der 85-mm-KwK SIS-25. Die neue Waffe, nun als S-31 bezeichnet, basierte auf der SIS-25, hatte jedoch auch viele Komponenten mit der SIS-5 gemein. Bereits am 14. Mai präsentierte das TsAKB die Pläne für den Einbau der S-31 in den Turm des KW-1S und das zu jener Zeit in Entwicklung befindlichen Prototyp Objekt 233. Ende Mai 1943 begann das SKB-2 und das Kirow-Werk Tscheljabinsk unter Leitung von Nikolai Schaschmurin und G.N. Moskwin mit der Installation der S-31 in einen äußerlich unveränderten Turm eines KW-1S mit dem Drehkranzdurchmesser von 1535 mm. Die Arbeiten für den Turm des späteren JS-1 wurden im Juni abgebrochen. Im Juli 1943 erhielt das Versuchsfahrzeug mit der S-31-Kanone auf Basis des KW-1S die offizielle Bezeichnung Objekt 238 (der mitunter zu findende Name KW-85G wurde erst nach dem Krieg geprägt). Die größeren 85-mm-Granaten führten dazu, dass nur noch 55 Schuss mitgeführt werden konnten, acht davon als Bereitschaftsmunition im Turm. Das Gewicht des Panzers stieg auf 44 t an, laut Berechnungen des SKB-2 sollte die Mobilität darunter jedoch nicht leiden. Bis Anfang August 1943 wurden zwei KW-1S zum Objekt 238 umgerüstet.
Die Erprobung des Objekts 238 erfolgte zugleich mit einem Objekt 237 (späterer JS-1) und zwei Panzerkampfwagen des Typs Objekt 239 vom 2. bis zum 4. August 1943 auf dem Testgelände von Gorochowez. Dabei zeigte sich rasch, dass der von vielen Besatzungen als zu eng empfundene Turm des KW-1S die Handhabung der großen 85-mm-Munition schwierig machte und die Feuergeschwindigkeit (unter Testbedingungen) bei nur fünf bis sechs Schuss pro Minute lag. Die Feu-

Objekt 238 auf der Werksgelände des Kirow-Werks in Tscheljabinsk, Anfang August 1943.

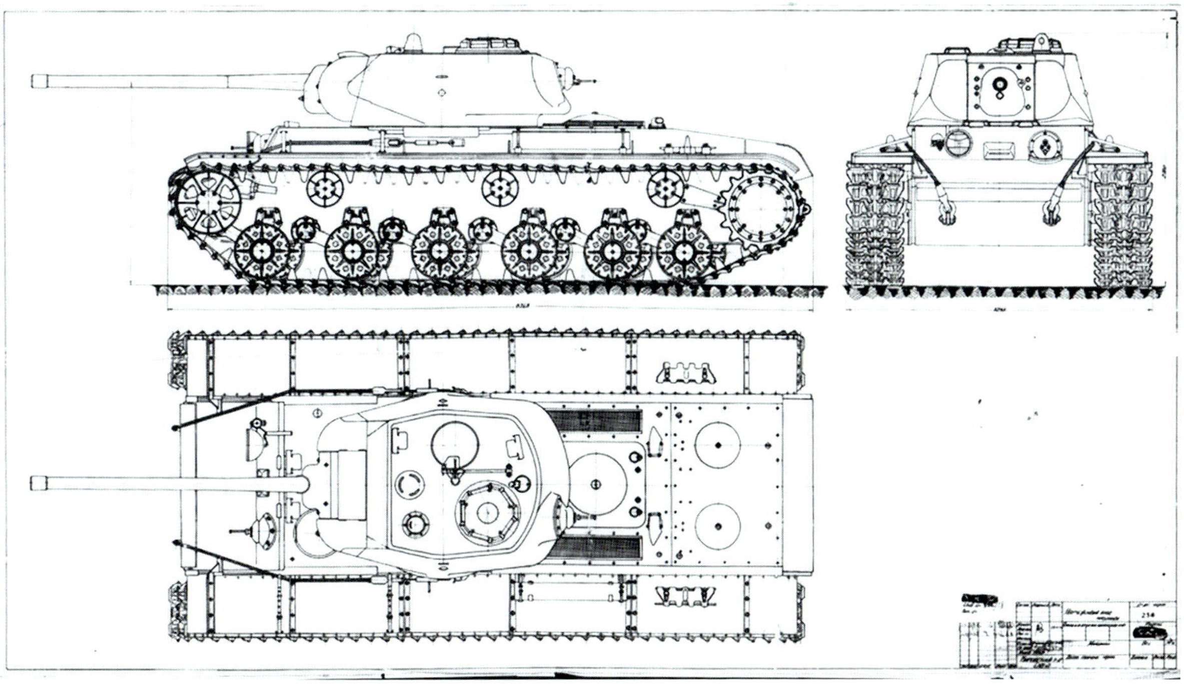

Die ersten Pläne zum Einbau einer 85-mm-Kanone in den Turm des KW-1S legte das TsAKB bereits Mitte Mai 1943 vor.

ergeschwindigkeit des Objekts 239 lag hingegen doppelt so hoch. Hinzu kam, dass sich die S-31 als nicht ausgereift und unzuverlässig erwies. Daher wurde am 8. August verfügt, dass das Objekt 238 nicht in Produktion gehen sollte.

der Ansammlung von Pulvergasen im Turm empfahl sich die Ausstattung mit einem Lüfter. Obwohl die Erprobung insgesamt als erfolgreich eingestuft wurde, kam es zu keiner weiteren Umrüstung vorhandener KW-1S, da der Typ im Sommer 1944 bereits ein Auslaufmodell war. Zudem stand der T-34/85 in großen Zahlen zur Verfügung und der JS-2 befand sich im Zulauf.

KW-1S mit 85 mm-Kanone S-28

Ein weiterer Versuch, den KW-1S mit einer 85-mm-KwK auszurüsten, fand im August 1944 statt. Die dazu vorgesehene Waffe trug die Bezeichnung S-28 und war eine an den KW-1S angepasste Variante der SIS-S-53, mit welcher der T-34/85 bestückt war. Dazu musste zwar die Geschützblende erheblich verändert werden, doch passte diese ohne Probleme in die Turmöffnung des KW-1S. Die Munitionshalterungen boten Platz für 40 Schuss. Die Kombination von S-28-Geschütz und KW-1S wurde von 8. bis zum 20. August 1944 in Leningrad erprobt. Dabei wurde festgestellt, dass sich die Bedingungen für die Besatzung kaum von jenen im Turm des T-34/85 unterschieden. Allerdings lag die Feuergeschwindigkeit auch nun bei nur vier bis sechs Schuss pro Minute. Zudem war das Sichtfeld des Tsch-15 Zielfernrohrs sehr begrenzt und die Zielgenauigkeit der S-28 nicht zufrieden stellend. Aufgrund

KW-1S mit der 85-mm-Kanone S-28 im August 1944 während der Erprobung.

KW-1S mit 122-mm-Haubitze S-41

Neben 85-mm-Geschützen wurde im Sommer 1943 auch versucht, eine 122-mm-Haubitze S-41 im Turm des KW-1S unterzubringen. Die S-41 war wie die S-31 vom TsAKB konstruiert worden und nutzte wie diese einige Komponenten der SIS-5, z. B. die Wiege, zudem jedoch auch Teile der F-34, wie z. B. den Rückholer. Neben der Bekämpfung von Bunkern und Feldbefestigungen sollte das 23 kg schwere Geschoss mit einer Mündungsgeschwindigkeit von 515 m/s auch zum Beschuss von gepanzerten und weichen Zielen eingesetzt werden können. Die Turmauslegung sollte jener beim KW-1S mit der S-31-KwK entsprechen. Der Kampfsatz betrug 60 Granaten und die Feuergeschwindigkeit sollte bei fünf bis sechs Schuss pro Minute liegen. Es wurde nur ein Versuchsfahrzeug (teils KW-122 genannt) gebaut, zu einer serienmäßigen Umrüstung von KW-1S mit der S-41-Haubitze kam es jedoch nicht.

Zu Versuchszwecken wurde im Sommer 1943 ein KW-1S mit einer 122-mm-Haubitze ausgestattet.

Panzerkampfwagen KW-85

Nachdem sowjetische Truppen am 18. Januar 1943 bei Leningrad zwei PzKpfw. IV „Tiger“ erbeutet hatten, wurden im April jenes Jahres mit einem dieser Fahrzeuge Beschussversuche durchgeführt. Dabei zeigte sich, dass die 76,2-mm-KwK des Modells SIS-5 selbst die Seiten- und Heckpanzerung des deutschen Panzers nur auf einer Entfernung von unter 200 m durchdringen konnte. Allerdings war die 85-mm-Flak des Modells 52-K fähig, die Frontpanzerung auf Kampfentfernung zu überwinden. Daher erhob das Staatliche Verteidigungskomitee auf einer Sitzung am 5. Mai die Forderung zur Entwicklung einer entsprechen Panzerbewaffnung. Dieses Geschütz sollte im Standardturm des KW-1S oder des noch in der Entwicklung befindlichen JS-Panzers (Objekt 237) lafettiert werden. Während das von Wassili Grabin geleitete TsAKB die S-31-Kanone konstruierte, die tatsächlich in den Standardturm eines KW-1S eingebaut wurde (Objekt 238 siehe S. 76), konzipierte das Konstruktionsbüro des Artilleriewerks Nr. 9 unter der Leitung von Fjodor F. Petrow ein 85-mm-Geschütz mit der Bezeichnung D-5T, das Komponenten der F-34-KwK des T-34 aufwies. Petrow kam zur Erkenntnis, dass diese Waffe nicht in den Turm des KW-1S passte. Das Versuchswerk Nr. 100 (Teil des riesigen Komplexes des Kirow-Werks in Tscheljabinsk) entwickelte daher ein Hybridfahrzeug, das die Wanne des KW-1S mit dem Turm des noch in Tscheljabinsk in Entwicklung befindlichen Objekts 237 (JS-1) kombinierte. Dieses als Objekt 239 bezeichnete Versuchsfahrzeug wurde bis zum 20. Juli 1943 fertig gestellt. Interessanterweise handelte es sich dabei um modifizierte Prototypen 15002 des KW-1S. Um den Turm der Neuentwicklung auf die Wanne des KW-1S zu setzen, war es allerdings notwendig, diese durch Füllstücke zu beiden Seiten an den größeren Drehkranzdurchmesser anzupassen (1800 mm anstelle 1535 mm). Alle drei Versuchsfahrzeuge, Objekt 237, 238 und 239, nahmen zwischen dem 2. und 4. August 1943 auf dem Testgelände von Gorochowez an einer Vergleichserprobung teil. Da das Objekt 238 die Erwartungen nicht erfüllte, entschied das Staatliche Verteidigungskomitee (GKO) am 8. August 1943, das Objekt 239 schnellstmöglich in Serie zu bringen, um die Zeit bis zur Einführung von Objekt 237 (JS-1 bzw. JS-85) zu überbrücken. Die eben erst beendete Panzerschlacht bei Kursk hatte nämlich erneut gezeigt, wie dringend eine stärkere Bewaffnung gegen die neue Generation deutscher Panzer vonnöten war.

Der Turm des Objekts 239 war wesentlich geräumiger und ermöglichte der Besatzung bessere Arbeitsbedingungen, die in

Technische Angaben	KW-85
Typ	schwerer Panzerkampfwagen
Hersteller	Kirow-Werk Tscheljabinsk
Gefertigte Exemplare	148
Gefechtsgewicht	46.000 kg
Länge	6750 mm (Wanne), 8493 mm (mit Rohr)
Breite	3250 mm
Höhe	2530 mm
Motor	W-2K, 12-Zylinder-Dieselmotor
Leistung kW/PS	441/600
Leistungsgewicht	13 PS/t
Höchstgeschwindigkeit	30 km/h (Straße), 19 km/h (Gelände)
Kraftstoffvorrat	600–615 l
Fahrbereich	220 km (Straße)
Besatzung	1, 6m
Bewaffnung	4
Bewaffnung	1 x 85-mm-KwK DT-5 L/52, 2 x 7,62-mm-DT-MG koaxial, Turmheck)
Kampfsatz	70 x 85 mm, 3276 x 7,62 mm
Panzerung (mm/Neigung)	
Wannenfront	75/60°
Wannenbug	75/60°
Wannenseiten	60/90°
Wannenheck	40/55° (oben), 75/rund (unten)
Wannenoberseite	40/0° (vorn), 30/0° (hinten)
Wannenunterseite	30/0° (vorn), 20/0° (hinten)
Turmfront	100/rund
Geschützblende	100/rund
Turmseiten	100/75°
Turmheck	100/60°
Turmdach	30/0°

einer Feuergeschwindigkeit von 10–13 Schuss pro Minute resultierten, doppelt so viel wie beim Objekt 238. Zudem verfügte der Turm endlich über zwei Luken, eine in der links auf dem Turm angeordneten Kommandantenkuppel und eine auf der rechten Turmseite über dem Ladeschützen. Das Turmschwenken erfolgte elektrisch. Der gegossene, allseitig 100 mm stark gepanzerte Turm erhöhte das Gewicht auf 46 t, wodurch die Mobilität gegenüber dem KW-1S etwas litt, allerdings kam es noch nicht zu einer Überlastung des Antriebsstrangs. Obwohl das Objekt 239 bis auf den Turm in vielen Bereichen dem KW-1 entsprach, gab es doch einige Modifikationen. So musste aufgrund des größeren Drehkranzdurchmessers auf den Funker/MG-Schützen im Bug verzichtet werden und anstelle eines MG in KugelGeschützblende wurde rechts vom Fahrer ein MG starr verbaut, welches dieser auch abfeuerte. Auch eine Luke für den Fahrer war aufgrund des neuen Turms nicht mehr möglich. Er musste nun durch den Turm ein- und aussteigen und war im Notfall auf die Luke im Wannenboden angewiesen. Auf den Kettenabdeckungen wurden vier externe Behälter mit je 90 l Fassungsvermögen für Treib- oder Schmierstoffe mitgeführt, die jedoch keine Verbindung zum internen Kraftstoffvorrat hatten und bei Bedarf manuell umgepumpt werden mussten.

Die 85-mm-KwK D-5T L/52 besaß einen Höhenrichtbereich von −5° bis + 25° und verfügte über einen Kampfsatz von 70 Schuss. Mit der 9,2 kg schweren Panzergranate BR-365 und einer v0 von 792 m/s konnten auf 500 m Entfernung bei senkrechtem Auftreffen 111 mm und auf 1000 m Entfernung 102 mm Panzerstahl durchschlagen werden. Drei 7,62-mm-DT-MG (eines starr an der Fahrerfront, ein koaxiales sowie eines in einer Kugelblende am Turmheck), für die 3276 Schuss mitgeführt wurden, ergänzten die Bewaffnung. Der KW-85 verfügte über eine Funkanlage 9P (oder 10P bzw. 10RK-26).

Noch im August 1943 liefen die ersten 22, nun als KW-85 bezeichneten Fahrzeuge in Tscheljabinsk vom Band. Sie basierten noch auf Wannen, die für den KW-1S bestimmt waren, und wurden in großer Hast fertig gestellt, so dass es zu einer Reihe von Defekten kam, die später nachgebessert werden mussten. So wiesen die Konstruktionszeichnungen eine Reihe von Fehlern auf. Sie führten dazu, dass z. B. die elektrische Anlage und die Treibstoffbehälter nicht korrekt eingebaut werden konnten und von Hand nachgebessert werden mussten. Des Weiteren führten nicht korrekt angefertigte Geschützblenden dazu, dass sich der Höhenrichtbereich auf –3° bis +20° verringerte. Das Artillerie-Werk Nr. 9 hatte keine Gegengewichte zur Ausbalancierung der KwK mitgeliefert, so dass das Kirow-Werk improvisieren und auf eigene Komponenten zurückgreifen musste. Ebenso fehlten die vorgesehenen Luftfilter, weshalb weniger effektive aus Lagerbeständen verbaut wurden. Neben dem im Versuchswerk Nr. 100 gebauten Prototyp auf Basis des KW-1S Prototypen Nr. 15002 entstanden im Kirow-Werk Tscheljabinsk insgesamt nur 148 KW-85: 22 im August, 63 im September und 63 im Oktober 1943. Dann endete die Produktion bereits, da die Serienfertigung des JS-85 bzw. JS-1 anlief.

Die ersten KW-85 erreichten im September 1943 die Front und wurden den unabhängigen schweren Garde-Panzerregimentern zugeordnet. Diese un-

Der Prototyp des KW-85, das Objekt 239, aufgenommen Ende Juli 1943 in Tscheljabinsk. Man beachte die zugeschweißte MG-Öffnung in der Fahrerfront sowie die seitlichen Füllstücke an der Wannenseite, um den vergrößerten Turmdrehkranz unterzubringen. Die Serienfahrzeuge unterschieden sich nur geringfügig vom Objekt 239.

terstandem dem Kommando der Armeeführung und waren als Speerspitzen bei Durchbruchsversuchen und zur Infanterieunterstützung gedacht. KW-85 kamen zumeist im Südabschnitt der Ostfront zum Einsatz. Trotz ihrer verbesserten Bewaffnung waren die KW-85 den deutschen Typen „Tiger I" und „Panther" noch immer nicht gewachsen und mussten hohe Verluste hinnehmen. Bis zum Herbst 1944 wurden die meisten Fahrzeuge vernichtet. Vereinzelte KW-85 wurden auch anstelle von SU-152 schweren Sturmgeschützverbänden zugeteilt. Polnischen Quellen zufolge sollen direkt nach Kriegsende fünf überholte KW-85 als Ausbildungsfahrzeuge an die neuen polnischen Streitkräfte übergeben worden sein.

KW-100

Ende 1943 untersuchte das Kirow-Werk und TsAKB ob es auch möglich wäre, eine 100-mm-KwK S-34 im Turm eines KW-85 und damit, da beide Panzer ja identische Türme besaßen, auch im JS-85 unterzubringen. Die S-34 L/56 basierte auf dem Marinegeschütz B-34 und war eine sehr leistungsfähige Waffe, die viele Gemeinsamkeiten mit dem Feldgeschütz bzw. der Pak BS-3 hatte, welche gegen Ende des Krieges bei der Roten Armee eingeführt wurde. Die Umrüstung des Panzer auf die 100-mm-Waffe erfolgte durch das TsAKB und vom 22. bis zum 28. Januar 1944 wurde das Fahrzeug auf dem Testgelände Gorohovets erprobt. Das Gewicht war durch die neue Hauptwaffe auf 46 t angewachsen, alle anderen technischen Daten entsprachen jenen des KW-85. Während der Erprobung feuerte der KW-100 insgesamt 638 Schuss ab. Die Treffsicherheit war nicht ganz zufriedenstellend, vor allem, da die Installation des Richtschützenzielfernrohres verbesserungsfähig war. Der Verschluss der S-34-Kanone öffnete sich zur anderen Seite, als jener der 85-mm-DT-5, so dass der Ladeschütze nun links, der Kommandant und der Richtschütze rechts im Turm platziert werden mussten. Zwar wurde die Kuppel des Kommandanten, das Zielfernrohr und das koaxiale MG auf die rechte Turmseite, versetzt, die Ausbuchtung in der linken Turmseite, die Platz für das Funkgerät schuf, konnte jedoch nicht so einfach die Seite wechseln. Daher blieb rechts kaum Platz für die vom Kommandanten zu bedienende Funkanlage. Obwohl sich diese Probleme hätten lösen lassen, wurden die Testreihe nicht fortgeführt. Das TsAKB wurde jedoch aufgefordert, die S-34 weiter zu entwickeln. Der KW-100 war aber ohnehin wohl nie als ernsthafter Vorschlag zur Kampfwertsteigerung des KW-85 gewesen, sondern primär ein Versuchsfahrzeug zur Erprobung der Installation einer 100-mm-KwK im Turm der neuen JS-Reihe.

Der KW-100 auf dem Gorohovets Versuchsgelände im Januar 1944.

KW-122

Der KW-122 entstand im Frühjahr 1944 ohne offiziellen Auftrag in Eigeninitiative des Kirow-Werks. Leitender Ingenieur war A.S. Schneidmann. Der Panzer verband die Wanne des Objekts 239 mit dem Serienturm des JS-2. Die Bewaffnung bestand aus der 122-mm-KwK D-25T L/46,3. Das Gewicht des Fahrzeugs lag aufgrund des neuen Turms bei rund 48 t. Anstelle des W-2K Dieselmotors mit 600 PS wurde der zuverlässigere, aber nur 520 PS leistende W-2IS verbaut. Zwar liegen keine genauen Angaben vor, doch dürfte die Mobilität gegenüber dem KW-85 dadurch gelitten haben. Generell ist über das Projekt KW-122 wenig bekannt, da bereits kurz nach dessen Erprobung auf Anweisung des Leiters des SKB-2, Josef Kotin, praktisch alle Unterlagen vernichtet wurden. Aus heutiger Sicht ist nicht mehr nachzuvollziehen, mit welchem Ziel der KW-122 gebaut wurde. Da im Frühjahr schon viele der insgesamt nur 148 KW-85 bereits wieder zerstört waren, machte ein Umrüstungsprogramm für so wenige Panzer kaum Sinn, zumal sich der JS-2 bereits in Serienproduktion befand. Die Idee, den KW-85 mit einer kurzläufigen 152-mm-Waffe auszurüsten wurde im Gegensatz zum KW-122 nicht umgesetzt.

Der KW-122 mit nach vorn und nach hinten geschwenktem Turm, aufgenommen im Frühjahr 1944 in Tscheljabinsk.

Panzerkampfwagen KW-3 (T-150, T-220, T-221, T-222, T-223)

Verschiedene Prototypen bzw. Entwürfe

T-150

Bereits 1940 wurden Pläne zur Kampfwertsteigerung des KW-1 ausgearbeitet. So sollte die Panzerung von 75 mm auf 90 mm angehoben und eine leistungsfähigere Hauptwaffe verbaut werden. Die 76,2-mm-KwK L-11 früher KW-1 vermochte zwar bei senkrechtem Auftreffen auf 500 m Entfernung eine Panzerung von 62 mm und auf 1000 m Entfernung von 56 mm Stärke zu durchschlagen, einen gegnerischen Panzerkampfwagen seiner Klasse konnte der KW-1 so jedoch nicht erfolgreich bekämpfen. Zudem wurde die Tatsache bemängelt, dass auch der mittlere T-34 mit der L-11 ausgerüstet war und somit kein Unterschied zum schweren KW-1 bestand. Im Juni 1940 wurde vorgeschlagen, die im Werk Nr. 92 entworfene 76,2-mm-BK F-27 in den Turm des KW-1 zu legen und die Stärke der Panzerung zu erhöhen. Die F-27 beruhte auf der Flak 3-K Modell 1931 und besaß bessere ballistische Eigenschaften als die L-11 oder F-32. Am 14. Juni 1941 (oder je nach Quelle auch am 17. Juli) erließ der Rat der Volkskommissare eine Anweisung zum Bau von vier Prototypen einer verbesserten Ausführung des KW. Zwei sollten eine maximal 90 mm und die anderen zwei eine bis zu 100 mm starke Panzerung erhalten. Je ein Fahrzeug mit 90 mm und eines mit 100 mm starker Panzerung sollten eine 76,2-mm-KwK basierend auf der Flak 3-K Modell 1931 (also die F-27) erhalten, während die anderen beiden mit 85-mm-Geschützen F-30 ausgerüstet werden sollten, die auf der Flak 52-K beruhten und ebenfalls im Werk Nr. 92 entwickelt und gebaut werden sollten. Die Fertigstellung der vier Fahrzeuge war für den September 1940 vorgesehen. Des Weiteren wurde die Entwicklung einer schweren Selbstfahrlafette angeordnet. Bald stellte sich jedoch heraus, dass die 85-mm-

Der T-150 war eine leicht verbesserte Version des KW-1, ging aber nicht in Serie. Auffälligstes äußeres Unterscheidungsmerkmal ist die Kommandantenkuppel.

KwK zu groß für den normalen KW-Turm sein würde, was eine erhebliche Umkonstruktion von drei der vier Prototypen nach sich zog. Die Prototypen 3 und 4 wurden zum T-220 mit verlängerter Wanne (siehe dort) umkonstruiert, während das zweite Fahrzeug (mit ebenfalls verlängerter Wanne und größerem Turm) als T-221 bezeichnet wurde und später als Basis des KW-3/Objekt 223 (siehe dort) diente.

Technische Angaben	T-150
Typ	schwerer Panzerkampfwagen
Hersteller	Kirow-Werk Leningrad
Gefertigte Exemplare	1 Prototyp
Gefechtsgewicht	50.160 kg
Länge	6850 mm
Breite	3360 mm
Höhe	3010 mm (ohne Kommandantenkuppel)
Motor	W-5, 12-Zylinder-Dieselmotor
Leistung kW/PS	515/700
Leistungsgewicht	13,68 PS/t
Höchstgeschwindigkeit	36 km/h (Straße)
Kraftstoffvorrat	1,6 m
Fahrbereich	600 l
Besatzung	160 km (Straße)
Bewaffnung	5
Bewaffnung	1 x 76,2-mm-KwK F-32 L/31, 3 x 7,62-mm-DT-MG (Bug, koaxial, Turmheck)
Kampfsatz	111 x 76,2 mm; 2646 für 7,62 mm
Panzerung (mm/Neigung)	
Wannenfront	90/60°
Wannenbug	90/65°
Wannenseiten	60/90°
Wannenheck	60/rund
Wannenoberseite	40 (vorn)/0°, 30 (hinten)/0°
Wannenunterseite	40 (vorn)/0°, 30 (hinten)/0°
Turmfront	90/70°
Geschützblende	105–110/rund
Turmseiten	90/75°
Turmheck	90/75°
Turmdach	k. A.

Der erste Prototyp mit auf 90 mm verstärkter Panzerung und 76,2-mm-Kanone wurde aufgrund von Verzögerungen in der Entwicklung der F-27 sowie des Transports der Teile aus dem Ischorski-Werk Kolpino erst im Dezember 1940 komplettiert – und selbst dann nur mit einer 76,2-mm-KwK F-32 anstelle der F-27. Der T-150 ähnelte äußerlich dem KW-1 sehr, besaß jedoch eine Kommandantenkuppel sowie eine verbesserte Kugelblende für das MG im Turmheck. Da das Gewicht anstelle der geplanten 48 t auf 50,16 t angestiegen war, erhielt der T-150 eine als W-5 bezeichnete Version des W-2 Dieselmotors mit 700 PS. Die offizielle Erprobung begann am 15. Januar 1941. Dabei stellten sich Probleme mit der Zuverlässigkeit des W-5-Dieselmotors heraus. Selbst bei Außentemperaturen von nur 12° Celsius überhitzte dieser rasch und fiel nach einer Fahrstrecke von nur 199 km aus. Die Kommandantenkuppel gewährte keine ausreichende Sicht, zudem konnte der Panzerführer diese nur aufrecht stehend nutzen. Während einer Geländefahrt im Gefecht alles andere als ideal. Zudem war die Kuppel so platziert, dass der Kommandant den Ladeschützen behinderte. Die Hauptwaffe ließ sich aufgrund einer ungeschickt konstruierten Geschützblende nur um –3° absenken, angestrebt waren jedoch –6,5°. Aufgrund dieser Schwierigkeiten sollte der Entwurf laut einer Weisung des Rates der Volkskommissare überarbeitet werden und erst dann mit einer verbesserten Kühlanlage, einer nach dem Vorbild des PzKpfw III entworfenen und neu platzierten Kommandantenkuppel sowie einer neuen Kanonenblende als KW-3 in Fertigung gehen. Mitte März 1941 begann das Kirow-Werk mit den Arbeiten an der verbesserten Ausführung (T-222) des Fahrzeuge, die zudem die Kanone F-34 erhalten sollte. Zu jener Zeit berichtete der sowjetische Auslandsnachrichtendienst jedoch, dass die Deutschen neue schwere Panzer mit bis zu 90 t Gewicht entwickelten, so dass der KW-3 mit 76,2-mm-KwK und 90 mm Panzerung bereits wieder überholt erschien. Stattdessen befürwortete die sowjetische Führung nun die Entwicklung eines KW-3 auf Basis des T-220/Objekt 220. Die Erprobung des T-150 wurde daher nicht fortgesetzt und das Fahrzeug zunächst im Kirow-Werk eingelagert. Als sich deutsche Truppen Leningrad näherten, wurde der T-150 (zusammen mit anderen KW-Prototypen wie dem U-5 oder U-9) der 123. Panzerbrigade und von dort schließlich dem 31. schweren Garde-Panzerregiment überstellt. Am 18. Mai 1943 ging das Fahrzeug verloren, wurde jedoch geborgen und wieder instand gesetzt. Im Juli jenes Jahres kehrte der T-150 zum 31. schweren Garde-Panzerregiment im Raum Leningrad zurück, wurde jedoch bereits am 18.August erneut abgeschossen. Obwohl der Panzer wiederum geborgen werden konnte und zur Reparatur ins Werk Nr. 371 verbracht wurde, erfolgte dieses Mal keine Instandsetzung mehr. Der T-150 wurde verschrottet.

T-220

Der Rat der Volkskommissare forderte eine 85-mm-KwK als mögliche Bewaffnung des KW-3. Da diese aber nicht im Standardturm des KW-1 untergebracht werden konnte, musste ein größerer Turm konstruiert werden, wodurch wiederum das Gewicht anstieg, weshalb ein leistungsfähigerer Motor notwendig wurde. Dieses als W-2SN bezeichnete Aggregat basierte auf dem W-2-Diesel, erhielt aber den mechanischen Lader des AM-38 Flugzeugtriebwerks und erzielte so eine Leistung von 850 PS. Im Verbund mit einem neuen Getriebe führten diese Modifikationen dazu, dass Wanne und Laufwerk des KW verlängert werden mussten, so dass der als T-220 bezeichnete Panzer sieben Laufräder und vier Stützrollen pro Seite aufwies. Der Turm des T-220 wirkte wie eine kleinere Ausführung jenes des KW-2 und war mit einer 85-mm-Kanone F-30 ausgerüstet. Ein weiterer Ladeschütze erhöhte die Turmbesatzung auf vier Mann. Im Turmheck befand sich eine große Luke, durch die Munition geladen und die Hauptwaffe ein- und ausgebaut werden konnte. Neben einem koaxialen MG war ein weiteres MG in der drehbaren Kommandantenkuppel lafettiert. Die Panzerung an der Front und den Seiten betrug 100 mm. Da die Wanne aus dem Ischorski-Werk erst am 7. Dezember 1940 im Kirow-Werk eintraf, dauerte es bis Anfang Januar 1941, ehe das Fahrzeug vervollständigt werden konnte. Kurz darauf stellte sich heraus, dass das tatsächliche Gewicht des T-220-1 nicht weniger als 62,7 t betrug und damit das ursprünglich geplante Gewicht von 56 t erheblich überschritt. Zudem erwies sich, dass die Hautwaffe nicht korrekt installiert worden war, so dass die Erprobung der Bewaffnung auf einen späteren Zeitpunkt verschoben werden musste. Die Erprobung der Panzers lief dennoch am 14. Januar 1941 unter großer Eile an. Rasch zeigte sich, dass der W-2SN Motor nicht ausgereift war und pro Kilometer fast einen Liter Öl verlor. Auf der Straße erzielte der Panzer eine Geschwindigkeit von 33 km/h, doch bereits am 25. Januar, nach einer insgesamt zurückgelegten Streckte von nur 106 km, kam es zu einem schweren Motorschaden. Da weder Ersatzteile noch ein Ersatztriebwerk vorhanden waren, konnte die Erprobung erst nach dem Eintreffen eines neuen Motors aus dem Werk Nr. 75 in Charkow fortgesetzt werden. Nachdem dieser Ende Januar installiert worden war, ereignete sich am 3. Februar erneut ein kapitaler Motorschaden. Da ein Ersatztriebwerk nicht vor dem 15. Februar eintreffen sollte, geriet das Erprobungsprogramm erheblich in Verzug. Auch die Fertigstellung des zweiten T-220 (T-220-2) verzögerte sich, da die Wanne wegen fehlender Einzelteile nicht komplettiert werden konnte und der Turm sich noch im Werk Nr. 92 in Gorki befand. In diesem Werk war die 85-mm-KwK F-30 entwickelt und produziert worden und sollte dort nun auch eingebaut werden. Obwohl der Leiter des Konstruktionsbüro TsAKB (Teil des Werkes Nr. 92 in Gorki), Wassili Grabin, die Bewaffnung des T-220 mit der in seinem Werk neu entwickelten 107-mm-KwK vorschlug, wurde dies abgelehnt. Da kein neuer Motor des Typs W-2SN verfügbar war, erhielt der T-220 schließlich einen 700 PS leistenden Dieselmotor W-5, wie er auch im T-150 verbaut wurde. Allerdings war auch diesem Motor kein langes Leben im T-220 beschieden. Doch das Schicksal des T-220 schien ohnehin besiegelt, denn der Rat der Volkskommissare hatte Mitte März 1941 festgelegt,

Technische Angaben	T-220
Typ	schwerer Panzerkampfwagen
Hersteller	Kirow-Werk Leningrad
Gefertigte Exemplare	2
Gefechtsgewicht	62.700 kg
Länge	8830 mm (mit Rohr)
Breite	3410 mm
Höhe	3110 mm
Motor	W-2SN, 12-Zylinder-Dieselmotor
Leistung kW/PS	625/850
Leistungsgewicht	13,55 PS/t
Höchstgeschwindigkeit	33 km/h (Straße), 21 km/h (Gelände)
Kraftstoffvorrat	k. A.
Fahrbereich	200 km (Straße)
Besatzung	6
Bewaffnung	1 x 85-mm-KwK F-30, 3 x 7,62-mm-DT-MG (Bug, koaxial, Kommandantenkuppel)
Kampfsatz	91 x 85 mm, 4032 x 7,62 mm
Panzerung (mm/Neigung)	
Wannenfront	100/60°
Wannenbug	100/65°
Wannenseiten	100/90°
Wannenheck	100/rund (unten), 60/rund (oben)
Wannenoberseite	40 (vorn)/0°, 30 (hinten)/0°
Wannenunterseite	40 (vorn)/0°, 30 (hinten)/0°
Turmfront	100/90°
Geschützblende	100/rund
Turmseiten	100/90°
Turmheck	100/90°
Turmdach	40/0°

dass der T-150 als KW-3 in Serie gehen sollte. Kurz darauf verbreitete der sowjetische Auslandsnachrichtendienst jedoch die Kunde, dass in Deutschland neue schwere Panzer mit bis zu 90 t Gewicht in der Entwicklung seien, so dass sowohl der T-150 als auch der T-220 als nicht mehr konkurrenzfähig erschienen. Stattdessen sollte laut einer Weisung vom 7. April 1941 ein als T-223 bezeichneter Typ mit bis zu 120 mm starker Panzerung und 107-mm-KwK gebaut werden, der auf dem T-220 beruhte. Der T-220-1 sollte daher als Versuchsfahrzeug dienen und erhielt einen neuen W-2SN-Diesel. Dieser zeigte sich dieses Mal als wesentlich standfester, so dass der Panzer bis zu Beginn des deutsch-sowjetischen Krieges annähernd 2000 km ohne größere Pannen zurücklegte. Die Wanne des T-220-2 erreichte das Kirow-Werk erst Anfang Juni 1941, die Fertigstellung war für Mitte Juli geplant. Als am Morgen des 22. Juni 1941 deutsche Truppen die sowjetischen Grenzen überschritten, wurden kurz darauf alle Arbeiten an den beiden Prototypen eingestellt, da sich das Kirow-Werk auf die Herstellung des KW-1 konzentrierte und alles versuchte, die Konstruktion zu vereinfachen, um den Typ rascher und günstiger fertigen zu können. Erst als die Deutschen sich Leningrad näherten, erinnerte man sich der beiden Fahrzeuge. Da die Hauptwaffe des T-220-1 nicht korrekt eingebaut worden war und sich der Turm des T-220-2 noch im Werk Nr. 92 in Gorki befand, wurden beide Panzer im September 1941 mit KW-Standardtürmen mit 76,2-mm-KwK F-32 ausgerüstet. Der Turm des T-220-1 wurde Teil einer Befestigungsanlage an der karelischen Front und überstand dort den Krieg. Der T-220-1 wurde am 5. Oktober 1941 an die 124. Panzerbrigade überstellt, der T-220-2 folgte elf Tage später. Dann verliert sich die Spur des T-220-1, während vom T-220-2 bekannt ist, dass er im November nach einem Treffer ausbrannte. Dennoch wurde der T-220-2 geborgen, instand gesetzt und von Februar 1943

Der T-220 (oder auch KW-220 bzw. Objekt 220) ist gut an den sieben Laufrädern pro Seite sowie am Turm mit der langen 85-mm-KwK F-30 zu erkennen.

bis 1944 noch in einer Ausbildungseinheit eingesetzt.
Auf Grundlage des T-220 wurde zudem noch eine schwere Selbstfahrlafette zur Bunkerbekämpfung entworfen, schlicht als 212 (heute häufig irrigerweise Objekt 212) bezeichnet;, während das SKB-4 unter dem Index 212A einen Berge- und Pionierpanzer projektierte. Analog zur SU-14-Variante des T-35 sollte dabei der Motor in der Mitte und das Getriebe mit dem Treibrad an die Front des Wanne verlegt werden, um am Heck Raum für einen großen kastenförmigen Aufbau mit einer 152,4-mm-Kanone L/47,2 Br-2 zu schaffen. Diese Waf-

Risszeichnung des T-220. Man beachte die Kommandantenkuppel mit 7,62-mm-MG.

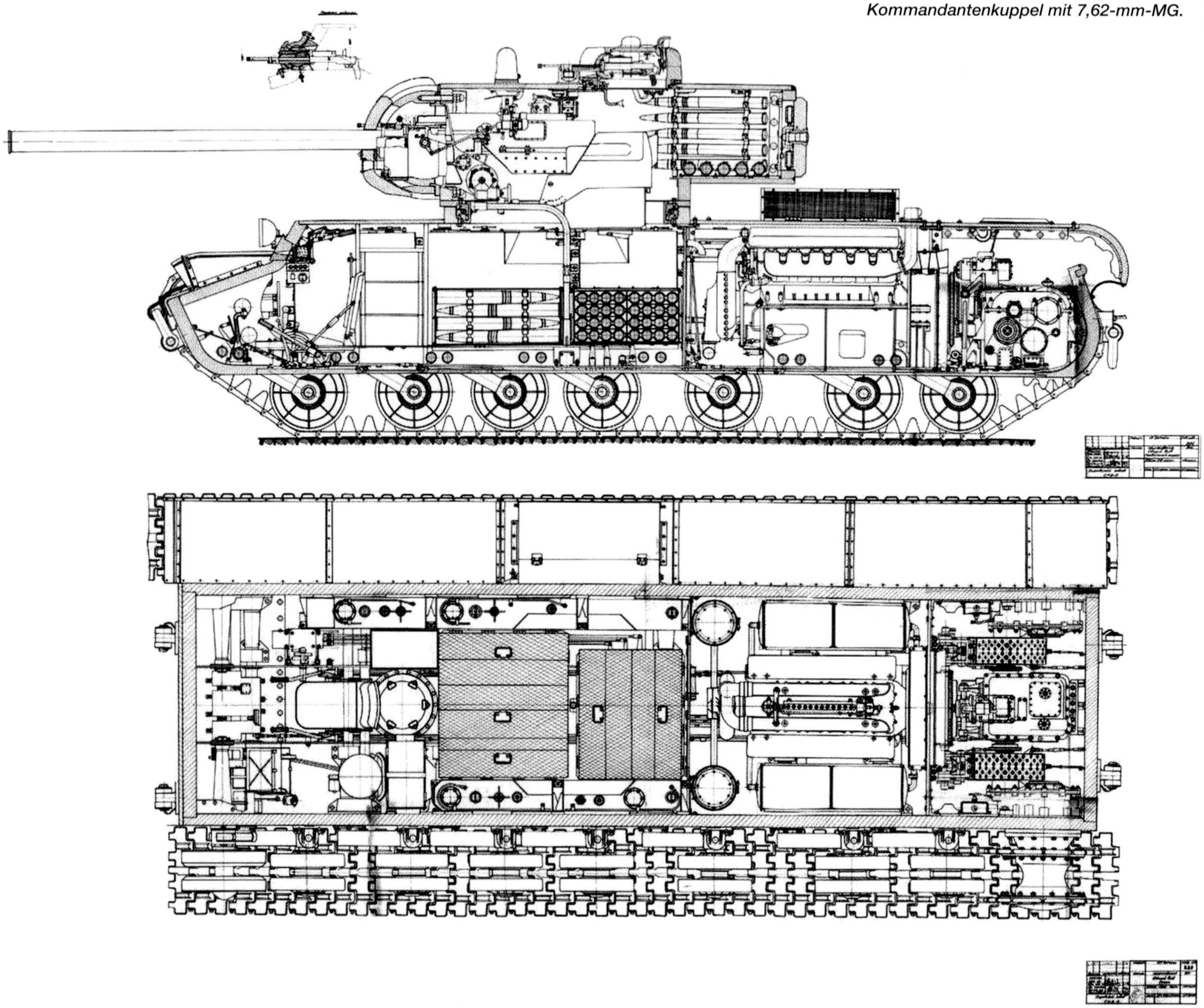

fe verschoss Splitter-Spreng- oder Betongeschosse von jeweils 49 kg Gewicht mit einer Mündungsgeschwindigkeit von 880 m/s. Die Höchstschussweite lag je nach Ausführung der Br-2 bei 25 bis 27 km. Ein Prototyp sollte bis zum 1. Dezember 1940 fertig gestellt sein, doch wurde die Wanne des Fahrzeugs erst am 5. März 1941 vom Ischorski- ans Kirow-Werk geliefert. Dort konnten die Arbeiten jedoch aufgrund fehlender Teile nicht fortgeführt werden. Zudem änderten sich ab April jenes Jahres die Prioritäten, da zunächst die Entwicklung des T-223 und nach dem 22. Juni 1941 die Produktion und Vereinfachung des KW-1 Vorrang erhielten. Die unfertige Wanne der Selbstfahrlafette 212 wurde im August 1941 in das USTM-Werk in Swerdlowsk verbracht. Die Arbeiten wurden zwar im November 1941 mit geringem Tempo wieder aufgenommen, dann aber im Frühjahr 1942 mit dem Ende des KW-3-Programms endgültig abgebrochen.

T-221

Beim T-221 handelte es sich um eine projektierte Version des T-150 mit verlängerter Wanne, neuem Turm (ähnlich des T-220) und einer 85-mm-KwK F-30. Wurde jedoch nie fertig gestellt und diente als Basis für den T-223.

T-222

T-222 war die GABTU-Bezeichnung für die überarbeitete und verbesserte Ausführung des T-150 (siehe dort) mit 76,2-mm-KwK F-34 bzw. SIS-5. Laut einer Anweisung des Staatlichen Verteidigungskomitees vom Juni 1941 wurde die Fertigung ab Anfang 1942 im Traktorenwerk Tscheljabinsk geplant. Die Bezeichnung sollte dann KW-6 lauten. Der deutsche Angriff machte diese Pläne jedoch zunichte.

T-223

Aufgrund der Erkenntnisse der sowjetischen Spionage entschied der Rar der Volkskommissare am 7. April 1941 einen 67–68 t schweren Panzerkampfwagen (Entwicklungsbezeichnung T-223) entwickeln zu lassen, der bis zu 120 mm stark gepanzert und mit der neu entwickelten 107-mm-KwK bewaffnet sein sollte. Die Panzerung sollte an der Turmfront 115 mm, an der Wannenfront 115–120 mm und an den Seiten bis zu 90 mm betragen. Als Antrieb war der 850 PS leistender Dieselmotor W-2SN vorgesehen. Bis zu dessen Serienreife sollte jedoch zunächst der 700 PS starke W-5 als Übergangslösung dienen. Da der T-223 jedoch 68 t oder mehr wiegen würde, hieß die GABTU diesen Plan nicht gut. Stattdessen schlug Generalmajor Federenko am 25. April 1941 eine verbesserte Variante des T-150 mit auf 120 mm verstärkter Panzerung und einer 76,2-mm-Kanone F-34 bzw. SIS-5 vor. Allerdings lehnte der Rat der Volkskommissare dieses als KW-6 bezeichnete und auf 55 t geschätzte Fahrzeug ab. Der Turm des T-223 war konisch geformt, um nach allen Seiten eine möglichst hohe Ablenkung auftreffender Geschosse zu gewährleisten. Am 26. April 1941 wurde eine Attrappe des Typs im Maßstab 1:1 vorgestellt. Nach deren Besichtigung wurde entschieden, das MG im Turmheck durch einen MPi-Öffnung zu ersetzten, die inzwischen als SIS-6 bezeichnete 107-mm-KwK mit einem mechanischen Ansetzer auszurüsten sowie die Breite des Fahrzeugs auf 3410 mm zu begrenzen, um den Eisenbahntransport zu vereinfachen. Des Weiteren wurde vorgeschlagen, einteilige Munition einzuführen und den Kampfsatz für die 107-mm-KwK auf 60 Schuss zu erhöhen. Im Laufe der weiteren Konstruktionsarbeiten wurde festgelegt, das Bug-MG bei Bedarf durch einen Flammenwerfer zu ersetzen und ein neues, von N.F. Schaschmurin entworfenes Getriebe zu verbauen – zudem wurden Aufträge zur Entwicklung eines dieselelektrischen Antriebs sowie eines hydromechanischen Getriebes vergeben. Parallel zu den Konstruktionsarbeiten am T-223 wurde der mit einem W-5-Diesel ausgestattete T-220-1 mit Hilfe zusätzlicher Gewichte auf eine Masse von 70 t gebracht und dessen Mo-

Technische Angaben	T-223
Typ	schwerer Panzerkampfwagen
Hersteller	Kirow-Werk Leningrad
Gefertigte Exemplare	1 nicht fertig gestellter Prototyp
Gefechtsgewicht	68.000 kg
Länge	7850 mm (ohne Rohr)
Breite	3410 mm
Höhe	2950 mm
Motor	W-2SN, 12-Zylinder-Dieselmotor
Leistung kW/PS	625/850
Leistungsgewicht	13,55 PS/t
Höchstgeschwindigkeit	30 km/h (Straße)
Kraftstoffvorrat	k. A.
Fahrbereich	200 km (Straße)
Besatzung	6
Bewaffnung	1 x 107-mm-KwK ZIS-6, 3 x 7,62-mm-DT-MG (Bug, koaxial, Kommandantenkuppel)
Kampfsatz	55 x 107 mm, 2772 x 7,62 mm
Panzerung (mm/Neigung)	
Wannenfront	120/60°
Wannenbug	100/65°
Wannenseiten	90/90°
Wannenheck	90/rund
Wannenoberseite	40 (vorn)/0°, 30 (hinten)/0°
Wannenunterseite	40 (vorn)/0°, 30 (hinten)/0°
Turmfront	115/60°
Geschützblende	115–130/rund
Turmseiten	115/60°
Turmheck	115/60°
Turmdach	50/0°

Bilder eines Holzmodells des T-223.

bilität sowie das Fahrwerk erprobt. Dabei stellte sich heraus, dass die Fahreigenschaften mit dem 700-PS-Triebwerk ausreichend waren, die Laufrollen jedoch verstärkt werden mussten. Obwohl der T-223 bzw. KW-3 nur als Übergangslösung bis zur Einführung noch schwerer gepanzerter und bewaffneter KW-4 und KW-5 angesehen wurde, erhielt das Kirow-Werk Anfang Juni 1941 den Auftrag, noch in jenem Jahr 500 KW-3 basierend auf dem T-223 zu bauen; die ersten Serienexemplare sollten bereits im August vorliegen. Der Anlauf der Serienfertigung war zu jener Zeit jedoch noch gar nicht absehbar, da es noch keine Anlage zur Herstellung der gegossenen Drehtürme gab und die Arbeiten an der Wanne, basierend auf dem unfertigen T-221, erst im Juni jenes Jahres anliefen. Am 26. Juni 1941 verfügte der Rat der Volkskommissare, den weitere Bau des T-223 im Traktorenwerk Tscheljabinsk durchzuführen, weshalb das halbfertige Fahrzeug Anfang Juli per Bahn nach Tscheljabinsk verbracht wurde. Dort wurde noch versucht, einen anderen Turm zu konstruieren, da wie gesagt die Anlagen zu Fertigung des ursprünglichen Gussturmes noch nicht verfügbar waren. Dabei wurde auch auf Vorschlag Grabins erwogen, die 107-mm-Kanone durch eine 45-mm-KwK zu ergänzen. Dieses Vorhaben wurde jedoch nicht mehr umgesetzt, auch weil im September 1941 die Auslagerung des Kirow-Werks von Leningrad nach Tscheljabinsk begann und diese Aufgabe, neben der Mammutaufgabe des Produktionsstarts des KW-1, zunächst alle Ressourcen band. Obwohl noch Ende 1941 vor-

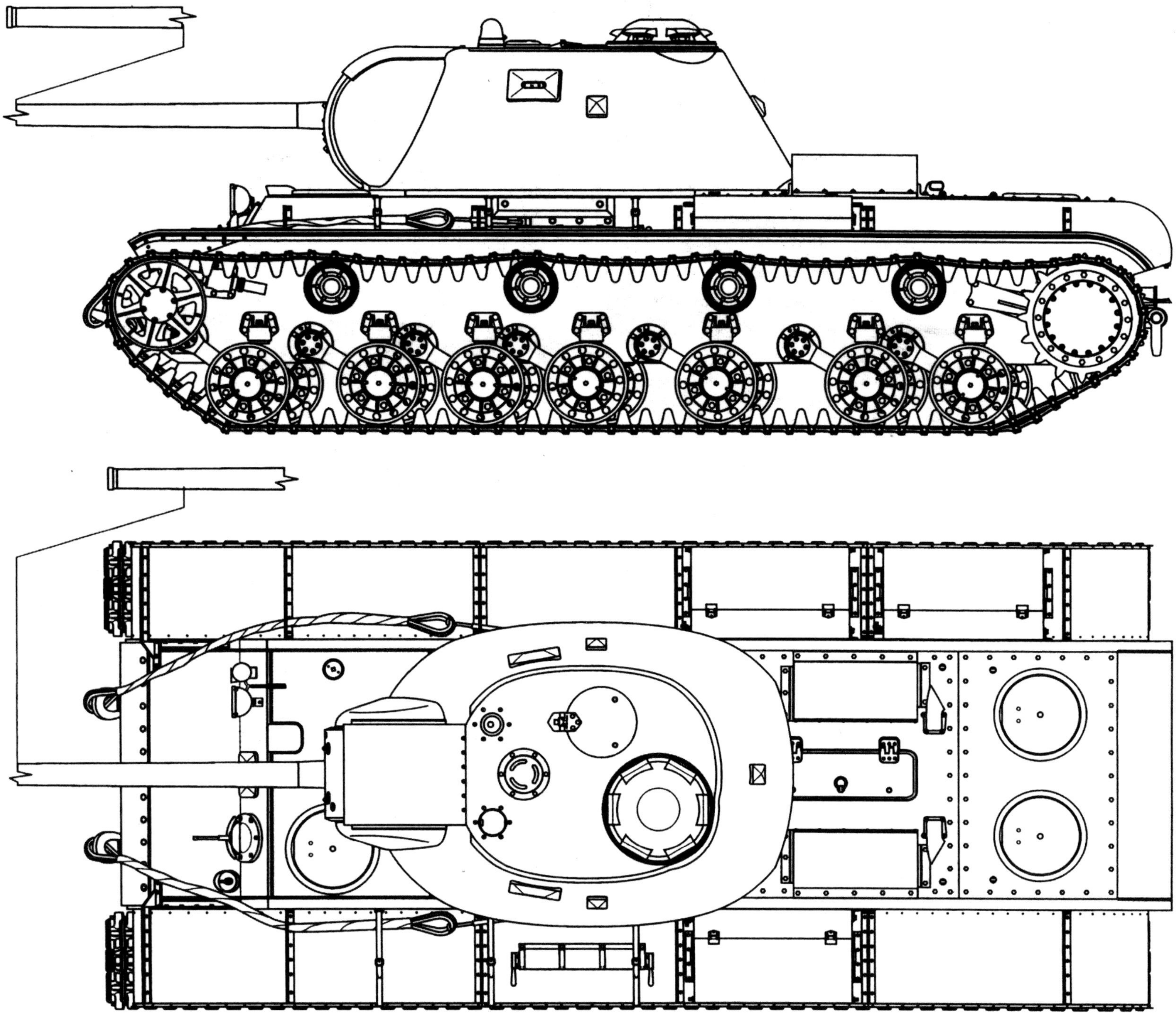

Zwei-Seiten-Ansicht des T-223. Man beachte die über die Wannenseiten hinausragende Turmbasis.

gesehen war, den KW-3 1942 endlich in Serienfertigung zu bringen, wurde dieses Vorhaben im Frühjahr 1942 mit der Erkenntnis endgültig aufgegeben, dass der KW-1 seinen Zenit überschritten hatte und von zu vielen Problemen geplagt war.

Panzerkampfwagen KW-4

Am 11. März 1941 berichtete die sowjetische Auslandsspionage über angeblich in Deutschland in Entwicklung befindliche schwere Panzer, die über eine 105-mm-KwK und bis zu 90 t Gefechtsgewicht verfügten. Obwohl heute klar ist, dass dieser Bericht in weiten Teilen nicht auf Tatsachen beruhte, nahm ihn die sowjetische Führung ernst und befürchtete, panzertechnisch ins Hintertreffen zu geraten. Das Ergebnis dieser Besorgnis war die Entwicklung der überschweren Typen KW-4 und KW-5. Die UdSSR hatte im Rahmen des Hitler-Stalin-Paktes eine Reihe von deutschen Rüstungsgütern erworben, darunter auch eine 10,5-cm-Flak 39, von der man annahm, dass diese die Basis der Bewaffnung des angeblich neuen schweren Panzers bilden würde. Aufgrund der Erprobung der Flak 39 war bekannt, dass eine mindestens 130 mm starke Panzerung zum Schutz vor deren Geschossen notwendig sein würde. Die am 21. März 1941 erstellten technischen Anforderungen für den neuen, als KW-4 bezeichneten Panzer schrieben daher eine maximales Gewicht von 72 t sowie eine Frontalpanzerung

Konstrukteure	Gewicht	Hauptwaffe	Zweitwaffe	max. Geschwindigkeit	Frontalpanzerung
S. Fedorenko	98,65 t	107 mm im Turm	45 mm im Turm oben	35 km/h	140 mm
G. Kruchenyk	107,7 t	107 mm im Turm	45 mm im Turm oben	35 km/h	130 mm
K. Buganow	93 t	107 mm im Turm	45 mm im Turm oben	50 km/h	125 mm
F. Marischkin	86,4 t	107 mm im Turm	45 mm im Turm oben	40 km/h	80-130 mm
G. Moskwin	101 t	107 mm im Turm	45 mm im Turm oben	40 km/h	130 mm
N. Strukow	92 t	107 mm im Turm	45 mm im Turm oben	50 km/h	80-130 mm
A. Yermolaew	95 t (Version 1) 90 t (Version 2)	107 mm im Turm	45 mm im Turm	35 km/h	130 mm
L. Sychew	95-100 t	107 mm im Turm	45 mm im Turm	35 km/h	125 mm
L. Perewerzew	100 t	107 mm im Turm	45 mm im Turm	39 km/h	125 mm
V. Bykow	98,6 t	107 mm im Turm	45 mm im Turm	36 km/h	130 mm
Unbekannt	-	107 mm im Turm	45 mm im Turm	37 km/h	-
Unbekannt	-	107 mm im Turm	45 mm im Turm	40 km/h	-
M. Kreslawsky	92,6 t	107 mm im gemeinsamen Turm	45 mm im gemeinsamen Turm	32 km/h	125 mm
N. Duchow	82,5 t	107 mm im gemeinsamen Turm	45 mm im gemeinsamen Turm	35 km/h	130 mm
N. Schashmurin	92 t	107 mm in der Wanne	76 mm im Turm	35 km/h	188 mm
P. Michailow	86,5 t	107 mm im Turm	45 mm in der Wanne	21 km/h	bis 180mm
G. Turchaninow	89,5 t	107 mm im Turm	45 mm in der Wanne	35 km/h	125 mm
N. Zeitz	90 t	107 mm im Turm	Abwesend	36 km/h	125 mm
P. Tarapatin / K. Kuzmin / V. Tarotko	88 t	107 mm im Turm	45 mm	36 km/h	125 mm
V. Pawlow / D. Grigoriew	91 t	107 mm im Turm	45 mm im Turm	40 km/h	100-125 mm

Der Gewinner der Entwurfswettbewerbs für den KW-4 war der von N. Duchow eingereichte Vorschlag.

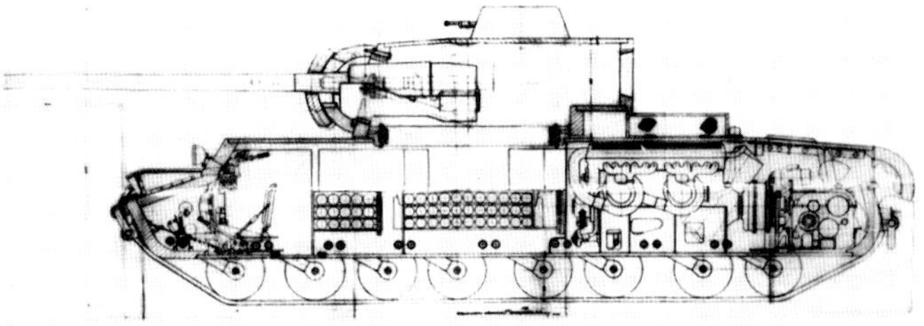

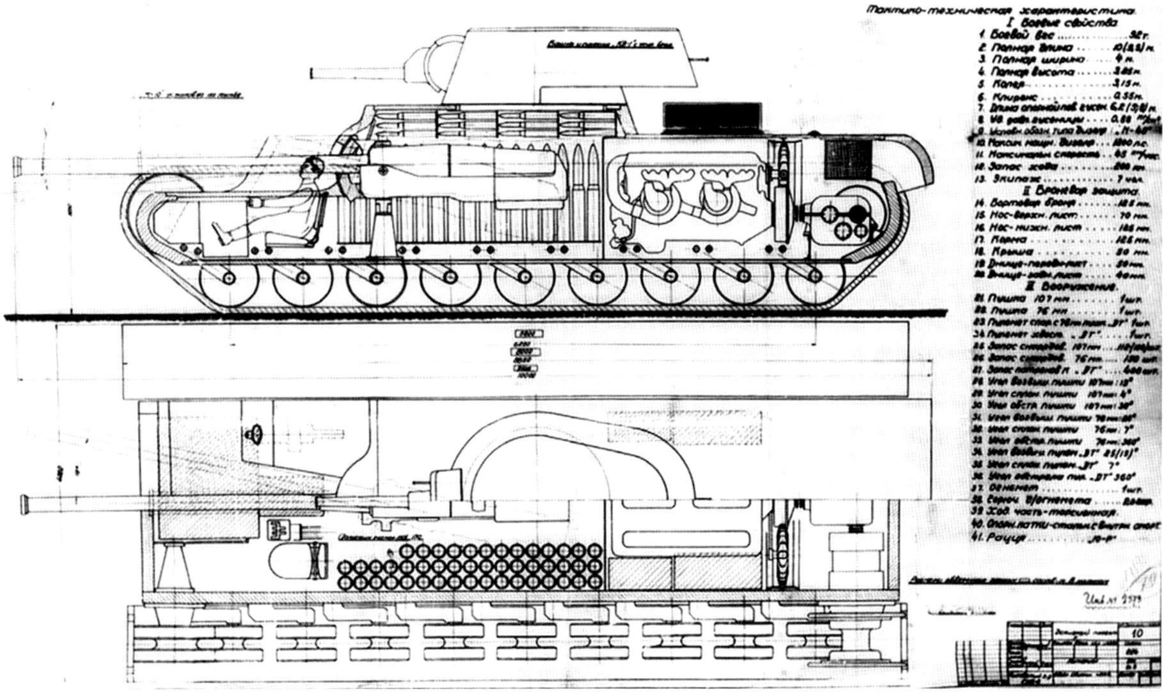

Der von N. Schaschmurin entworfene KW-4 besaß eine in der Wanne lafettierte 107-mm-Kanone und übernahm den Turm des KW-1.

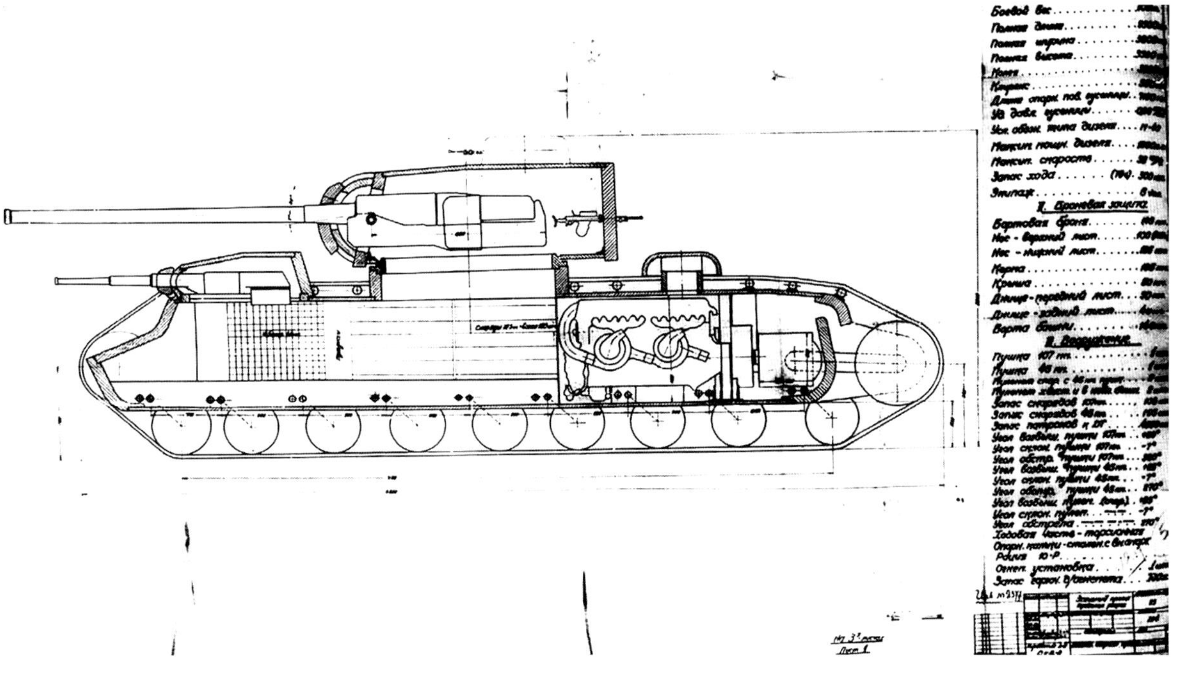

Der von L. Perewerzew konzipierte KW-4 sollte 100 t wiegen.

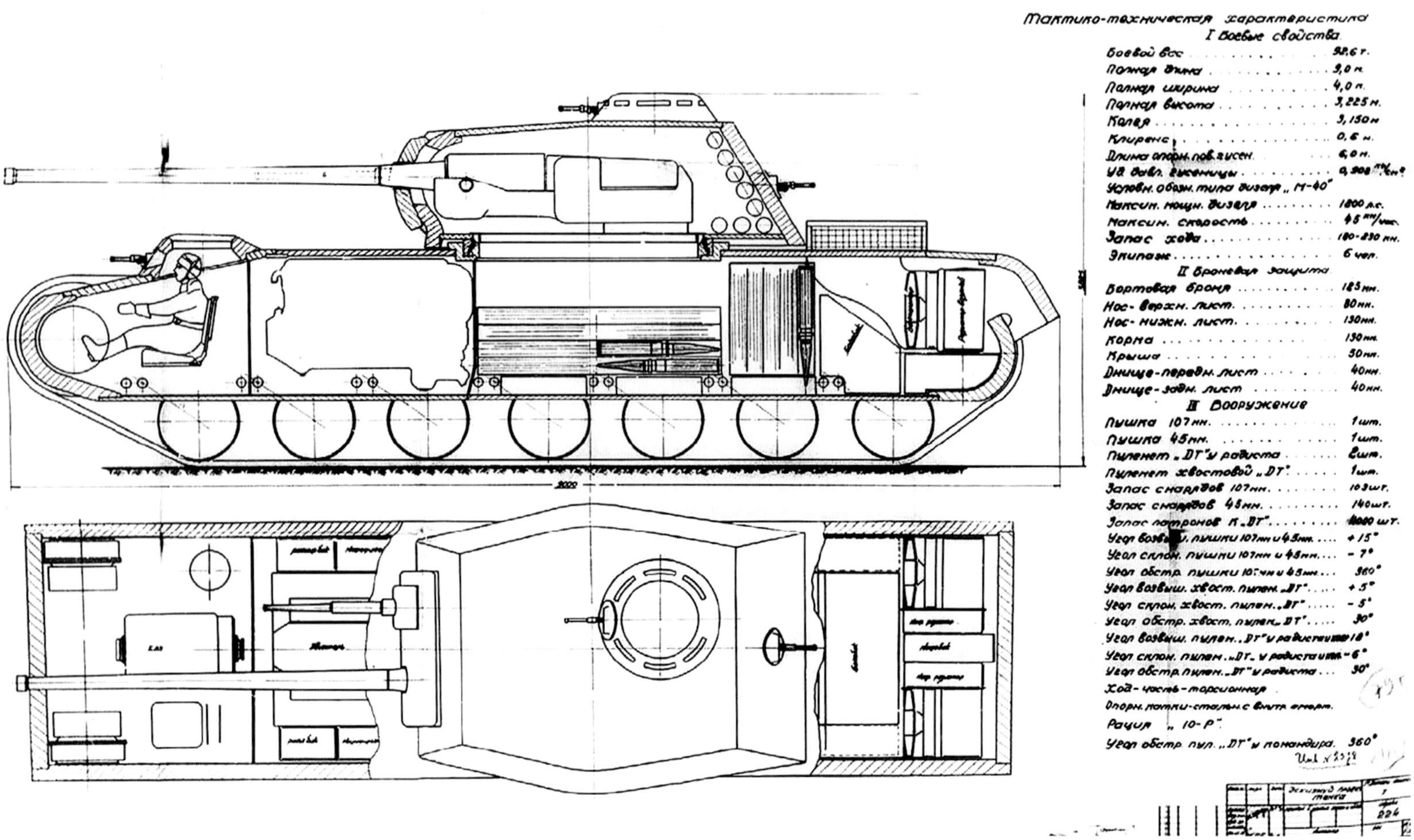

Der Entwurf von M. Kreslawsky wies einen großen Turm mit einer 107-mm- und einer 45-mm-KwK auf. Der Motor sollte zwischen Fahrer und Turm installiert werden und auf das hinten liegende Getriebe wirken.

der Wanne von mindestens 130 mm vor, während diese an den Seiten 120 mm betragen sollte. Für den Turm waren 130 mm an Front und Seiten mit einer Neigung von mindestens 60° vorgegeben. Als Bewaffnung sollte eine um 360° drehbare 107-mm-KwK, drei 7,62-mm-MG und ein Flammenwerfer dienen. Mittels eines 1200-PS-Triebwerks sollten auf der Straße 35 km/h erreicht werden können. Dieser Motor basierte auf dem Charomski M-40, einem V-12 Diesel, der für den Einsatz in Flugzeugen entworfen worden war und sich zu diesem Zeitpunkt kurz vor der Erprobung befand. Übergangsweise war aber auch der Einbau eines 850-PS-Diesels W-2SN erlaubt. Am 27. März wurde festgelegt, dass bis zum 1. November ein Prototyp mit einer 107-mm-Kanone F-42 (bzw. SIS-42) sowie ein Prototyp mit einer 76,2-mm-KwK SIS-5 fertig gestellt sein sollten. Bereits am 17. Juli 1941 sollte das Kirow-Werk die Konstruktionspläne vorstellen und an die Ischorski-Werke bis zum 1. Oktober die Wanne und den Turm an das Kirow-Werk geliefert haben.

Bereits am 7. April veränderte sich die Situation jedoch erheblich, als festgelegt wurde, dass der in Planung befindliche KW-3 nicht ein Abkömmling des T-150 mit 76,2-mm-KwK, sondern ein 68-t- Panzerkampfwagen mit 120-mm-Frontalpanzerung und 107-mm-KwK werden sollte. Da dieses als T-223 bezeichnete Modell annähernd die für den KW-4 geforderten Merkmale aufwies, wurden die Vorgaben für diesen verändert. Der KW-4 konnte nun bis zu 75 t wiegen und die Panzerung sollte bis zu 150 mm betragen. Des Weiteren wurden die Konstruktionspläne nun bis zum 15. Juni erwartet, während die Wanne und der Turm bereits am 15. August von den Ischorski-Werken angeliefert werden sollten. Damit nicht genug: der zweite, mit einer 76,2-mm-Kanone ausgerüstete Prototyp wurde gestrichen und statt seiner ein nun KW-5 genanntes Fahrzeug mit 107-mm-KwK verlangt, das bis zu 90 t wiegen konnte.

SKB-2-Leiter Josef Kotin stand vor dem Problem, in kürzester Zeit zwei unterschiedliche Typen entwerfen zu müssen. Zur Beschleunigung des Prozess ordnete er zum einen an, dass alle Ingenieure an diesem Projekt mitarbeiten und allein oder in kleinen Gruppen Konzepte erarbeiten sollten. Zum anderen

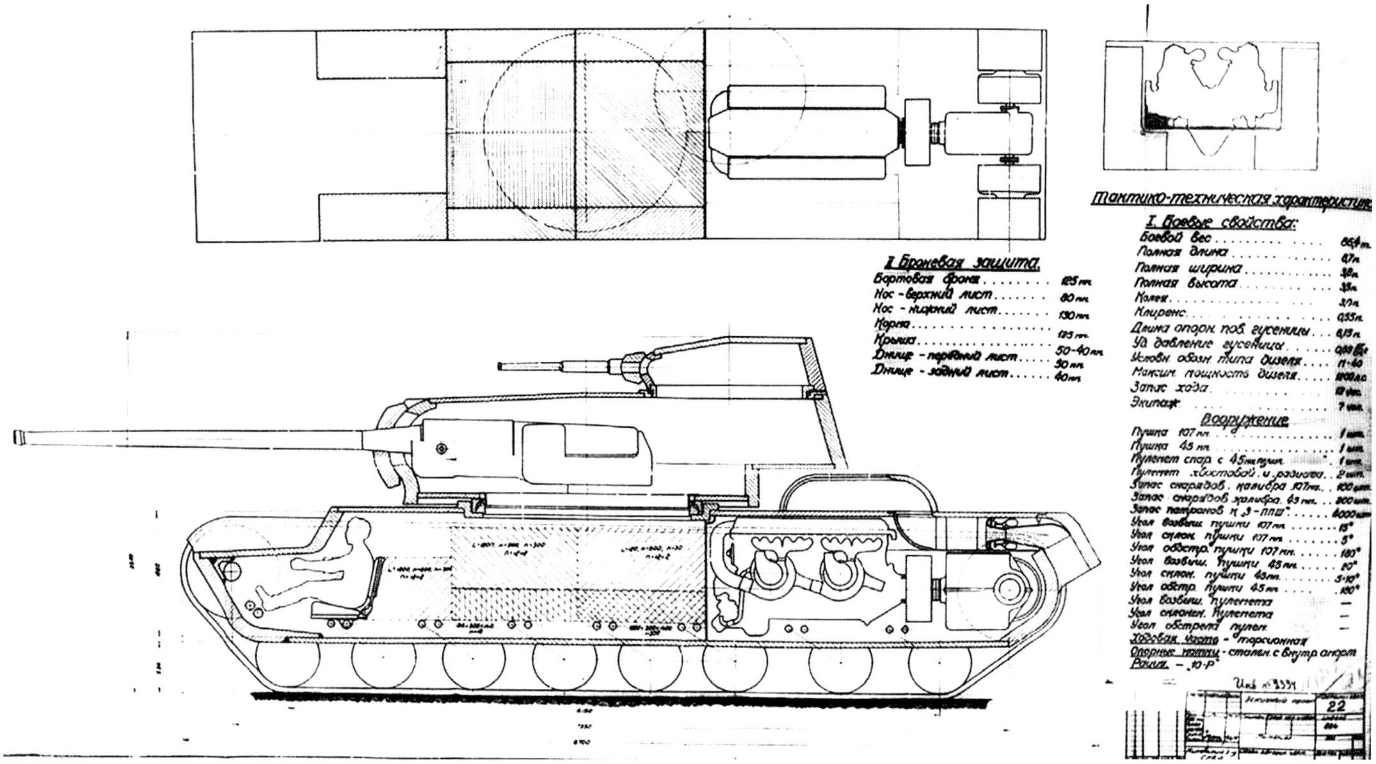

Der von F. Marischkin projektierte KW-4 war mit 86,4 t im Vergleich zu anderen KW-4-Entwürfen fast schon ein Leichtgewicht.

schrieb er einen Wettbewerb aus. Die besten Entwürfe sollten Bonus-Zahlungen erhalten. Die Rote Armee verlangte mittlerweile neben der Hauptwaffe im Kaliber 107-mm auch noch eine 45-mm-Sekundärwaffe. Die Arbeiten begannen am 15. April 1941 und brachten 27 Vorschläge für den Wettbewerb hervor, von denen zum Teil jedoch nur wenig bekannt ist. Alle Entwürfe hier im Detail darzustellen, würden den Rahmen dieser Arbeit sprengen. Am 9. Mai 1941 wurde der Entwurf Nikolai Duchows zum Sieger erklärt, der mit 84 t zugleich der leichteste war. Duchow hatte im Grunde den T-220 vergrößert und im Turm eine koaxiale 45-mm-KwK neben dem 107-mm-Geschütz installiert. Die errechnete Höchstgeschwindigkeit mit dem 1200 PS leistenden M-40 sollte 40 km/h betragen. Den zweiten Platz belegte der Entwurf von K.I. Kusmin, P.S. Tarapanin und W. Tarotko. Bei diesem 88 t schweren Panzer war der Motor in der Mitte angeordnet, der Kampfraum lag hinten. An der Frontseite war die Hauptwaffe lafettiert, die Zweitwaffe befand sich in einem kleinen Drehturm. Die Höchstgeschwindigkeit sollte bei 36 km/h liegen.

Der dritte Platz ging an N.W. Zeitz, dessen Vorschlag sich durch einen besonders hohen Turm auszeichnete, in dem alle Geschosse für die 107-mm-KwK senkrecht stehend gelagert werden konnten, um dem Ladeschützen seine Arbeit zu erleichtern. Auf eine zweite Kanone verzichtete Zeitz. Als Ausgleich für den hohen Turm war die Wanne besonders niedrig gehalten. So niedrig, dass hinter dem Drehturm eine hohe Stufe entstand, da dort die Wanne zur Unterbringung des Motors erheblich höher sein musste als im Frontbereich.

Das schwerste Fahrzeug stammte mit 107 t von G.W. Kruchenych. Auch er platzierte den Motor in der Fahrzeugmitte, dahinter lag ein großer Drehturm mit der 107-mm-Hauptwaffe, auf dessen Dach befand sich ein zweiter kleiner Turm mit der 45-mm-Zweitwaffe und darauf wiederum eine drehbare Kommandantenkuppel mit einem 7,62-mm-MG.

Nikolai Schaschmurin entwarf ebenfalls einen KW-4. Laut seinen Memoiren allerdings ohne große Begeisterung, vor allem weil erst kurz zuvor der SMK zurückgewiesen und der KW-3 entworfen worden war. Schaschmurins Vorschlag verzichtete zunächst auf einen Drehturm und platzierte die 107-mm-Kanone wie bei einem Sturmgeschütz im Panzeraufbau. Da sein Entwurf so jedoch nicht zugelassen wurde, auch aufgrund zu geringer Panzerung und Masse, stattete ihn Schaschmurin noch mit einem KW-1-Turm aus und verstärkte die Panzerung, so dass ein Gewicht von über 92 t erreicht wurde.

Nach Auswahl der Siegerprojekte gab es kaum noch einen Fortschritt im Bezug auf den KW-4. Nach dem Beginn des Angriffes auf die UdSSR am 22.Juni 1941 wurde die Entwicklung dann endgültig eingestellt, zum Bau eines Prototypen kam es nicht mehr.

Panzerkampfwagen KW-5

Die Geschichte des KW-5 begann am 7. April 1941, als das SKB-2 im Kirow-Werk Leningrad den Auftrag erhielt, einen Panzer mit 107-mm-KwK sowie bis zu 170 mm Front- und 150-mm-Seitenpanzerung zu konstruieren; Gewichtsobergrenze 90 t. Der Antrieb sollte dem des KW-4 entsprechen. Die Pläne wurden bis zum 15. Juli 1941 erwartet, so dass die Ischorski-Werke bis zum 1. Oktober 1941 Wanne und Turm fertig stellen könnten. Ein Prototyp sollte bis zum 1. November vorliegen. Da das SKB-2 all seine Ressourcen zunächst auf den KW-4 konzentrierte, schritten die Arbeiten am KW-5 zunächst nur sehr langsam voran. Da Nikolai Duchows Konzept bereits für den KW-4 ausgewählt worden war, die Zeit aber drängte, entschied .Kotin, dass der von N.W. Zeitz vorgeschlagene Entwurf die Basis für den KW-5 bilden sollte. Zeitz wurde daher zum Leitenden Ingenieur des Projekts ernannt, während Kusmin für die Wanne, Sychew für den Turm sowie Fedortschuk für das Laufwerk verantwortlich zeichneten. Im Gegensatz zum KW-4 wurden die Arbeiten am KW-5 auch nach dem 22. Juni 1941 fortgeführt. Die letzten Entwürfe stammen vom August des Jahres – aus einer Zeit also, als sich deutsche Truppen Leningrad bereits näherten.

Wie bei dem von Zeitz konzipierten KW-4 besaß der KW-5 aus Gewichtsgründen eine sehr flach gehaltene Wanne. Diese war vorn so flach (920 mm) dass der links sitzende Fahrer einen eigenen Panzererker erhielt, während der rechts untergebrachte Funker/MG-Schütze in einen kleinen Drehturm mit einem 7,62-mm-MG saß. Dieser war leicht erhöht, damit er über den Fahrererker hinweg schießen konnte. Hinter dem Drehturm stieg die Wanne in einer Stufe an und erreichte dann eine Höhe von 1300 mm. Da der für den KW-4 vorgesehene M-40-Diesel nicht verfügbar war, wurde nun geplant, zwei Diesel des Typs W-2 zu verbauen, die gemeinsam auf ein Getriebe wirkten. Der sechseckige Turm bestand aus geschweißten Panzerplatten, da ein Gussturm mit einer Frontalpanzerung von 180 mm und einer Seitenpanzerung von 150 mm Stärke zu jener Zeit technisch nicht realisierbar war. Eine derartig massive Panzerung wäre nahezu immun gegen den Beschuss jeder Panzerkanone, Pak, Flak oder Feldgeschützes der damaligen Zeit gewesen. Die Höhe des Turmes war der Tatsache geschuldet, dass die Masse der 107-mm-Granatpatronen aufrecht in Gestellen den Turmseitenwänden standen. Der Turm hatte eine Vier-Mann-Besatzung. Rechts befand sich der Kommandant, der über eine eigene Kuppel mit fünf Winkelspiegeln und einem Periskop beobachtete. Links der 107-mm-Kanone saß der Richtschütze. Im Turmheck arbeiteten zwei Ladeschützen, von denen einer bei Bedarf auch den links hinten auf dem Turm befindlichen MG-Turm bemannte.

Zum Bau eines Prototypen kam es nicht mehr. Im August 1941 wurden die weiteren Arbeiten am KW-5 abgebrochen, da sich die Wehrmacht Leningrad näherte.

Technische Angaben	KW-5
Kein gefertigte Exemplar, nur Projekt	
Typ	Überschwerer Panzerkampfwagen
Hersteller	Kirow-Werk Leningrad
Gefechtsgewicht	100.000 kg
Länge	k. A.
Breite	k. A.
Höhe	k. A.
Motor	2 x W-2K, 12-Zylinder-Dieselmotor
Leistung kW/PS	2 x 441/600
Leistungsgewicht	12 PS/t
Höchstgeschwindigkeit	40 km/h (Straße)
Kraftstoffvorrat	k. A.
Fahrbereich	k. A.
Besatzung	6
Bewaffnung	1 x 107-mm-KwK ZIS-6 L/43, 3 x 7,62-mm-DT-MG, 3 x 12,7-mm-MG
Panzerung (mm/Neigung)	
Wannenfront	180
Wannenbug	180
Wannenseiten	150/90°
Wannenoberseite	40/0°
Wannenunterseite	40/0°
Turmfront	180
Turmseiten	150/90°

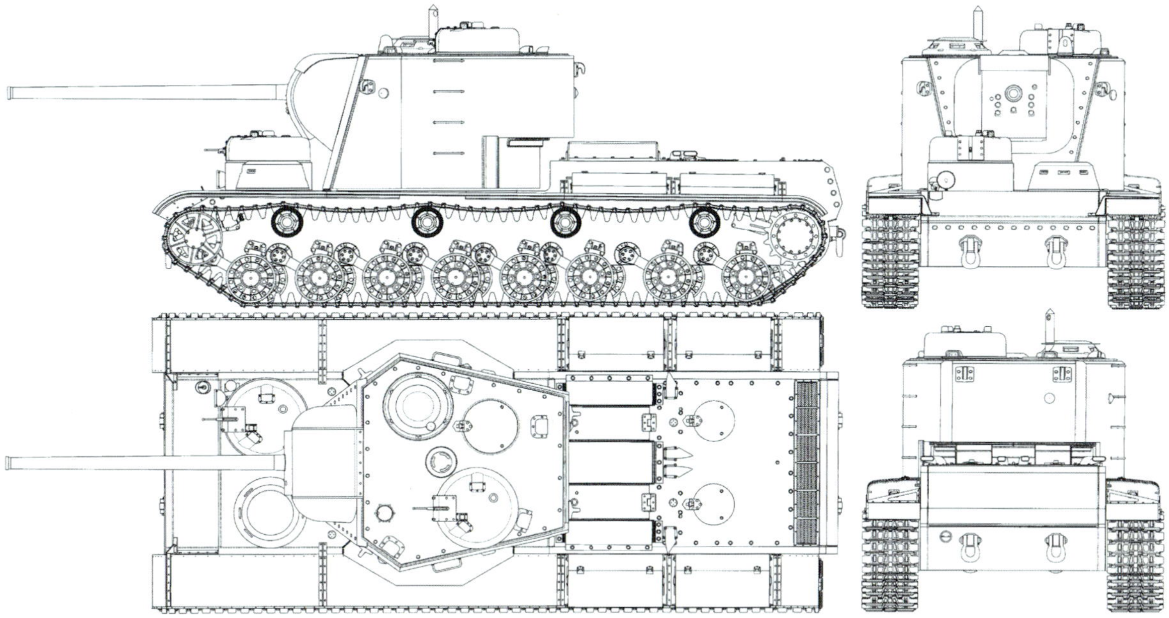

Vier-Seiten-Ansicht des KW-5.

Panzerkampfwagen KW-6

Über die Vergabe der Bezeichnung KW-6 liegen unterschiedliche Angaben vor: Laut dem russischen Historiker Maxim Kolomiez galt „KW-6" für eine kleine Zahl KW-1 verwendet, die ab Sommer 1941 mit einem ATO-41 Flammenwerfer in der Wanne rechts vom Fahrer ausgerüstet wurden. Der Werfer konnte nur vertikal gerichtet werden, die Seitenrichtung musste mittels Drehung des gesamten Fahrzeugs erfolgen. Der Vorrat an Flammöl betrug 150 l, was für ca. sieben Flammstöße ausreichte. Die Reichweite lag (je nach verwendetem Flammölgemisch) bei 70 bis 100 m. Die Umrüstung wurde im Kirow-Werk Leningrad durchgeführt. Zehn Panzer wurden entsprechend vorbereitet, das Werk Nr. 174 lieferte jedoch nur vier Flammenwerfer. Die Öffnungen in den Wannen der restlichen sechs KW-1 wurden daraufhin wieder zugeschweißt. Alle zehn Fahrzeuge kamen ab dem 13. September jenes Jahres bei der 124. Panzerbrigade bei der Verteidigung Leningrads zum Einsatz und gingen sämtlich bis zum 10. Oktober verloren. Mindestens eines dieser Fahrzeuge mit Flammenwerfer sowie einer der Panzer mit wieder zugeschweißter Wanne wurden laut Bilddokumenten von deutschen Truppen mit beschädigtem Laufwerk erbeutet und anschließend wieder instand gesetzt. Beide scheinen in der Folge als Beutepanzer bei der deutschen 58. Infanteriedivision gelaufen zu sein. Obwohl diese Fahrzeuge existierten, ist die Verwendung der Bezeichnung KW-6 für sie fraglich. Eine andere Deutung der Bezeichnung KW-6 ergibt sich jedoch laut einer Anweisung des Staatlichen Verteidigungskomitees vom Juni 1941. Das (damals noch so genannte) Traktorenwerk Tscheljabinsk sollte laut dieses Dokuments ab Januar 1942 unter der Bezeichnung KW-6 mit der Produktion einer KW-1-Version beginnen, die über eine 90 mm starke Panzerung verfügte. Als Bewaffnung gibt das Dokument eine „76-mm-Kanone Modell 1940" an, womit die F-34 bzw. SIS-5 gemeint sein könnten. Es ist daher wahrscheinlicher, dass der erwähnte KW-6 eine Serienversion des Prototyps T-150 bzw. T-222 (siehe S. 85 ff) darstellte. Zu einer Umsetzung dieser Anweisung kam es jedoch nie, da in Tscheljabinsk nach der deutschen Invasion unter Hochdruck KW-1 gefertigt wurden.

Sturmgeschütz KW-7

Um die Feuerkraft des KW-1 zu erhöhen, begann das SKB-2 unter Josef Kotin im Herbst 1941 mit der Entwicklung einer Variante mit zwei 45-mm-KwK 20-K und einer 76,2-mm-KwK F-34. Die Anregung zu dieser Konstruktion soll von Josef Stalin persönlich stammen. Die Auswahl der Waffen entsprach der Vorstellung, dass das Kaliber 45 mm im Kampf gegen die meisten gegnerischen Panzer ausreichte, während die 76,2-mm-Kanone F-34 vor allem der Bekämpfung schwerer Panzer, Bunker und anderer Befestigungen diente. Besonders hartnäckige Ziele sollten hingegen mittels Salven aus allen drei Geschützen ausgeschaltet werden. Dazu entwickelte das OKB-3 des USTM in Swerdlowsk eine spezielle Geschützwiege (U-13), die alle drei Waffen aufnahm. Da es aber nicht möglich war, drei Kanonen zusammen in einem Turm anzuordnen, entschlossen sich die Konstrukteure, die Waffen in der Front eines starren Panzeraufbaus unterzubringen. Dieser ragte seitlich über die Ketten hinaus, um mehr Platz im Kampfraum zu schaffen. Der Seitenrichtbereich betrug dabei nur 7,5° nach links und rechts. Der Höhenrichtbereich lag bei –5° bis +15°. Ein 7,62-mm-MG in Kugelblende am Bug sowie ein weiteres 7,62-mm-MG in Kugelblende am Heck des Panzeraufbaus ergänzten die Bewaffnung. Die Besatzung des KW-7 (auch als Objekt 227 bezeichnet) bestand aus sechs Mann. Der Fahrer/Mechaniker und Funker/MG-Schütze saßen vorn in der Wanne. Im Kampfraum befanden sich links vorn der Richtschütze, dahinter ein Ladeschütze. Rechts vorn der Kanonen saß der Kommandant, hinten ihm ein zweiter Ladeschütze. Der Antriebsstrang, das Laufwerk sowie alle weiteren Komponenten entsprachen dem KW-1. Die Planung sah vor, dass nach einer Vorserie von 20 Fahrzeugen jeder fünfte KW ein KW-7 sein sollte.

Der erste Prototyp basierte auf einem im September 1941 gefertigten KW-1, der zur Hauptinstandsetzung nach Tscheljabinsk verbracht worden und Mitte Dezember 1941 fertig war. Nach der am 27. Dezember 1941 beendeten Werkserprobung wurde das Fahrzeug nach Mytischtschi nahe Moskau überführt, wo es ab dem 5. Januar 1942 weiteren Versuchen unterzogen wurde. Während der Erprobung zeigte sich, dass die unterschiedlichen ballistischen Eigenschaften der beiden Geschütztypen ein gezieltes Salvenfeuer unmöglich machte. Zudem erzeugten die außerhalb der Mittelachse angeordneten 45-mm-KwK starke Kräfte, welche die Treffsicherheit ebenfalls negativ beeinflussten und die gesamte Wiege verschoben. Die Testkommission empfahl daher zwei 76,2-mm-Ka-

Technische Angaben	KW-7 (1. Version)
Typ	schwere Selbstfahrlafette/ Sturmgeschütz
Hersteller	Kirow-Werk Tscheljabinsk.
Gebaute Stückzahl	1
Gefechtsgewicht	47.5000 kg
Länge	6675 mm
Breite	3250 mm
Höhe	2450 mm
Motor	W-2K, 12-Zylinder-Dieselmotor
Leistung kW/PS	441/600
Leistungsgewicht	12,63 PS/t
Höchstgeschwindigkeit	30 km/h (Straße), 10–15 km/h (Gelände)
Furttiefe	1,6 m
Kraftstoffvorrat	600 l
Fahrbereich	250 km (Straße)
Besatzung	5
Bewaffnung Version 1	1 x 76,2-mm-Kanone F-34 L/41,5, 2 x 45-mm-Kanone 20-K L/46, 2 x 7,62-mm-DT-MG (Bug, Aufbauheck)
Kampfsatz	93 x 76,2 mm, 200 x 45 mm, 3591 x 7,62 mm
Panzerung (mm/Neigung)	
Wannenfront	75 + 25–30/60°
Wannenbug	75 + 25/65°
Wannenseiten	75/90°
Wannenheck	52–75/rund
Wannenoberseite	40 (vorn)/0°, 30 (hinten)/0°
Wannenunterseite	40 (vorn)/0°, 30 (hinten)/0°
Aufbaufront	75/80°
Geschützblende	100
Aufbauseiten	60/60°
Aufbauheck	60/90°
Aufbaudach	30/0°

nonen in einer neuen Wiege sowie eine von 75 mm auf 110 mm verstärkte Frontpanzerung des Aufbaus. Angesichts des Erprobungsberichts befahl Stalin persönlich, die Entwicklung des KW-7 mit drei Geschützen nicht weiter zu verfolgen. Das OKB-3 in Swerdlowsk begann daher am 25. Januar 1942 mit dem Entwurf einer entsprechenden als U-14 bezeichneten Geschützwiege für zwei 76,2-mm-Geschütze, welcher Mitte Februar abgeschlossen war. Die Umrüstung des KW-7 auf zwei parallel lafettierte 76,2-mm-Geschütze SIS-5 begann in der zweiten Februarhälfte 1942. Die Überlastung des Kirow-Werks sowie die Tatsache, dass das Projekt keine erhöhte Priorität mehr genoss, führten zu Verzögerungen im Zeitplan. Die für Mitte März 1942 angesetzte Erprobung der neuen Version konnte daher erst am 14. Mai 1942 beginnen. Dabei stellte sich heraus, dass die Lafettierung der beiden Geschütze nach wie vor nicht ausreichend ausbalanciert war und dadurch die Treffsicherheit litt. Da die Bewaffnung des Objekts 227 jener des KW-1 ohnehin nur unwesentlich überlegen war und mittlerweile eine stärkere Waffe verlangt wurde, ging der KW-7 nicht in Serie. Zudem war das Kirow-Werk zu jener Zeit nicht in der Lage, ein weiteres Modell in die Produktion aufzunehmen, ohne die Fertigung anderer Typen zu reduzieren. Das Werk Nr. 200 hatte jedoch schon 20 Wannen für die geplante Vorserie gefertigt.

USTM in Swerdlowsk arbeitete seit Januar 1942 auch an der Integration einer 152,4-mm-Haubitze in den KW-7. General Petrows Ingenieursgruppe konstruierte dazu eine U-18 ge-

Der KW-7 während seiner Erprobung Ende Dezember 1941.

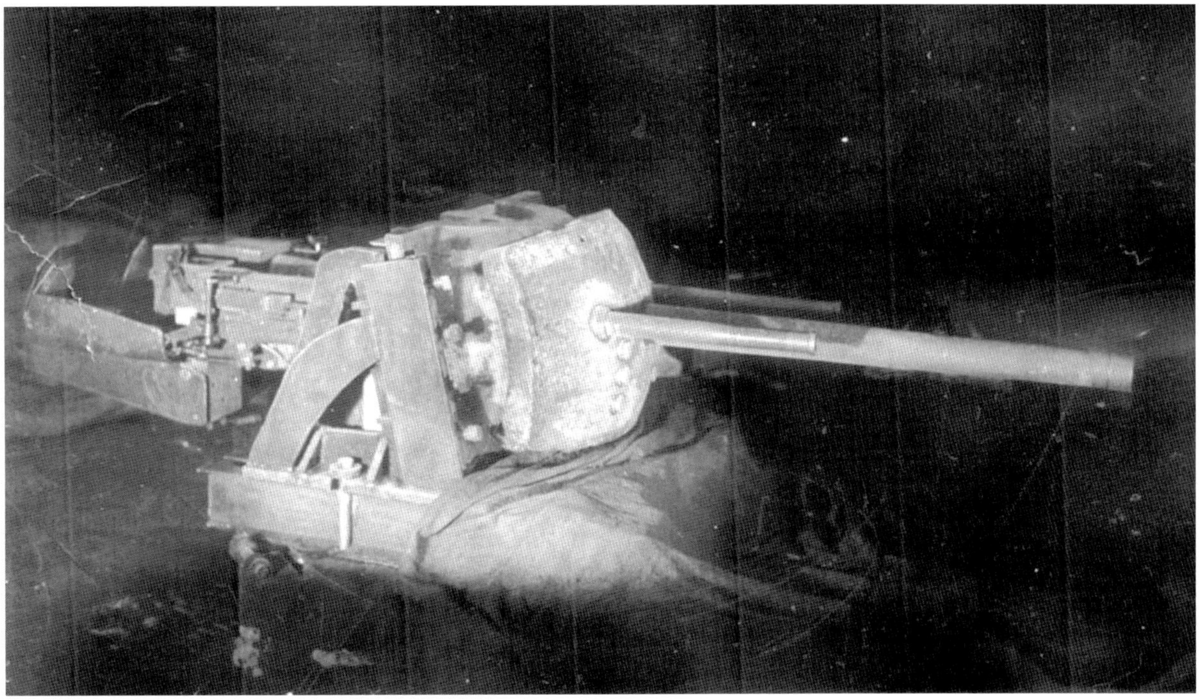

Die Lafettierung der beiden 45-mm-Kanonen links und rechts neben 76,2-mm-Waffe war nicht ausgereift und wurde verworfen.

Die zweite Version des KW-7 mit zwei 76,2-mm-Kanonen im Werk Tscheljabinsk.

nannte Wiege für die Kanonenhaubitze ML-20 L/29, die man versuchsweise in die 20 bereits gefertigten Wannen der geplanten KW-7-Vorserie einbauen wollte. Obwohl sich das USTM um eine möglichst simple Lösung bemüht hatte, um weder Wanne noch Panzeraufbau des KW-7 verändern zu müssen, wurde das Projekt am 24. September 1942 von offizieller Seite beendet, ohne das ein Prototyp gebaut worden war. Der einzige KW-7 diente später noch als Versuchsfahrzeug für ein neues Planetengetriebe, bevor er Ende 1943 in die Verschrottung ging.

Flammpanzer KW-8 und KW-8S

Flammpanzer waren ein fester Bestandteil der Taktik der Roten Armee und wurden mit Erfolg im Winter 1939/40 im Krieg gegen Finnland eingesetzt. Nach dem Angriff der Wehrmacht am 22. Juni 1941 erlitten die auf dem leichten T-26 basierende Fahrzeuge ob ihrer mangelhaften Panzerung jedoch enorme Verluste, so dass man im November 1941 in Tscheljabinsk eine Flammpanzerversion des KW-1 entwickelte. Dazu wurde die 76,2-mm-KwK entfernt und stattdessen ein ATO-41 Flammenwerfer sowie eine 45-mm-KwK verbaut. Um die KwK jedoch weiterhin als Kaliber 76,2 mm erscheinen zu lassen, wurde das Rohr der Waffe mit einer Blechhülle versehen. Es wurden 960 l Flammöl und 92 45-mm-Granaten mitgeführt. Ein Flammstoß reichte bis zu 100 m weit. Der große Flammölbehälter führte dazu, dass im Turm nur noch Platz für den Kommandanten und den Richtschützen blieb, so dass sich die Besatzung auf vier Mann verringerte. Nach der ersten Erprobung am 29. Dezember 1941 lief die Serienfertigung des als KW-8 bezeichneten Flammpanzers im Februar 1942 an. Bis August 1942 entstanden 102 KW-8. Ab September 1942 wurde die Fertigung auf Grundlage des KW-1S (Bezeichnung dann KW-8S Objekt 235) bis Februar 1943 fortgesetzt. Die ersten 25, noch 1942 gebauten Exemplare, waren jedoch noch mit den Türmen des KW-8 bewehrt. Die letzten zehn KW-8S nutzten modifizierte Türme des KW-1S. Diese Version führte nur noch 800 l Flammöl mit und war mit dem Werfer ATO-42 ausgerüstet, der eine etwas größere Wurfweite erzielte. Der Kampfsatz für die 45-mm-KwK erhöhte sich auf 114 Schuss. Zugleich blieb die Standard-Turmbesatzung von drei Mann bestehen, so dass 1943 gebaute KW-8S eine fünfköpfige Besatzung aufwiesen.

Dieses im Herbst 1942 fotografierte Fahrzeug verband die Wanne eines KW-8S mit dem Turm eines KW-8.

KW-8 wurden eigenständigen Flammpanzer-Abteilungen zugeteilt, wo sie häufig im Verbund mit der Flammpanzerversion des T-34, dem OT-34, verwendet wurden. Ihr Einsatz erfolgte zumeist gegen Infanterie in ausgebauten Stellungen und Feldbefestigungen bzw. Bunkern. Dabei erzielten die KW-8 aufgrund der verheerenden psychologischen Wirkung ihrer Flammenwerfer oft erstaunliche Erfolge. Laut sowjetischen Berichten aus jener Zeit genügte es mitunter schon, das nicht

Fertigung von KW-8 und KW-8S im Kirow-Werk Tscheljabinsk

Jahr/ Monat	Typ	Jan.	Feb.	März	April	Mai	Juni	Juli	Aug.	Sept.	Okt.	Nov.	Dez.	gesamt
1942	KW-8	-	2	-	22	26	13	18	21	-	-	-	-	102
	KW-8S	-	-	-	-	-	-	-	-	6	9	10	-	25
1943	KW-8S	7	3	-	-	-	-	-	-	-	-	-	-	10
Total														**1123**

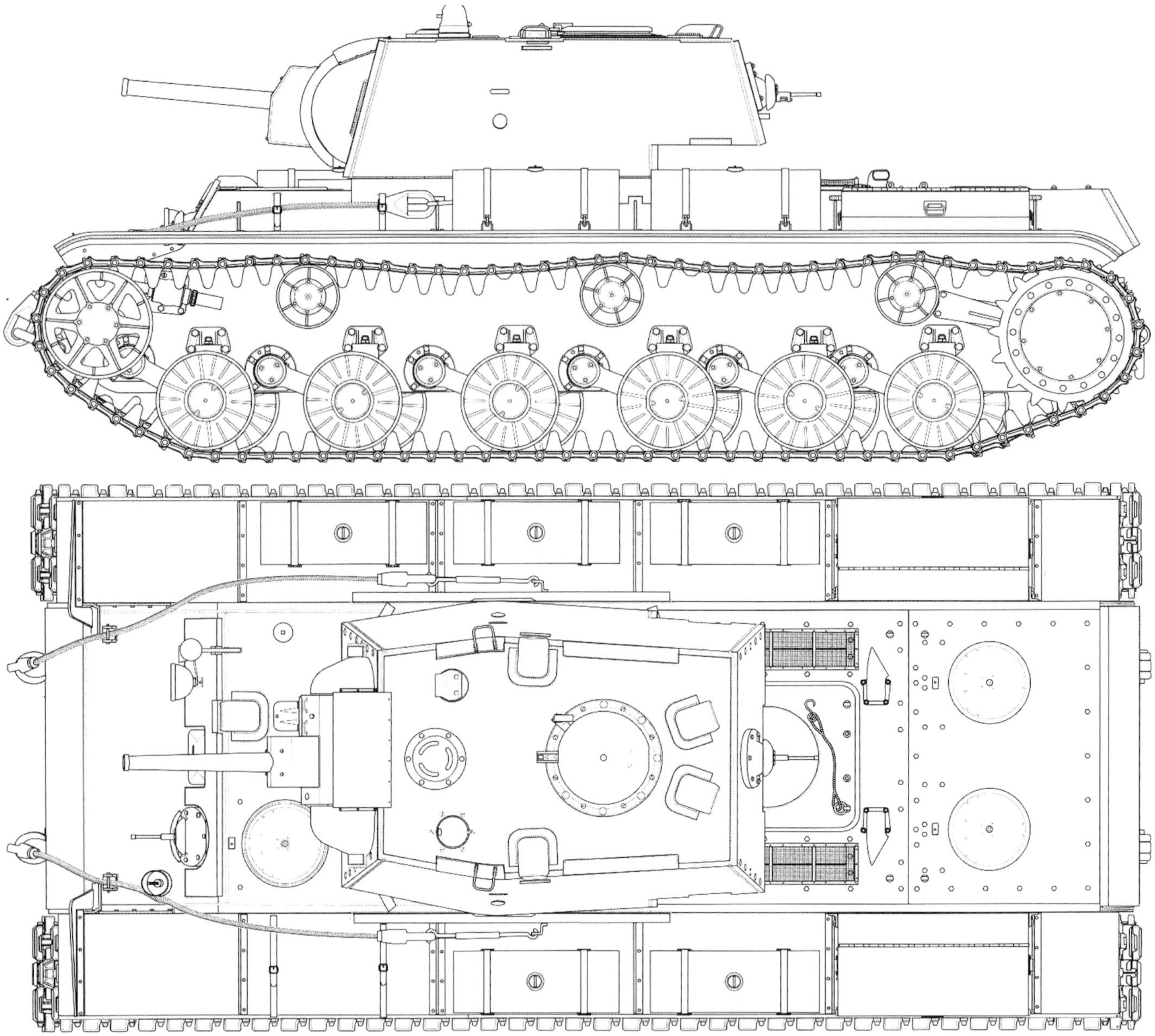

Das Rohr der 45-mm-Kanone des KW-8 wurde von einer Blechhülle umschlossen, um dem Gegner eine 76,2-mm-Waffe vorzutäuschen. Der Flammenwerfer war rechts der KwK angeordnet.

entzündete Flammöl auf die Gegner zu verschießen, damit sich diese sofort ergaben oder aber die Flucht ergriffen.
Um die Besatzungen der KW-8 bei Treffern zu schützen, wurde spezielle feuerfeste Kleidung entwickelt. Offenbar wurden diese jedoch nicht ausgegeben oder im Kampf verwendet.

Ein von deutschen Truppen erbeuteter KW-8. Man beachte die Beschriftung des Bildes sowie die gut zu erkennende Blechhülle der KwK. (NARA)

Ein im Frühjahr 1943 aufgenommener KW-8S.

Technische Angaben	KW-8
Daten für KW-8 auf Basis KW-1 Modell 1941	
Typ	schwerer Flammpanzerwagen
Hersteller	Kirow-Werk Tscheljabinsk
Gefertigte Stückzahl	102 KW-8 und 35 KW-8S
Gefechtsgewicht	45.000 kg
Länge	6675 mm
Breite	3320 mm
Höhe	2710 mm
Motor	W-2K, 12-Zylinder-Dieselmotor
Leistung kW/PS	441/600
Leistungsgewicht	13,3 PS/t
Höchstgeschwindigkeit	30 km/h (Straße), 10–15 km/h (Gelände)
Furttiefe	1,6 m
Kraftstoffvorrat	600 l
Fahrbereich	250 km (Straße)
Besatzung	4
Bewaffnung M1941	1 x 45-mm-Kanone 20-K L/46, 1 x Flammenwerfer ATO-41, 2 x 7,62-mm-DT-MG (Bug, Turmheck)
Kampfsatz	92 x 45 mm, 2772 x 7,62 mm, 960 l Flammöl
Panzerung (mm/Neigung)	
Wannenfront	75 + 25–30/60°
Wannenbug	70 + 25/65°
Wannenseiten	75/90°
Wannenheck	52–75/rund
Wannenoberseite	40 (vorn)/0°, 30 (hinten)/0°
Wannenunterseite	40 (vorn)/0°, 30 (hinten)/0°
Turmfront	82/75°
Geschützblende	90/rund
Turmseiten	100/75°
Turmheck	100/75°
Turmdach	30/0°

Panzerkampfwagen KW-9 (Objekt 229)

Aufgrund des raschen deutschen Vormarsches wurde das Kirow-Werk im September 1941 von Leningrad nach Tscheljabinsk im Ural evakuiert und mit dem dortigen Traktorenwerk zusammengelegt. Obwohl die Fertigung des KW-1 in Tscheljabinsk bald wieder Fahrt aufnahm, galt dies nicht für die zuvor ebenfalls in Leningrad produzierte 76,2-mm-KwK F-32. Die einzige Quelle für 76,2-mm-Panzerkanonen war ab Herbst 1941 das Werk Nr. 92 Gorki, das allerdings hauptsächlich das Modell F-34 für den T-34 fertigte und erst ab Oktober 1941 langsam mit der Herstellung der SIS-5 für den KW-1 begann. In Tscheljabinsk befürchtete man daher einen Mangel an Kanonen für den KW-1. Die Lösung schien die Anpassung einer anderen in Großserie hergestellten Waffe zu sein, die Wahl fiel auf die vom USTM-Werk in Swerdlowsk gebaute 122-mm-Haubitze M-30. Zugleich, so hoffte man, würde sich diese Waffe sowohl wirkungsvoll gegen Feldbefestigungen und Bunker als auch gegen Panzer einsetzen lassen. General Petrows Ingenieursgruppe in Swerdlowsk konstruierte daher eine U-11 genannte Version der M-30 und passte die Haubitze an einen nur leicht veränderten KW-Gussturm mit neuer Geschützblende an. Ende November 1941 hatte Petrows Gruppe ihre Entwürfe fertig gestellt. Obwohl die befürchtete Verknappung an SIS-5 zu diesem Zeitpunkt bereits Geschichte war, fiel der Beschluss zum Bau eines als Objekt 229 (bzw. KW-9) bezeichneten Prototypen. Die erste U-11 wurde Ende Dezember 1941 erprobt und kurz darauf nach Tscheljabinsk geliefert. Da das SKB-2 bereits mit den Projekten KW-7 und KW-8 ausgelastet war, machte das Objekt 229 jedoch nur relativ langsam Fortschritte. Der Prototyp verfügte dank einer 60 mm starken Zusatzplatte an der Fahrerfront über insgesamt 135 mm Panzerung, die Geschützblende an der Turmfront war 110 mm dick. Das Objekt 229 wurde vom 2. bis zum 11. Februar 1942 getestet und feuerte dabei 210 Schuss ab. Da für die 122-mm-Haubitze M-30 bzw. U-11 keine Panzergeschosse vorhanden waren, wurden Granaten des 122-mm-Feldgeschützes Modell 1931/37 A-19 verwendet. Um die Mündungsgeschwindigkeit und damit die Durchschlagsleistung zu erhöhen, erhöhte man während der Erprobung schrittweise die Menge der Treibladung, so dass 525 m/s bis 573 m/s erreicht wurden. Nutzte man die normale Treibladung der M-30, lag die Mündungsgeschwindigkeit bei nur 432 m/s. Bei Testschüssen mit erhöhter Treibladung auf

Technische Angaben	**KW-9**
Typ	schwerer Panzerkampfwagen
Hersteller	Kirow-Werk, Tscheljabinsk
Gebaute Exemplare	1
Gefechtsgewicht	47.000 kg
Länge	6675 mm
Breite	3320 mm
Höhe	2710 mm
Motor	W-2K, 12-Zylinder-Dieselmotor
Leistung kW/PS	441/600
Leistungsgewicht	12,77 PS/t
Höchstgeschwindigkeit	30 km/h (Straße), 10–15 km/h (Gelände)
Kraftstoffvorrat	600 l
Fahrbereich	250 km (Straße)
Furttiefe	1,6 m
Besatzung	5
Bewaffnung	1 x 122-mm-Haubitze U-11 L/22,7, 3 x 7,62-mm-DT-MG (Bug, koaxial, Turmheck)
Kampfsatz	48 x 122 mm, 2646 x 7,62 mm
Panzerung (mm/Neigung)	
Wannenfront	75 + 60/60°
Wannenbug	75 + 25/65°
Wannenseiten	75/90°
Wannenheck	52–75/rund
Wannenoberseite	40 (vorn)/0°, 30 (hinten)/0°
Wannenunterseite	40 (vorn)/0°, 30 (hinten)/0°
Turmfront	82/75°
Geschützblende	110/rund
Turmseiten	100/75°
Turmheck	100/75°
Turmdach	30/0°

Werksaufnahme des KW-9 im Januar 1942.

einen KW-Gussturm mit 110 mm Panzerung durchschlugen zwei von vier abgefeuerten Panzergranaten diesen auf 100 m Entfernung. Auch die Zielgenauigkeit entsprach den Erwartungen, auf 1000 m Entfernung trafen alle Schüsse ein 5 x 5 m und auf 600 m ein 1,25 x 1,25 m großes Ziel. Allerdings gab es auch einige Schwierigkeiten. So betrug die Feuergeschwindigkeit aufgrund der Enge im Turm und der zweiteiligen Munition nur zwei Schuss pro Minute. Die Haubitze ließ sich anstelle

Der KW-9 während seiner Erprobung im Februar 1942.

der geplanten –3,5° nur bis zu –2° nach unten richten. Betrug der normale Kampfsatz des KW-1 Modell 1941 111 Granaten für die 76,2-mm-KwK SIS-5 und 3024 MG-Patronen, so konnten nun nur noch 48 Geschosse für die 122-mm-Haubitze sowie 1943 für die MG mitgeführt werden. Trotz dieser Probleme empfahl die Erprobungskommission die Fertigung einer Vorserie von zehn Exemplaren. Als kurz darauf jedoch die Daten der Schießtests überprüft wurden, stellte sich heraus, dass beim Feuern mit den vergrößerten Treibladungen der Druck im Geschütz auf 3500–4000 kg/cm² angestiegen war, wobei der maximal erlaubte Wert lediglich 2350 kg/cm² betrug. Als im April 1942 erneute Versuche mit der maximal erlaubten Treibladung sowie den Standard-Sprenggranaten der M-30 stattfanden, war das Ergebnis enttäuschend. Die Panzergranaten erzielten schlechtere Ergebnisse als jene der SIS-5, und die Sprenggeschosse zeigten gegen 76 mm starke Panzerplatten keinerlei Wirkung. Damit wurde die Order für die Fertigung einer Vorserie des KW-9 widerrufen und das Projekt eingestellt. Im Dezember 1943 wurde der KW-9 in Tscheljabinsk verschrottet.

KW-10

Eine als KW-1K (oder auch KW-10) bezeichnete Version trug auf jeder Kettenabdeckung zwei Zwillingsstarter für 132-mm-Raketen M-13. Siehe KW-1K, S. 70.

KW-11

Unter der Bezeichnung KW-11 (Objekt 231) wurde 1942 vorgeschlagen, den KW-1 mit der 85-mm-Kanone F-30 auszustatten. Dieses Vorhaben blieb jedoch nur ein Papierprojekt und wurde nicht umgesetzt.

Der KW-12 führte auf den Kettenabdeckungen gepanzerte Behälter für Flammöl oder chemische Kampfstoffe mit.

KW-12

Der KW-12 oder auch Objekt 232 entstand auf Initiative des Versuchswerks Nr. 100 unter der Leitung von S. Federenko. Der Prototyp basierte auf einem instand gesetzten KW-1 und wurde im Mai 1942 fertig gestellt. Das Bug-MG war entfernt und durch einen Flammenwerfer des Typs ATO-41 ersetzt worden, so dass die Hauptbewaffnung im Turm nach wie vor aus der 76,2-mm-KwK SIS-5 bestand. Das Flammöl wurde nicht im Kampfraum, sondern in Tanks auf den Kettenabdeckungen mitgeführt, die vorn 30 mm und an den anderen Seiten 12 mm stark gepanzert waren. Das zusätzliche Gewicht der Flammenwerferausrüstung und der gepanzerten Tanks betrug rund 2000 kg. Hinzu kamen, je nach Füllung der Tanks, 400–1200 kg Flammöl oder andere Flüssigkeiten/Gase. Neben einem Einsatz als Flammpanzer schwebte dem Konstruktionsbüro des Werks Nr. 100 nämlich auch die Möglichkeit des Ausbringens von chemischen Kampfstoffen oder aber das Legen von Nebelwänden für das Objekt 232 vor. Obwohl das Fahrzeug sich während der Erprobung bewährte und sein Kampfwert höher als jener des KW-8 eingeschätzt wurde, kam es zu keiner Umstellung der Serienfertigung, um die Produktion nicht zu unterbrechen.

Panzerkampfwagen KW-13

Nachdem Anfang 1942 endgültig nicht mehr zu leugnen war, dass die Beweglichkeit des KW-1 nicht ausreichte und der Typ zahlreiche mechanische Schwachstellen aufwies, begann das SKB-2 parallel zu den Arbeiten am KW-1S im Frühjahr 1942 mit dem Entwurf eines völlig neuen Panzerkampfwagens, der den Schutz und die Bewaffnung des KW-1 mit dem Gewicht und der Mobilität eines mittleren Panzers vereinen sollte. Nachdem im Mai 1942 erste Entwürfe fertig gestellt waren, erhielt das Kirow-Werk am 1. Juni schließlich den offiziellen Auftrag zum Bau eines Prototypen mit einem Gewicht von ca. 30 t.

Leitender Ingenieur dieses Projekts war Nikolai Walentinowitsch Zeitz, weitere Beteiligte waren K.I. Kusmin (Wanne), N.M. Sinew (Turm), S.W. Mitskewitsch (Fahrwerk) und G.N. Moskwin. N.W. Zeitz war einer der ersten sowjetischen Konstrukteure, die sich mit dem Entwurf eigener Panzerkampfwagen beschäftigten. Er war an vielen frühen sowjetischen Panzerprojekten beteiligt. Dennoch weist sein Leben einige für die Stalinzeit typische, recht abrupte Wendungen auf. So wurde der 1884 geborene Zeitz im Oktober 1932 wegen konterrevolutionärer Aktivitäten verhaftet und zu zehn Jahren Zwangsarbeit verurteilt. Im April 1934 wurde er vorzeitig entlassen und begann wieder als Panzerkonstrukteur zu arbeiten, unter anderem war er an der Entstehung des SMK beteiligt. 1938 wurde Zeitz erneut verhaftet und erst Anfang 1941 freigelassen. Zeitz konnte dabei von Glück reden, nur einige Jahre in Haft gesessen und nicht, wie Tausende andere zu jener Zeit, ermordet worden zu sein. Am 14. Juli 1942 verstarb Zeitz schließlich während der Entwicklung des KW-13 plötzlich an einem Herzinfarkt.

Der von Zeitz und seiner Mannschaft entworfene KW-13 hatte bis auf das Kürzel „KW" nur noch wenig mit seinem Vorläufer gemein. Tatsächlich erinnerte der Entwurf äußerlich an den T-34/76; die Konstrukteure übernahmen (in modifizierter Form) auch dessen Treibrad sowie Teile der Gleiskette. Teile des Laufwerks (z. B. die Drehstäbe), der Motor sowie einige andere interne Komponenten stammten vom KW-1. Das Kühlsystem hingegen basierte auf jenem des leichten Panzerkampfwagens T-50, während das 9-Gang-Getriebe vollständig neu entworfen wurde. Turm und Wanne waren gegossen, was die Produktion beschleunigte und rundere Formen erlaubte.

Der Fahrer saß allein mittig vorn in der Wanne. Einen MG-Schützen/Funker gab es nicht mehr. In der Fahrerfront befand sich eine Sehklappe mit Panzerglas, die zur besseren Sicht geöffnet werden konnte. Hinzu kamen zwei Winkelspiegel. Eine eigene Luke bekam der Fahrer nicht, er musste über den Turm ein- und

Technische Angaben	KW-13
Typ	schwerer Panzerkampfwagen
Hersteller	Kirow-Werk, Versuchswerk Nr. 100, beide Tscheljabinsk
Gefertigte Exemplare	1
Gefechtsgewicht	32.000 kg
Länge	6036 mm (ohne Rohr), 6650 mm (mit Rohr)
Breite	3070 mm
Höhe	2500 mm
Motor	W-2-K, 12-Zylinder-Dieselmotor
Leistung kW/PS	441/600
Leistungsgewicht	18,75 PS/t
Höchstgeschwindigkeit	65 km/h (Straße)
Furttiefe	1,3 m
Kraftstoffvorrat	k. A.
Fahrbereich	300 km
Besatzung	3
Bewaffnung	1 x 76,2-mm-BK SIS-5 L/41, 2 x 7,62-mm-DT-MG (koaxial, Turmheck)
Kampfsatz	65 x 76,2 mm, 945 x 7,62 mm
Panzerung (mm/Neigung)	
Wannenfront	120/60°
Wannenbug	100/50°
Wannenseiten (oben)	85/90°
Wannenseiten(unten)	75/90°
Wannenheck	85/75° (unten), 60/35° (oben)
Wannenoberseite	30 (vorn)/0°, 20 (hinten)/0°
Wannenunterseite	30 (vorn)/0°, 20 (hinten)/0°
Turmfront	85/rund
Geschützblende	85/rund
Turmseiten	85/70°
Turmheck	85/60°
Turmdach	20/0°

Der KW-13, hier Ende September 1942 in Tscheljabinsk entstandene Werksaufnahmen, hatte nur noch wenig mit den vorhergehenden Panzern der KW-Reihe gemein und wurde daher intern im Versuchswerk Nr. 100 als JS-1 geführt.

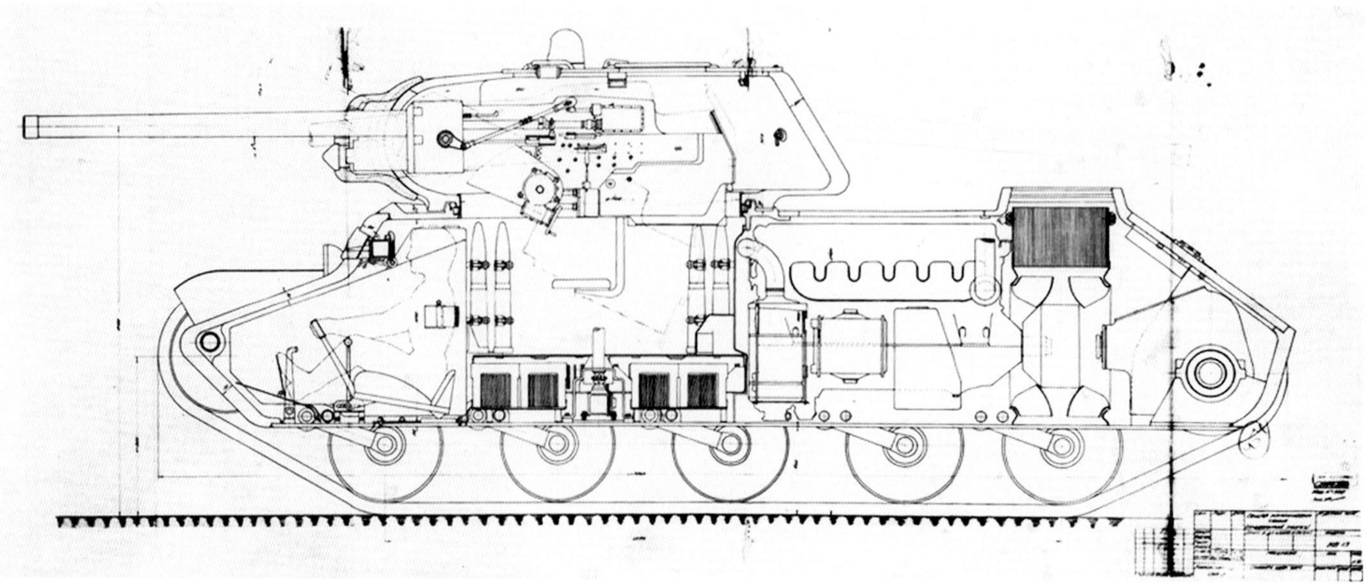

Diese Risszeichnung des KW-13 zeigt deutlich die kompakten Abmessungen. Sie wurden gewählt, um eine möglichst starke Panzerung bei gleichem Gewicht verwirklichen zu können.

aussteigen. Links und rechts neben dem Fahrer befanden sich zwei Dieselbehälter. Die Panzerung der Fahrerfront (Neigung 60°) sollte zunächst 90 mm, dann 100 mm und schließlich 120 mm stark sein. Der Wannenbug (Neigung 50°) war 100 mm stark, die Front (Neigung 20°) bestand aus 80 mm dickem Guss-Stahl. Die Front des KW-13 war damit nicht nur wesentlich besser geschützt als beim T-34, sondern auch wie beim KW-1. Die Wanne wurde gegenüber dem KW-1 verkürzt, weshalb je Seite nur noch fünf drehstabgefederte Laufrollen vorhanden waren. Im oberen Bereich ragten die Wannenseiten leicht über das Laufwerk hinaus und waren 85 mm stark gepanzert, der untere Bereich war 75 mm dick. Das Heck war im oberen Bereich um 35° geneigt und 60 mm stark, unten betrug die Neigung 15° und die Stärke 85 mm. Der gegossene Turm erinnerte an den T-34/76 und war vorn, seitlich und hinten 85 mm stark gepanzert. Er wies nur eine Besatzung von zwei Mann auf, einen Kommandantenkuppel war nicht vorgesehen. Im Juli 1942 wurde jedoch ein veränderter Turm mit drei Mann und Kommandantenkuppel entworfen, der zwar beim ersten Prototyp des KW-13 nicht verbaut wurde, aber die Grundlage für den Turm des KW-1S bildete. Als Bewaffnung diente die bewährte 76,2-mm-KwK SIS-5 des KW-1.

Am 5. Juni 1942 fand ein Treffen bezüglich der weiteren Ausrichtung der sowjetischen Panzerproduktion statt, an dem nicht nur Wjatscheslaw Alexandrowitsch Malyschew, zu jener Zeit Volkskommissar für Panzerproduktion, sondern auch Josef Stalin höchstpersönlich teilnahmen. Bei dieser Sitzung wurde zum einen die Fertigung des KW-1S beschlossen und zum anderen festgelegt, bis zum 10. August 1942 zwei KW-13-Prototypen fertig zu stellen. Allerdings befahl Stalin schließlich, man solle sich auf die Verbesserung der bereits in Serienproduktion befindlichen Typen konzentrieren und keine Kapazitäten auf die Entwicklung neuer Tanks verschwenden. Er strich daher den den Bau des KW-13 betreffenden Passus aus der am 5. Juni erlassenen Weisung.

Dennoch gingen die Arbeiten am KW-13 weiter, wenn auch verlangsamt. Das ebenfalls zum riesigen Komplex von Tscheljabinsk („Tankograd") gehörende Versuchswerk Nr. 100 führte nun den Großteil der Arbeiten durch, während sich das SKB-2 des Kirow-Werks dem KW-1S widmete. Das Kürzel für den KW-13 im Versuchswerk Nr. 100 lautete interessanterweise nicht KW-13, sondern JS-1. Unter anderem wurde im Werk Nr. 100 die Entwicklung einzelner Bauteile des KW-13 weitergeführt, z. B. der neuen leichteren Lauf- und Stützrollen. Erkenntnisse, die ja auch in die Konstruktion des KW-1S mit einflossen. Nachdem das Staatliche Verteidigungskomitee am 3. Juli 1942 beschlossen hatte, in Tscheljabinsk nicht nur den KW-1, sondern auch den T-34 zu bauen, bedeutete dies jedoch, das für den KW-13 noch weniger Ressourcen zur Verfügung standen. Als auch noch der leitende Ingenieur N.W. Zeitz am 19. Juli plötzlich verstarb, drohte dem Projekt KW-13 die endgültige Einstellung. N.F. Schaschmurin sollte als Nachfolger von Zeitz dessen Arbeit zu Ende führen, war jedoch nach eigenen Angaben vom KW-13 nicht besonders begeistert. Die Arbeiten am KW-13 liefen im Versuchswerk Nr. 100 im September 1942 wieder an. Obwohl am 14. September die Anordnung erging, alle Arbeiten an Prototypen einzustellen, war der KW-13 bereits so weit gediehen, dass er am 26. September in die Werkserprobung ging. Dabei wurde zwar eine respektable Höchstgeschwindigkeit von 55 km/h gemessen, doch stellten sich zahlreiche Mängel heraus, die zum Teil auf Konst-

ruktionsfehler, nicht selten aber auch auf mangelhafte Qualität von Bauteilen zurückzuführen waren. So erwies sich das neu entwickelte 9-Gang-Getriebe als unzuverlässig und der Fahrer musste beim Schalten und Steuern unglaubliche Kräfte aufwenden. Der Motor überhitzte und es war nicht möglich, die Luftfilter ohne vorigen Ausbau der Ölkühler zu tauschen. Die neuen, leichteren Laufrollen erwiesen sich als wenig robust und zeigten zahlreiche Risse und Verformungen. Zudem gab es Schwierigkeiten mit dem Kettenspannmechanismus und anderen Komponenten. Schließlich entschied man sich, anstelle der Gleisketten und des Treibrads im Stil des T-34 jene des KW-1 zu nutzen, was allerdings nichts brachte.
Der KW-13 legte während seiner Werkserprobung von September bis November 1942 insgesamt 715 km zurück, wobei über 50 verschiedene Defekte festgestellt wurden. Da der Typ offenkundig noch nicht serienreif war, liefen im November 1942 die Arbeiten an einer verbesserten Version an, die zum Vorläufer der JS-Reihe werden sollte.

Sturmgeschütz KW-14 (Objekt 236)

Ursprüngliche Bezeichnung der SU-152 (siehe dort).

Sturmgeschütz SU-152 (Objekt 236)

Obwohl sich der KW-2 als Fehlschlag erwiesen hatte, sah die Rote Armee im Angesicht der Tatsache, dass die 76,2-mm-Sprenggranaten ihrer T-34 und KW-1 nur beschränkte Wirkung gegen Bunker und Feldbefestigungen zeigten, die Notwendigkeit für ein Fahrzeug zur Bekämpfung solcher Ziele. Nachdem das Projekt der schweren Selbstfahrlafette 212 auf Basis des T-220 (siehe S. 89) im April 1942 endgültig gestoppt worden war und auch die auf Basis des KW-7 gebaute U-18 (siehe S. 101) ab September 1942 nicht weiterverfolgt wurde, blieb zunächst noch das Projekt SIK-20 des Werks Nr. 8 in Swerdlowsk.
Die GAU hatte das Konstruktionsbüro dieses Werks im Frühsommer mit der Entwicklung einer schweren Selbstfahrlafette mit 152,4-mm-Haubitze Modell 1937 ML-20 beauftragt. Dabei wählten die Konstrukteure jedoch nicht, wie bei der U-18, den KW-7 als Basis, sondern entwarfen im Grunde einen völlig neuen Typ, der zwar auf dem KW-1 aufbaute, jedoch einen völlig neuen und größeren Panzeraufbau erhielt. In den am 11. September 1942 bei der GAU eingereichten Plänen wurde das Gewicht der SIK-20 mit rund 53 t angegeben – gut 4 t mehr als das KW-1 Modell jenes Jahres. Obwohl die GAU einige Einwände gegen den Entwurf hatte (so z. B. die Lagerung der Munition, Mangel an Sekundärwaffen, Enge im Kampfraum), wurde der Befehl zur Seitenfertigung erteilt und das Projekt

Die SIK-20 wurde vom Werk Nr. 8 in Swerdlowsk als schwere Selbstfahrlafette mit 152,4-mm-Haunbitze entworfen, ging aber nicht in Serie.

Technische Angaben	SU-152
Typ	schwere Selbstfahrlafette/ Sturmgeschütz
Hersteller	Kirow-Werk Tscheljabinsk
Gefertigte Exemplare	670
Gefechtsgewicht	45.500 kg
Länge	6900 mm (Wanne), 8950 mm (mit Rohr)
Breite	3300 mm
Höhe	2450 mm
Motor	W-2K, 12-Zylinder-Dieselmotor
Leistung kW/PS	441/600
Leistungsgewicht	13,2 PS/t
Höchstgeschwindig-keit	35 km/h (Straße), 19 km/h (Gelände)
Furtiefe	1,5 m
Kraftstoffvorrat	615 l, 4 x 90 l
Fahrbereich	250 km (Straße)
Besatzung	5
Bewaffnung	1 x 152,4-mm-Kanonenhaubitze ML-20S L/29
Kampfsatz	20 x 152,4 mm
Panzerung (mm/Neigung)	
Wannenfront	75/60°(oben), 60/20° (unten)
Wannenbug	60/60°
Wannenseiten	60/90°
Wannenheck	40/65° (oben), 75/rund (unten)
Wannenoberseite	30/0° (hinten)
Wannenunterseite	30/0° (vorn), 20/0° (hinten)
Aufbaufront	75/60°
Geschützblende	65/rund
Aufbauseiten	60/65°
Aufbauheck	60/80°
Aufbaudach	20/0°
Turmdach	20/0°

U-18 des USTM abgebrochen. Da die Produktion des KW-1 zu jenem Zeitpunkt aber aufgrund seines hohen Gewichts auslief, musste der Entwurf für das Nachfolgemodell KW-1S modifiziert werden, was erneut Zeit kostete. In dieser Form sollte die SIK-20 ca. 47–48 t wiegen. Hinzu kam eine Reorganisation des Werks Nr. 8, das nun in zwei Einheiten aufgespalten wurde: Werk Nr. 8 für den Entwurf und Bau von Flak und Werk Nr. 9 für den Entwurf und Bau von Artillerie- und Panzergeschützen. Eine erste Attrappe konnte daher nicht vor dem 15. Dezember 1942 fertig gestellt werden. General Petrow, Entwurfsleiter des neuen Werks Nr. 9, hatte jedoch weitereichende Pläne für die SIK-20 und sah den Einbau der leistungsstärkeren 152,4-mm-Kanone Br-2 und sogar der 203-mm-Haubitze B-4 vor – was erneute Verzögerungen bedeutet hätte. Die Rote Armee schrie jedoch gleichsam nach einer schweren Selbstfahrlafette/Sturmgeschütz und die sowjetische Führung hatte genug von den Verzögerungen im Werk Nr. 9. Da dieses Werk ohnehin nur die Konstruktionsarbeiten durchführte, die eigentliche Fertigung der Fahrzeuge jedoch in Tscheljabinsk stattfinden würde, wies das Staatliche Verteidigungskomitee das Kirow-Werk Ende Dezember 1942 an, ebenfalls eine Selbstfahrlafette mit der 152,4-mm-Haubitze ML-20 zu entwerfen. Bereits am 13. Januar 1943 stellte das Kirow-Werk seinen Pläne vor. Unter der Leitung von L.S. Trojanow hatte das SKB-2 zwei Ausführungen des als Objekt 236 oder auch KW-14 bezeichneten Entwurfs ausgearbeitet. Der eine Entwurf besaß eine um 45 cm verlängerte Wanne, die Anzahl der Laufrollen blieb gleich, jedoch mit größerem Abstand zueinander. Der zweite Entwurf hingegen nutzte die unveränderte Wanne und Laufwerk des KW-1S und sollte mit 45,5 t auch der leichteste sein. Die Entscheidung fiel zugunsten des zweiten Entwurfs von L.S. Trojanow. Am 14. Januar unterzeichnete Stalin die Weisung Nr. 2692 des Staatlichen Verteidigungskomitees, die

Der Prototyp KW-14 Ende Januar 1943 in Tscheljabinsk.

festlegte, dass das Kirow-Werk bis zum 31. Januar 1943 einen Prototypen des KW-14 fertig stellen sollte.
Der Prototyp KW-14 ging am 24. Januar 1943 in die Werkserprobung, dabei ergab sich eine Feuergeschwindigkeit von 2,8 Schuss pro Minute, trotz der Verwendung einer kaum modifizierten Haubitze, die noch immer einen Schraubverschluss besaß. Die Unterbringung einer solch schweren Waffe im Kampfraum führte dazu, dass anstelle der geforderten sechs Mann Besatzung nur fünf untergebracht werden konnten und Kraftstoffbehälter an den Seiten des Panzeraufbaus installiert werden mussten. Obwohl die staatliche Erprobungskommission diese Punkte bemängelte, wurde die KW-14 am 9. Februar als SU-152 in die Bewaffnung übernommen. Am 14. Februar 1943 ordnete Stalin an, dass bereits in jenem Monat 30 und im März 75 SU-152 gebaut werden sollten. Tatsächlich wurden im Februar nur 15 Stück ausgeliefert, im März dafür 90 Exemplare – 67 davon allein in den letzten drei Märztagen. Die Überlastung des Werks durch die Produktion des KW-1S sowie des T-34 und Mangel an Material führten immer wieder zu Verzögerungen. Auch die Fertigungsqualität fiel nicht immer zur Zufriedenheit der staatlichen Abnahmekommissionen aus. Mit dem Auslaufen der Fertigung des KW-1S im Herbst 1943 wurde auch der Bau der SU-152 eingestellt und nur noch bereits vorhandene Fahrgestelle zu Ende komplettiert. Schließlich verließen im Januar 1944 die letzten beiden von insgesamt 670 SU-152 die Werkshallen in Tscheljabinsk.

Fertigung der SU-152 in Tscheljabinsk

Jahr/Monat	Jan.	Feb.	März	April	Mai	Juni	Juli	Aug.	Sept.	Okt.	Nov.	Dez.	gesamt
1943	1	15	90	75	25	84	80	84	84	84	42	4	668
1944	2	-	-	-	-	-	-	-	-	-	-	-	2
Total													**670**

Technik und Aufbau

Die SU-152 basierte auf dem Fahrgestell und der Wanne des KW-1S, auf die ein gepanzerter Aufbau gesetzt wurde. Vorn links befand sich der Fahrer, hinter ihm der Richtschütze und dahinter der Ladeschütze. Rechts der Haubitze befand sich vorn der Kommandant, hinter ihm ein zweiter Ladeschütze bzw. der Verschlusskanonier. Die Besatzung stieg mit Hilfe zweier Luken in die SU-152 ein. Hinten links im Bereich des Übergangs vom Kampfraumdach zur Aufbaurückwand befand sich eine zweiteilige Luke mit einem Winkelspiegel. Hinzu kam eine runde Luke (mit zwei Winkelspiegeln) weiter vorn und rechts der Hauptwaffe. Auf dem Kampfraumdach waren drei weitere Winkelspiegel installiert. Eine Kommandantenkuppel gab es nicht. Die runde Luke vorn links war eigentlich nur aus Ausblick für ein Zielfernrohr für indirektes Feuern gedacht, konnte im Notfall jedoch auch dem Ausstieg dienen. Im Boden des Kampfraumes hinter dem Fahrer befand sich eine Notausstiegsluke. An den Kampfraum schloss sich hinter einem Brandschott der Motorraum an. Das Triebwerk war der aus dem KW-1S bekannte wassergekühlte V-12-Diesel W-2 mit 600 PS und 38.800 ccm Hubraum, der auf das hinten liegende 8-Gang-Getriebe wirkte. Der Start erfolgte wie beim KW-1 oder KW-1S mittels eines Anlassers ST-700 oder Pressluft. Für den Einsatz im Winter war ein Motor-Heizsystem eingebaut.
Im Motorraum befand sich ein Treibstoffbehälter, zwei weitere waren an den Seiten des Kampfraumes installiert. Der Gesamtinhalt der drei Tanks betrug 600–615 l. Extern konnten vier weitere Behälter mit je 90 l Fassungsvermögen mitgeführt werden, die jedoch nicht mit dem Treibstoffsystem verbunden waren und daher bei Bedarf von Hand umgepumpt werden mussten. Der Kommandant bediente eine Funkanlage 9P oder 10P, später kam auch das Modell 10RK-26 zum Einbau. Die Besatzungsmitglieder waren über eine Gegensprechanlage TPU-4 miteinander verbunden.
Die Hauptwaffe war die Kanonenhaubitze Modell 1937 oder auch ML-20S (S stand dabei für „Samochodnaja Ustanowka“ oder russisch „самоходно-артиллерийская установка“ also Selbstfahrlafette) mit dem Kaliber 152,4 mm und einer Rohrlänge von L/29. Der Hauptunterschied zum Feldgeschütz war im Grund eine andere Anbringung der Handräder für die Höhen und Seitenrichtung sowie die Hinzufügung einer Lademulde. Zudem durfte nicht mit maximaler Treibladung geschossen werden, um den Rückstoß zu begrenzen. Der Seitenrichtbereich betrug nur 6° nach links und rechts, der Höhenrichtbereich lag bei –5° bis +18°. Die ML-20S war leicht nach rechts von der Mittelinie versetzt in der Front des Panzeraufbaus installiert und wurde von einer massiven Geschützblende geschützt. Die ungewöhnliche Bezeichnung „Kanonenhaubitze“ resultierte daher, dass diese Waffe die Eigenschaften einer Haubitze (Steilfeuer) mit jener einer Kanone (relativ hohe Mündungsgeschwindigkeit) verband. Die ML-20S verschoss die 48,8 kg schwere Panzergranate 53-BR-540 mit einer v/0 von 600 m/s, die Splittergranate 53-O-530A (40 kg) mit einer v/0 von 615 m/s sowie die Sprenggranate 53-OF-540 mit 5,86 kg Sprengstofffül-

Eines der ersten Serienexemplare der SU-152, aufgenommen im Frühjahr 1943 im Kirow-Werk Tscheljabinsk. Man beachte die noch durchgehend ausgeführten Handgriffe am oberen seitlichen Panzeraufbau.

Fertigung von Sturmgeschützen SU-152 im Kirow-Werk Tscheljabinsk.

lung und einem Gesamtgewicht von 43,56 kg. Die v/0 dieses Geschosses betrug 606 m/s, die höchste Schussweite lag bei 10.760 m. Die Panzergranate 53-BR-540 durchschlug auf 1000 m Entfernung bei einem Auftreffwinkel von 90° 115 mm Panzerstahl, bei einem Winkel von 60° waren es 100 mm. Auf 2000 m Entfernung lagen diese Werte bei 100 mm bzw. 75 mm. Dabei ist jedoch auch die schiere Wucht der schweren Projektile zu berücksichtigen, die ausreichte, um selbst bei schweren Panzern die Türme vom Rumpf zu reißen. Allerdings wurden Panzergranaten erst nach dem Sommer 1943 in kleiner Zahl ausgegeben. Insgesamt erwies sich die Sprenggranate gegen Panzer ob ihrer schieren Masse und Explosivkraft als ähnlich wirkungsvoll und war zudem auch gegen Befestigungen und Infanterie wirksam. Eine Sekundärbewaffnung war zunächst nicht vorhanden, 1945 noch existierende SU-152 wurden zu einem Teil mit 12,7-mm-Fla-MG auf der rechten runden Luke des Kommandanten nachgerüstet. Im Fahrzeug wurden standardmäßig zwei MPi des Typs PPSch 41 mit zunächst 1278 und später 1562 Schuss sowie 25 Handgranaten mitgeführt.
Das Laufwerk war identisch mit jenem des KW-1S und wies pro Seite sechs drehstabgefederte Laufrollen von je 600 mm Durchmesser auf, hinzu kamen drei Stützrollen. Die Gleisketten waren 608 mm breit.

Подарок к XXVй годовщине В.Л.К.С.М.

Oben: *Einbau eines Dieselmotors W-2K in eine SU-152*

Links: Die Fertigung in Tscheljabinsk fand teils unter außergewöhnlichen Bedingungen statt. Um die Quote zu erfüllen, wurden zeitweise Arbeiter aus anderen Werken der Stadt oder Sicherheits- und Feuerwehrleute des Kirow-Werks eingesetzt.

Ausführungen

Innerhalb der nur recht kurzen Produktionszeit der SU-152 kam es zu keinen offiziell unterschiedlich bezeichneten Ausführungen. Allerdings wurden im Laufe der Fertigung einige Detailmodifikationen vorgenommen. Bereits im März 1943 kam es zu den ersten Veränderungen an den Serienfahrzeugen. Die durchgängigen Handgriffe wichen mehreren einzelnen Griffen, um die Fertigung zu beschleunigen. Die obere Abdeckung der Geschützblende wurde eckiger und auf der rechten hinteren Seite des Panzertaufbaus kam eine Halterung für eine Spitzhacke. Ab August 1943 wurden kürzere Abdeckungen für die Abgasanlage verbaut. Frühe SU-152 besaßen keinen Entlüftungsventilator für den Kampfraum, ab September 1943 wurden zwei Lüfter auf dem Kampfraumdach installiert, um giftige Pulverdämpfe abzuleiten.

Frontansicht einer im Frühsommer 1943 gebauten SU-152 mit vereinfachter Abdeckung über der Geschützblende. Man beachte die runde Nahkampf- bzw. MPi-Öffnung rechts neben der Geschützblende und über der Fahrersehklappe.

Eine später SU-152 mit Lüfterkuppeln auf dem Ausbaudach.

Organisation

Die SU-152 waren die ersten schweren Sturmgeschütze der Roten Armee. Die entsprechenden Verbände wurden daher für diesen Fahrzeugtyp neu errichtet. Sie lehnten sich in ihrem Aufbau zunächst stark an die Artillerie an und erhielten Garde-Status. Die Schweren Artillerieselbstfahrlafetten-Regimenter (TSAP – *Tyazheliy Samokhodno-Artilleriyskiy Polk* oder russisch Тяжелый Самоходно-Артиллерийский Полк), im deutschen Sprachgebrauch Sturmgeschütz-Regimenter, bestanden ab Frühjahr 1943 aus 12 SU-152, aufgeteilt in sechs Batterien zu je zwei Fahrzeugen. Die TSAP waren dem sowjetischen Oberkommando unterstellt und galten daher als unabhängige Verbände, weshalb auch die Bezeichnung OTSAP (*Otdel'niy Tyazheliy Samokhodno-Artilleriyskiy Polk*) auftauchte. Sie sollten vor allen an Schwerpunkten eingesetzt werden, um Feuerunterstützung zu leisten. Ab November 1943 änderte sich die Struktur der TSAP. Nun gehörten zu vier Batterien je drei SU-152. Hinzu kamen ein KW-1S als Befehlspanzer sowie ein Panzerspähwagen BA-64 und Unterstützungseinheiten wie ein Instandsetzungszug. Ab April 1944 umfasste ein TSAP schließlich 21 schwere Selbstfahrlafetten/Sturmgeschütze in vier Batterien zu je fünf Fahrzeugen sowie ein Befehlsfahrzeug.

Diese SU-152 trägt auf ihrer Seite die Parole „На запад!"(„Nach Westen!"). Die SU-152 ähnelt auf den ersten Blick sehr dem Nachfolgemodell JSU-152. Allerdings ist der Panzeraufbau der SU-152 flacher und die seitliche Kante des Aufbaus weiter hinten angeordnet. Zudem verläuft die Heckwand des Panzeraufbaus bei der SU-152 leicht schräg, bei der JSU-152 jedoch senkrecht. (Oliver Missing)

Einsatz

Obwohl die Produktion bereits im März 1943 anlief, wurden die ersten Verbände nicht vor Mai 1943 mit dem neuen Typ ausgestattet. Ihrer Feuertaufe erlebte die SU-152 schließlich im Rahmen der Schlacht bei Kursk im Juli 1943, an der das 1540. und 1541. TSAP mit je 12 Fahrzeugen teilnahmen. Das 1541. TSAP gab dabei an, zwischen dem 8. und 18. Juli 1943 insgesamt 7 „Tiger", 39 mittlere Kampfpanzer sowie 11 Selbstfahrlafetten (davon 10 „Ferdinand") abgeschossen zu haben. Der Kommandeur des 1541. TSAP, Major A.F. Sankowky, soll mit seiner SU-152 (oder mit den beiden SU-152 seiner Batterie, dies ist umstritten) innerhalb eines Tages zehn deutsche Panzer zerstört haben, wofür er den Rotbannerorden erhielt. Insgesamt variieren die Angaben über die Erfolge dieser beiden SU-152-Einheiten jedoch stark und sind zudem mit Vorsicht zu genießen. Als „T-6" oder „Tiger" fassten die Rotarmisten häufig auch mit Schürzen am Turm versehene PzKpfw. IV auf, während als „Ferdinand" oder „Typ Ferdinand" zahlreiche deutsche Panzerjäger bezeichnet wurden. Nichtsdestoweniger waren die Erfolge der SU-152 während dieser Schlacht eindrucksvoll – auch, weil die SU-152 ja eigentlich als Artillerieselbstfahrlafette entworfen worden war, die Feuerunterstützung leisten und Bunker „knacken" sollte. Ihre Verwendung als Sturmgeschütz entsprang der puren Notwendigkeit, da die sowjetischen 76,2-mm-Panzerkanonen und Pak (ganz zu schweigen von den reichlich vorhandenen 45-mm-Pak) im Juli 1943 nicht nur durch die Panzerung der neuen deutschen Typen „Tiger", „Panther" und „Ferdinand" vor erhebliche Proble-

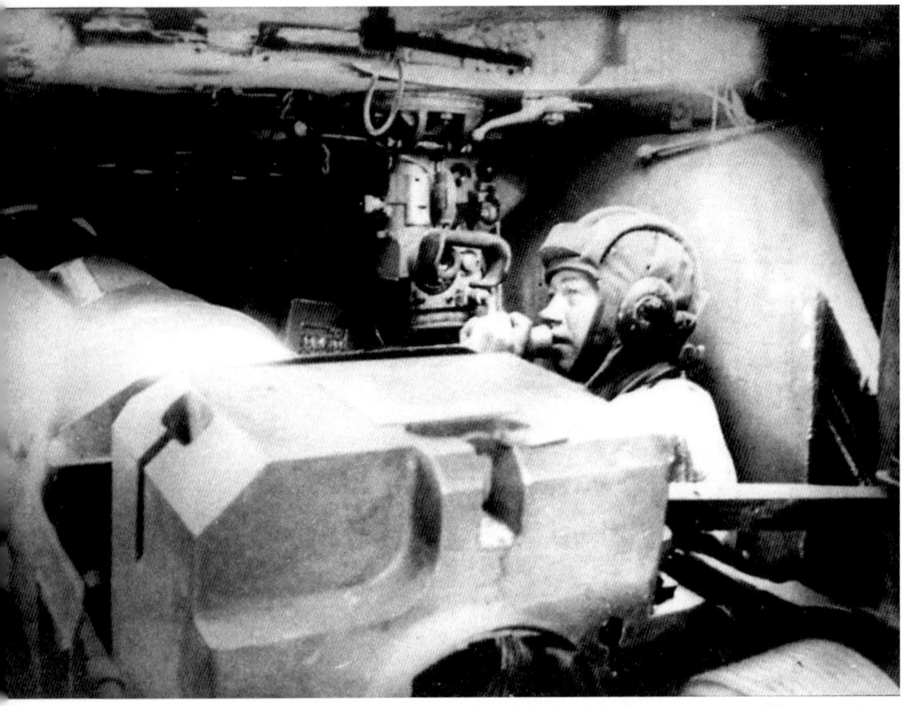

Der Innenraum der SU-152 wurde von der 152,4-mm-Kanonenhaubitze ML-20 dominiert und ließ nur wenig Raum für die Besatzung. Hier zu sehen ist der Kommandant, vor sich das Panoramavisier PTK-4.

Der Turm eines PzKpfw. V „Panther" Ausf. D nach dem Treffer einer 152,4-mm-Sprenggrante.

me gestellt wurden. Auch die auf 80 mm verstärkte Frontpanzerung der neuen Ausführungen der PzKpfw. III und IV sowie des StuG III konnten sie nur aus nächster Nähe durchschlagen. Die 152,4-mm-Kanonenhaubitze der SU-152 war hingegen ballistisch in der Lage, die neuen deutschen Kampffahrzeuge auszuschalten. Und dies trotz der Tatsache, dass Panzergeschosse zu jener Zeit noch nicht verfügbar waren (die Auslieferung der Panzergranate BR-450 begann nicht vor August 1943). Das massive, 43,56 kg schwere Sprenggeschoss der SU-152 konnte es auch mit den stärksten Gegnern aufnehmen. Die SU-152 erhielt daher nach der Schlacht bei Kursk den Beinamen „Großwildjäger" (Зверобой – Sweroboj). Freilich wurden gerade bei Kursk weitaus mehr SU-152 und sowjetische Panzerkampfwagen von deutschen Panzern und Sturmgeschützen abgeschossen, als umgekehrt – siehe unten.

Da die Panzergranate auch nach August 1943 Mangelware blieb, kamen zum Teil auch alte Panzersprenggeschosse der Marine oder Betongranaten zum Einsatz. Obgleich die Feuerkraft der SU-152 überwältigend und das Fahrzeug insgesamt recht erfolgreich war, gab es eine Reihe von Nachteilen. So konnten im engen Kampfraum nur 20 Schuss mitgeführt werden und die Bedingungen für die fünfköpfige Besatzung waren alles andere als ideal. Die Frontpanzerung war für 1943 eigentlich nicht mehr stark genug, die Sicht war mangels einer Kuppel für den Kommandanten dürftig und es fehlte eine Sekundärwaffe. Bei Treffern erwiesen sich die Kampfraum installierten Dieseltanks als sehr gefährlich und es kam zu den übliche Problemen des KW-1S mit Laufrollen und Antriebsstrang. Neben einer geringen Feuergeschwindigkeit (traf der erster Schuss nicht, blieb evtl. keine Zeit für einen zweiten) von zwei bis maximal drei Schuss pro Minute erwies sich bei der Panzerbekämpfung auf größere Distanz auch wegen der vergleichsweise geringen v/0 von rund 600 m/s als Hindernis, da die daraus resultierende gekrümmte Flugbahn das Zielen erschwerte und einen sehr erfahrenen Richtschützen erforderte. Die SU-152 musste für einen sicheren Abschuss unangenehm nah an ihre Gegner heran.

Die SU-152 wurde an der gesamten Ostfront eingesetzt, von Karelien im Norden bis zur Krim im Süden. Dabei erwies sich das im Grunde improvisierte Fahrzeug nach sowjetischen Berichten als sehr erfolgreich – sowohl in seiner gedachten Rolle als „Bunker-Knacker" und mobiler Feuerunterstützer als auch im Einsatz als Sturmgeschütz. SU-152 fanden sogar, in Ermangelung einer Alternative, als Panzerhaubitzen Verwendung, obgleich die relativ geringe maximale Rohrerhöhung für diesen Zweck nicht ideal war.

Da die Fertigung bereits zur Jahreswende 1943/1944 auslief und vergleichsweise wenige Exemplare gebaut wurden, verringerte sich die Zahl der SU-152 im Laufe des Jahres 1944 durch technische Ausfälle und Verluste im Kampf stetig. Ihr Platz übernahm das neue JSU-152 (siehe S. 171ff). Dennoch

Diese SU-152 wurde von deutschen Truppen erbeutet und in Kummersdorf erprobt. Die Zahlen auf dem Fahrzeug geben die Dicke der Panzerung sowie den Neigungswinkel an.

sonderten die sowjetischen Streitkräfte ihre letzten SU-152 erst 1958 aus und verschrotteten sie. Der einzige ausländische Betreiber des Typs war Polen, das unmittelbar nach Kriegsende eine geringe Anzahl (wohl drei Fahrzeuge) zu Ausbildungszwecken nutzte.

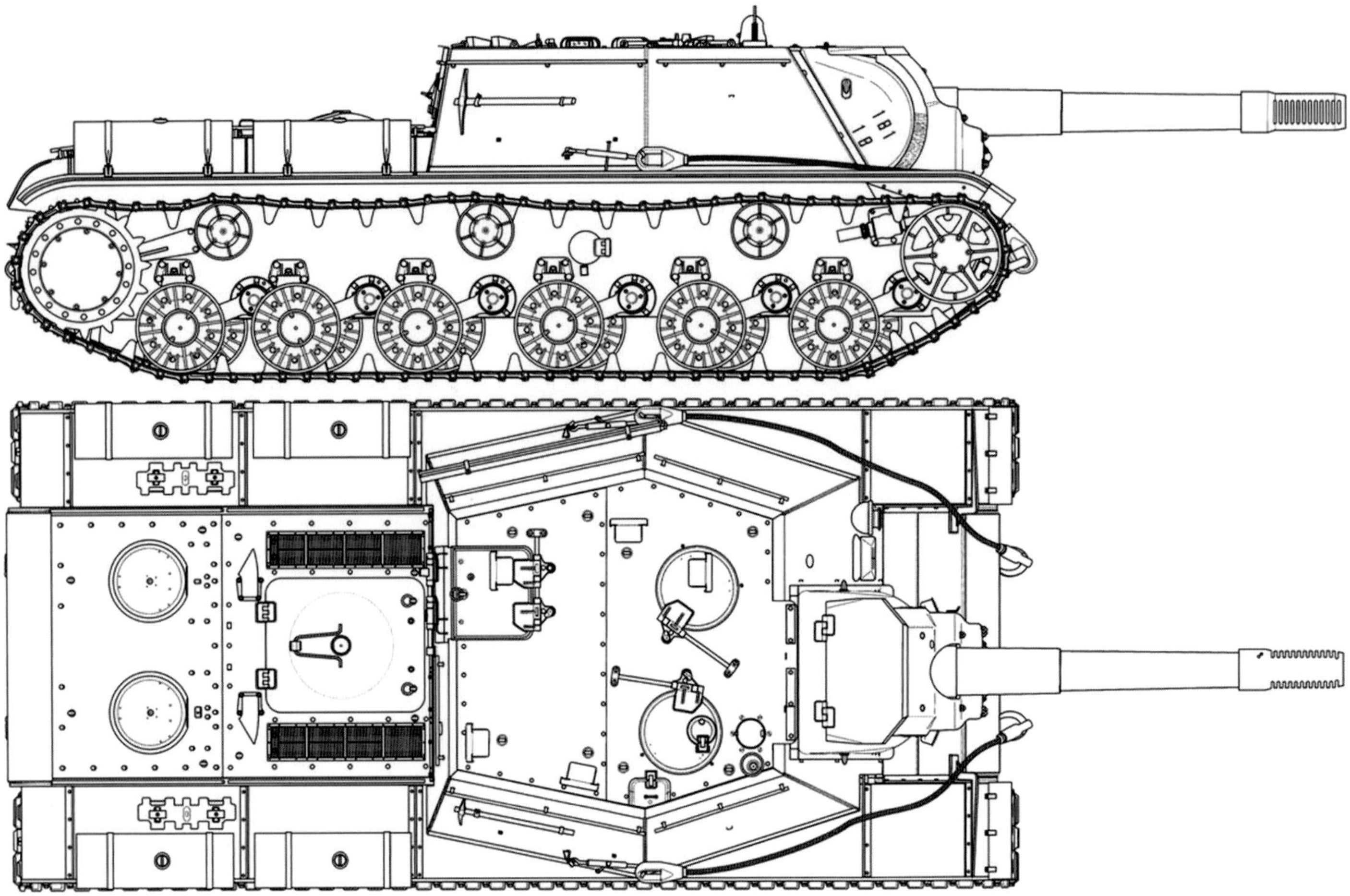

Zwei-Seiten-Ansicht einer im Juli 1943 gebauten SU-152.

1943 wurde darüber nachgedacht, eine 203-mm-Haubitze des Modells U-3 im Panzeraufbau der SU-152 zu lafettieren - dieses Vorhaben blieb jedoch ein Papierprojekt.

Selbstfahrlafette S-51

Bedingt durch ihre zunehmend offensiver werdenden Operationen forderte die Rote Armee 1943 eine Selbstfahrlafette/ Sturmgeschütz mit einem 203-mm-Geschütz für die mobile Feuerunterstützung. Eine der Antworten auf diese Forderung stammte aus dem Zentralen Artillerie-Konstruktionsbüro TsAKB (Teil des Werks Nr. 92 „Stalin" in Gorki, bzw. heute Nischni Nowgorod). TsAKB wurde von Wassili Grabin geleitet, der für zahlreiche sowjetische Geschütze verantwortlich zeichnete, u. a. die 57-mm-Pak SIS-2, die 76,2 mm-Feldkanonen F-22 und ZIS-3 sowie die Bewaffnung des T-34 und KW-1, die Kampfwagenkanone F-34 bzw. SIS-5.
Grabins Konstruktionsbüro schuf eine auf der Wanne des KW-1S basierende Selbstfahrlafette. Turm und Turmdrehkranz wurden entfernt und stattdessen weit vorn auf die Wanne eine 203-mm-Habitze des Typs Modell 1931 bzw. B4 gesetzt. Der eigentliche Kampfraum blieb so frei für die Geschützbedienung und Munition. Die Waffe besaß ein Schwenkbereich von nur 4° zu jeder Seite, und einen Höhenrichtbereich von 0° bis +60°. Die Geschützbedienung wurde im Frontbereich durch einen Schild geschützt, die Seiten blieben oben und hinten offen. Im Fahrzeug wurden zwölf Schuss der zweiteiligen Munition mitgeführt. Aufgrund des hohen Geschossgewichtes von 100 kg (Sprenggranate) betrug die Feuergeschwindigkeit nur einen Schuss alle 90 Sekunden.
Noch bevor die Werkserprobung beendet war, wurde der Prototyp an die Streitkräfte überstellt. Bei den anschließenden Versuchen im Zeitraum vom 7. März bis zum 6. April 1944 stellten sich nicht nur Probleme mit dem Antriebsstrang des KW-1S heraus (es handelte sich um ein instand gesetztes Fahrzeug), sondern auch mit dem Rückstoß der Haubitze, der das Fahrzeug überforderte. Beim Schießen mit geringer Rohrerhöhung bewegte sich das Fahrzeug nach jedem Schuss um bis zu 1,3 m nach hinten! Wurde mit großer Rohrerhöhung geschossen, erhob sich der Vorderteil des Laufwerks bis zu 45 cm in die Höhe, während der hintere Teil sich bis zu 30 cm tief eingrub. Die starken Bewegungen der Wanne beim Feuern führten zu einer erheblichen Streuung und mangelhafter Treffgenauigkeit. Die Entwicklung dieser Selbstfahrlafette mit der Werksbezeichnung S-51 wurde daher nicht fortgeführt. Das TsAKB entwarf aus eigener Initiative noch eine Version der S-51 mit einer 152,4-mm-Haubitze Br-2, die ab Mai 1944 erprobt wurde, jedoch ging auch sie nicht in Serienfertigung.

Technische Angaben	**S-51**
Typ	schwere Selbstfahrlafette
Hersteller	TsAKB/Werk Nr. 92 Gorki
Gefechtsgewicht	49.700kg
Gefertigte Exemplare	1 Prototyp
Länge	6900 mm (Wanne), 9350 mm (Rohr in Feuerstellung)
Breite	3350 mm
Höhe	3400 mm
Motor	W-2K, 12-Zylinder-Dieselmotor
Leistung kW/PS	441/600
Leistungsgewicht	12,1 PS/t
Höchstgeschwindigkeit	35 km/h (Straße)
Kraftstoffvorrat	600–615 l
Fahrbereich	150 km (Straße)
Besatzung	9
Bewaffnung	1 x 203-mm-Haubitze Modell 1931 B-4
Bewaffnung	1 x 152,4-mm-Kanonenhaubitze ML-20S L/29
Kampfsatz	20 x 152,4 mm
Panzerung (mm/Neigung)	
Wannenfront	75/60°
Wannenbug	75/60°
Wannenseiten	60/90°
Wannenheck	40/65° (oben), 75/rund (unten)
Wannenoberseite	40/0° (vorn), 30/0° (hinten)
Wannenunterseite	30/0° (vorn), 20/0° (hinten)

S-51 in Feuerstellung, März 1943.

S-51 in Marschposition, März 1943.

Objekt 233 (Panzerkampfwagen-Prototyp JS-1)

Die zweite Version des KW-13 (auch als Objekt 233 oder intern im Versuchswerk Nr. 100 bereits als „Josef Stalin 1“ – JS-1 – bezeichnet) erhielt einen neuen Turm mit drei Mann Besatzung sowie eine Kommandantenkuppel mit Luke, wie es ja bereits im Sommer 1942 gefordert worden war. Anstelle des 76,2-mm-Geschützes SIS-5 der KW-Reihe kam nun eine Kanone F-34 zum Einbau, die auch der T-34 verwendete. Der Turm wurde geräumiger gestaltet; unter anderem, indem die Hauptwaffe 18 cm weiter vorn verbaut wurde. Nicht zuletzt wurden auch die Sitze der Turmbesatzung sowie der elektrische Turmantrieb verbessert. Der Durchmesser des Turmdrehkranzes blieb jedoch bei 1590 mm. Die Laufräder, die Kette sowie das Getriebe wurden (leicht modifiziert) vom KW-1S übernommen. Die Wannenform änderte sich minimal, insbesondere im Bereich des Motorraums, so fiel der typische „Buckel“ über dem Kühler nun flacher aus. Als Höchstgeschwindigkeit wurden 53 km/h errechnet, mehr als jene des T-34 (diese betrug zu jener Zeit 50 km/h). Obwohl die Pläne für die neue Ausführung des KW-13 am 10. Dezember 1942 offiziell genehmigt wurden, dauerte es aufgrund der Überlastung des Kirow-Werks und des Versuchswerks Nr. 100 bis Ende Januar 1943, bevor der tatsächliche Bau des Fahrzeugs anlief. Zu jener Zeit wurde auch vorgeschlagen, die Wanne des neuen KW-13 mit einer 122-mm-Haubitze auszurüsten (Objekt 234 bzw. interne Bezeichnung bereits JS-2), so dass ein weiterer Prototyp gebaut werden sollte. Zunächst standen die Arbei-

Links das Objekt 233, rechts das Objekt 234 mit 122-mm-Haubitze. Man beachte die in der Fotografie vom März 1943 zu erkennenden Bezeichnungen „ИС-2“ (IS-2) und „ИС-1“ (IS-1) für „Josef Stalin“ 1 und 2. Das russische Alphabet kennt kein „J“ (Иосиф, Iosif = Josef), wohl aber das deutsche.

Das Objekt 233 (hier Bilder aus dem März 1943) war eine Weiterentwicklung des KW-13, wurde werksintern jedoch bereits als JS-1 bezeichnet. Da der Bodendruck mit nur fünf Laufrollen zu hoch war, wurde eine Rückkehr zu einem Laufwerk mit sechs Laufrollen gefordert.

Technische Angaben	Objekt 233 (Prototyp JS-1)
Typ	schwerer Panzerkampfwagen
Hersteller	Kirow-Werk, Versuchswerk Nr. 100, beide Tscheljabinsk
Gefertigte Exemplare	1
Gefechtsgewicht	37.200 kg
Länge	6050 mm (ohne Rohr), 6650 mm (mit Rohr)
Breite	3070 mm
Höhe	2790 mm
Motor	W-2-K, 12-Zylinder-Dieselmotor
Leistung kW/PS	441/600
Leistungsgewicht	16,13 PS/t
Höchstgeschwindigkeit	55 km/h (Straße)
Furttiefe	1,3 m
Kraftstoffvorrat	k. A.
Fahrbereich	300 km
Besatzung	4
Bewaffnung	1 x 76,2-mm-BK F-34 L/41, 2 x 7,62-mm-DT-MG (koaxial, Turmheck)
Kampfsatz	65 x 76,2 mm, 945 x 7,62 mm
Panzerung (mm/Neigung)	
Wannenfront	120/60°
Wannenbug	100/50°
Wannenseiten (oben)	85/90°
Wannenseiten(unten)	75/90°
Wannenheck	85/75° (unten), 60/35° (oben)
Wannenoberseite	30 (vorn)/0°, 20 (hinten)/0°
Wannenunterseite	30 (vorn)/0°, 20 (hinten)/0°
Turmfront	85/rund
Geschützblende	85/rund
Turmseiten	85/70°
Turmheck	85/60°
Turmdach	20/0°

ten jedoch nahezu still, da die im USTM-Werk in Swerdlowsk gegossenen Teile für Wanne und Turm nicht geliefert wurden – ebenfalls aufgrund von Überlastung durch andere Aufgaben, wie z. B. die T-34-Fertigung. Erst als der Volkskommissar für Panzerproduktion persönlich anordnete, die fehlenden Teile bis zum 27. Februar nach Tscheljabinsk zu liefern, geschah dies auch. Zugleich wurde dem Kirow-Werk mitgeteilt, dass der Prototyp bis zum 8. März fertig gestellt sein musste und man Vorbereitungen für den Bau einer Vorserie des Typs treffen sollte. Das Interessante an dieser Weisung ist, dass anstelle der Bezeichnung KW-13 nun erstmals offiziell „JS-1" verwendet wurde. Die Werkserprobung des „ersten" JS-1 begann am 9., die staatliche am 21. März. Während der folgenden Wochen stellte sich eine ganze Reihe von Schwachstellen heraus. Unter anderem war die Kühlanlage überfordert und die Motoraufhängung zu schwach konzipiert. Letzteres führte dazu, dass der Motor sich im Verhältnis zum Getriebe verschob und dadurch die Kupplung zerstörte. Insgesamt erwies sich der Dieselmotor W-2 erneut als nicht sonderlich zuverlässig und musste während der Erprobung dreimal ausgewechselt werden. Dazu trug auch der Umstand bei, dass die Luftfilter nach wie vor nicht zufrieden stellend arbeiteten. Zudem waren die Lufteinlässe ungeschickt konstruiert, weshalb ein Übermaß an aufgewirbeltem Schlamm und Staub eingesaugt wurde. Die Lager der Laufrollen verschlissen rasch und wurden daher gegen solche des KW-1S ausgetauscht. Gegenüber dem Laufwerk des KW-1S zeigte das Laufwerk auf weichem Untergrund schlechtere Leistungen, weshalb die Rückkehr zu sechs Laufrädern gefordert wurde.

Auch die Sichtmittel des Fahrers, die Kommandantenkuppel sowie die Lafettierung der Hauptwaffe kritisierte die staatliche Abnahmekommission. Trotz dieser Schwachstellen bereitete sich das Kirow-Werk auf die Produktion einer Vorserie von zehn Fahrzeugen vor.

Unter dem Eindruck von Beschussversuchen, die im April 1943 mit zwei im Januar jenes Jahres bei Leningrad erbeuteten PzKpfw VI „Tiger" durchgeführt worden waren, forderte das Staatliche Verteidigungskomitee (GKO) im Erlass Nr. 3289ss „Über die Stärkung der Artilleriebewaffnung von Panzern und Selbstfahrlafetten" („ss" bedeutet „streng geheim") am 5. Mai 1943 jedoch eine leistungsfähigere Bewaffnung. Da die 76,2-mm-KwK F-34 oder die SIS-5 nicht in der Lage waren, die Front- oder Seitenpanzerung des „Tiger" auf Kampfentfernung zuverlässig zu durchschlagen, sollte nun eine 85-mm-Waffe verbaut werden. Diese Waffe war jedoch nicht im bisherigen Turm unterzubringen Das TsAKB von General Grabin schlug zwar die Ausrüstung des Objekts 233 mit einem dort entworfenen vergrößerten Turm sowie der 85-mm-KwK S-31 vor, doch auch dann blieben die Platzverhältnisse mehr als beengt. Josef Kotin entschied daher am 6. Juni 1943, dass kein Weg an der Vergrößerung des Turmdrehkranz-Durchmessers auf 1800 mm vorbei führe, was wiederum eine um 420 mm verlängerte Wanne erfordere. Die weitere Entwicklung des Objekts 233 wurde daher beendet und der Fokus auf die schon im Vormonat skizzierten Entwürfe für das Objekt 237 gelegt.

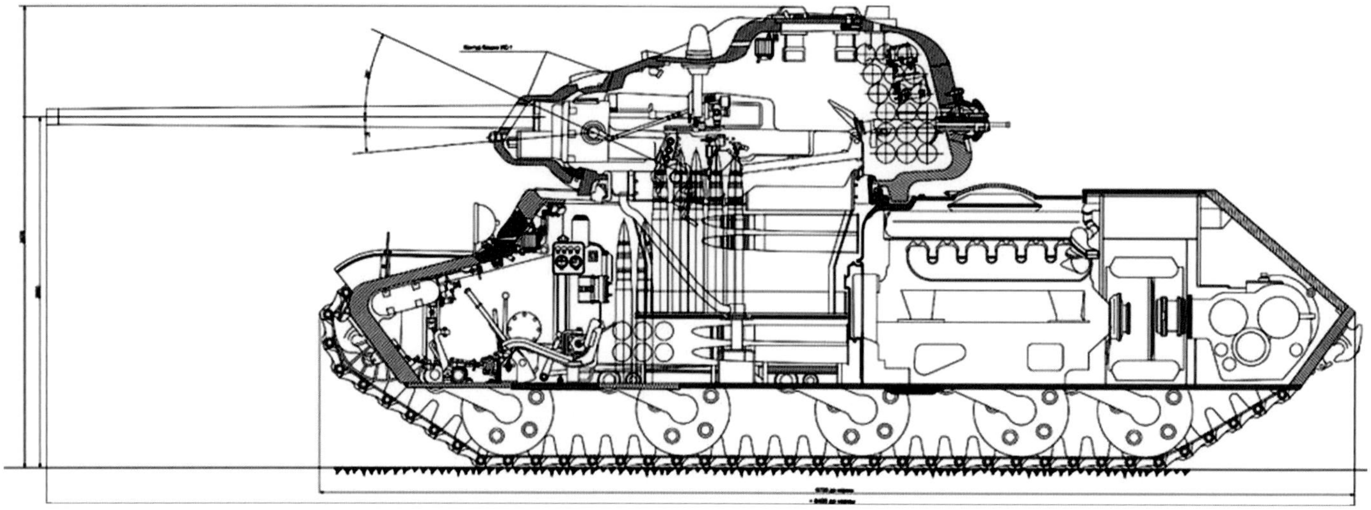

Die vom TsAKB vorgeschlagene Ausstattung des Objekts 233 mit der 85-mm-Kanone S-31 (hier ein Entwurf von Anfang Juni 1943) wurde nicht umgesetzt. Die Masse des Fahrzeugs wäre laut Berechnungen auf 35,5 bis 40 t angewachsen, auch aufgrund des vergrößerten Turms.

Die staatliche Erprobungskommission begutachtet im April 1943 das Objekt 233.

Objekt 234 (Panzerkampfwagen-Prototyp JS-2)

Obwohl man die Entwicklung des mit einer 122-mm-Haubitze bewaffneten KW-9 im April 1942 aufgrund der mangelhaften Leistung gegenüber Panzern und der geringen Feuergeschwindigkeit eingestellt hatte, war die GABTU nach wie vor der Ansicht, dass ein Geschütz dieses Kalibers nützlich für die Nahunterstützung der Infanterie sein könnte. Im Januar 1943 erging daher die Order, einen zweiten Prototyp des verbesserten KW-13 (bzw. JS-1) im Angriff zu nehmen, der über eine in einem Turm lafettierte 122-mm-Haubitze verfügen sollte. Die Entwicklungsbezeichnung lautete Objekt 234 und in einer Weisung des Staatlichen Verteidigungskomitees vom 24. Februar 1943 wird der Typ erstmals offiziell JS-2 genannt. Obwohl oft behauptet wird, das Objekt 234 sei schlicht mit dem kompletten Turm des KW-9 ausgerüstet worden, trifft dies nicht zu. Zum einen existieren Fotos des KW-9 inklusive Turm, die zu einem Zeitpunkt entstanden sind, als sich das Objekt 234 bereits in der Erprobung befand, zum anderen weisen die Türme einige Unterschiede auf. So besaß der Turm des Objekts 234 kein MG im Heck mehr und war mit einem neuen Lüfter auf dem Dach versehen. Anstelle des MG befand sich im Heck eine Luke, um Munition zu laden und verbrauchte Hülsen zu entsorgen. Der neue Drei-

Das Objekt 234 im März 1943 in Tscheljabinsk. Man beachte den neuen Turm mit der 122-mm-Haubitze. Der Antennenfuß sowie die Lüfterkuppel sind auf dem Turmdach erkennbar.

Das Turmheck des Objekts 234. Das typische MG in Kugelblende fehlt, an dessen Stelle trat eine Munitionsluke.

Technische Angaben	Objekt 234 (Prototyp JS-2)
Typ	schwerer Panzerkampfwagen
Hersteller	Kirow-Werk, Versuchswerk Nr. 100, beide Tscheljabinsk
Gefertigte Exemplare	1
Gefechtsgewicht	37.900 kg
Länge	6050 mm (ohne Rohr)
Breite	3070 mm
Höhe	2800 mm
Motor	W-2-K, 12-Zylinder-Dieselmotor
Leistung kW/PS	441/600
Leistungsgewicht	15,83 PS/t
Höchstgeschwindig-keit	55 km/h (Straße)
Furttiefe	1,3 m
Kraftstoffvorrat	k. A.
Fahrbereich	300 km
Besatzung	4
Bewaffnung	1 x 122-mm-Haubitze U-11 L/22,7, 1 x 7,62-mm-DT-MG (koaxial)
Kampfsatz	30 x 76,2 mm, 945 x 7,62 mm
Panzerung (mm/Neigung)	
Wannenfront	120/60°
Wannenbug	100/50°
Wannenseiten (oben)	85/90°
Wannenseiten(unten)	75/90°
Wannenheck	85/75° (unten), 60/35° (oben)
Wannenoberseite	30 (vorn)/0°, 20 (hinten)/0°
Wannenunterseite	30 (vorn)/0°, 20 (hinten)/0°
Turmfront	85/rund
Geschützblende	85/rund
Turmseiten	85
Turmheck	85
Turmdach	20/0°

Mann-Turm besaß zudem einen Antennenfuß, da die Funkanlage sich nun im Turm befand; außerdem war der Turm mit Handgriffen sowie anderen Hebeösen als der KW-9-Turm versehen. Die seitlichen Winkelspiegel und das Turmluk stammten vom KW-1S. Zudem wog der Turm des KW-9 gut 9,2 t, während der Turm des Objekts 234 nur 7,465 t auf die Waage brachte. Allerdings war die Hauptwaffe des Objekts 234 identisch mit jener des KW-9. Obwohl sich in der Zwischenzeit eine verbesserte und kompaktere Version der Haubitze U-11 in Entwicklung befand, wurde aus Zeitgründen auf das bereits vorhandene Modell zurückgegriffen.

Der „erste" JS-2 (Objekt 234) wurde am 12. März 1943 fertig gestellt. Die Werkserprobung begann am darauf folgenden Tag. Nach Behebung kleinerer Probleme ging der Panzer am 28. März in die staatliche Erprobung. Mit 37,9 t Gewicht war er damit nur rund 700 kg schwerer als das Objekt 233 („JS-1"). Die Munitionsausstattung betrug 30 122-mm-Granaten und lag damit zehn Geschosse unter der SU-122 auf Basis des T-34. Trotz des leicht erhöhten Gewichts zeigte das Objekt 234 gegenüber dem Objekt 233 keine Einbußen im Bereich der Mobilität. Im Verlauf der Erprobung traten jedoch die gleichen Probleme mit der Motorkühlung, den Luftfiltern und Lufteinlässen sowie den Laufrollen wie beim Objekt 233 zutage. Die Abnahmekommission bemängelte zusätzlich die überaus engen Platzverhältnisse im Turm und verlangte einen um 15 cm größeren Durchmesser des Turmdrehkranzes. Auch die Sichtmittel wurden bemängelt und stattdessen die Verwendung jenes Modells vorgeschlagen, das die Sowjets im britischen Infantry Tank Mk IV „Churchill" kennen gelernt hatten, von denen ihnen im Zuge der Lieferungen des Leih-und-Pacht-Abkommens (Lend-Lease-Act) erkleckliche Stückzahlen zugingen. Auch nach Abschluss der staatlichen Erprobung liefen die Versuche mit dem Typ in Tscheljabinsk weiter. Neben einer verbesserten Kühlanlage wurde auch eine veränderte Motoraufhängung sowie andere Luftfilter getestet. Spätestens im Mai 1943 war jedoch klar, dass kein Interesse bestand, das Objekt 234 in Serie gehen zu lassen. Endgültig wurde das Schicksal des Typs besiegelt, als am 6. Juni 1943 der Beschluss fiel, einen neuen Panzer mit größeren Drehkranzdurchmesser und 85-mm-KwK zu bauen.

Panzerkampfwagen JS-85/JS-1 (Objekt 237)

Im Zuge der Erprobung des Objekts 233 bzw. 234 war eine Reihe von Änderungen gefordert worden (u. a. ein verändertes Laufwerk mit sechs Laufrollen). Darum hatte eine von Nikolai Schaschmurin geführte Gruppe von Konstrukteuren bereits im Mai 1943 damit begonnen, ein auf dem Objekt 233 basierendes Panzermodell mit verlängerter Wanne zu entwerfen. Das Laufwerk besaß nun sechs Laufrollen (unveränderten Durchmessers), neue Stützrollen, neue Schwingarme sowie ein modifiziertes Treibrad. Zudem flossen auch andere Verbesserungsvorschläge des Erprobungsberichtes mit ein. So verfügten der Fahrer und der Ladeschütze nun über Winkelspiegel, die nach dem Vorbild der Sichtmittel des britischen Infantry Tank Mk IV „Churchill" konstruiert waren. Der ebenfalls neu entwickelte Turm besaß nicht nur einem größeren Drehkranzdurchmesser, sondern wurde auf der Seite des Kommandanten mit einer deutlich sichtbaren Ausbuchtung versehen, um Raum für die Funkanlage zu schaffen. Dieser als Objekt 237 bezeichnete Entwurf sollte entweder mit der vom TsAKB unter General Grabin entworfenen und im Werk Nr. 92 gebauten 85-mm-KwK S-31 oder der im Werk Nr. 9 unter F.F. Petrow konstruierten und gebauten 85-mm-KwK D-5T bewaffnet sein.

Die Wanne des Prototypen wurde bereits am 20. Juni 1943 fertig gestellt. Da noch kein Turm zur Verfügung stand, wurden die ersten Probefahrten ohne Turm durchgeführt. Der Turm wurde am 8. Juli aufgesetzt. Die Bewaffnung bestand aus der 85-mm-KwK S-31. Die offizielle Werkserprobung begann einen Tag später, am 9. Juli. Dabei traten einige kleinere Defekt am Fahrwerk sowie der Kupplungsanlage auf, insgesamt wurde der Typ jedoch als wesentlich besser als seine Vorgänger angesehen.

Der zweite Prototyp nahm seine Werkserprobung am 22. Juli 1943 auf und war, da noch keine D-5T-85 verfügbar war, ebenfalls mit der S-31 bewaffnet. Bereits zu diesem Zeitpunkt zeigten sich jedoch erhebliche Nachteile der S-31. So betrug ihr Rücklaufweg 540 mm, jener der D-5T-85 nur 300 mm. Anfang August wurde der erste Prototyp dann auf das Geschütz D-5T umgerüstet. Einer der beiden Prototypen (mit einer S-31 als Bewaffnung) nahm vom 2. bis zum 4. August 1943 auf dem Testgelände von Gorochowez an einem Vergleichsschießen mit den Versuchsfahrzeugen Objekt 238 (KW-1S mit einer Kanone S-31 im Standardturm des KW-1S) und Objekt 239 (KW-1S mit dem Turm des Objekts 237 und KwK D-5T) teil. Danach fiel der Beschluss, das Objekt 239 (später KW-85 genannt) als Übergangslösung bis zur Einführung des Objekts 237 in Serie gehen zu lassen. Obwohl aufgrund der Ergebnisse dieser Versuche feststand, dass die D-5T der S-31 deutlich überlegen war, führten die beiden Prototypen Nr. 1 und Nr. 2 vom 21. bis zum 23. August 1943 ein weiteres Vergleichsschießen in Gorochowez durch.

Die dabei gemachten Erfahrungen deckten sich mit jenen von Anfang August. Der Rücklauf der S-31 lag mit 480–570 mm zum Teil über der angegebenen Norm von 540 mm, der Rücklauf der D-5T betrug nur 240–300 mm – im engen Panzerturm

Der erste Prototyp 237 Nr. 1 mit der 85-mm-KwK S-31 im Juli 1943.

Fertigung des JS-85/JS-1 im Kirow-Werk Tscheljabinsk

Oktober 1943	November 1943	Dezember 1943	Januar 1944	Gesamt
2	23	40	40	105 (plus zwei Prototypen Objekt 237)

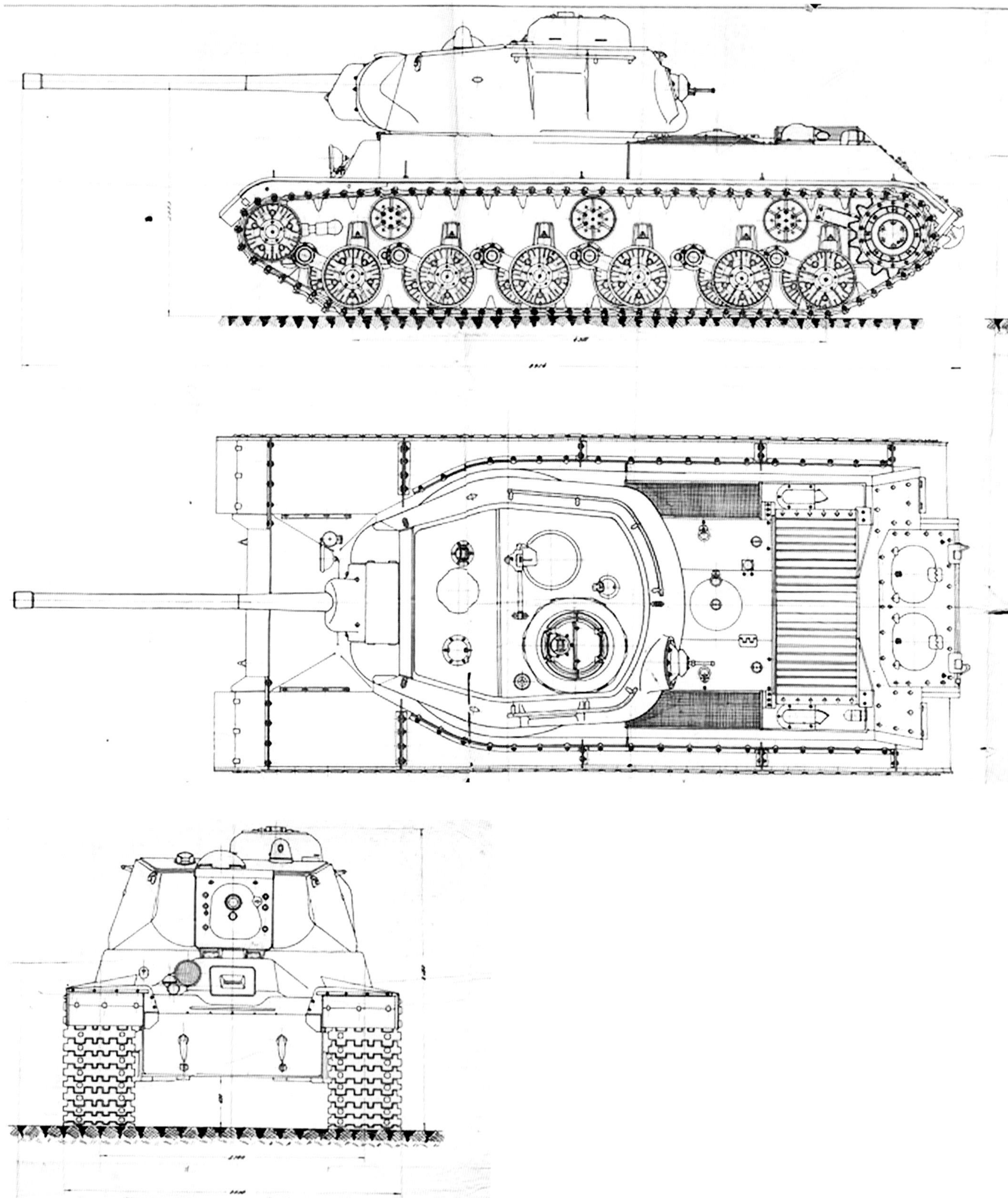

Drei-Seiten-Ansicht des Objekts 237 mit der Kanone S-31.

ein nicht zu vernachlässigender Faktor. Die D-5T schoss präziser, war leichter zu warten, besser ausbalanciert und hatte eine um 270 kg leichtere Geschützblende. Da das Objekt 237 zudem mechanisch zuverlässiger als seine Vorgänger war und die gestellten Anforderungen an den Panzerschutz erfüllte, unterzeichnete Stalin am 4. September 1943 die GKO-Weisung Nr. 4043 mit der Anordnung, unter der Bezeichnung JS-85 so rasch als möglich die Serienfertigung des Objektes 237 mit der KwK D-5T anlaufen zu lassen. Zugleich legte die Weisung jedoch fest, dass auf Basis des JS-85 eine Version mit 122-mm-KwK sowie eine Selbstfahrlafette mit 152-mm-Haubitze (analog zur SU-152) entwickelt werden sollten.

Die ersten Serienexemplare wurden ab Oktober 1943 ausgeliefert. Sie unterschieden sich nicht wesentlich von den Prototypen, jedoch waren die Winkelspiegel des Fahrers höher platziert und die Abgasanlage verändert worden, damit keine Abgase in die Lufteinlässe gerieten. Zudem war die obere Heckplatte vereinfacht und die Abdeckung des Motorraumes modifiziert worden.

Die Produktion des JS-85 (im Frühjahr 1944 in JS-1 umgetauft) endete im Januar 1944 nach nur 107 Exemplaren, darunter die beiden Prototypen, da seit November 1943 bereits der JS-122 (der spätere JS-2) zur Serienfertigung bestimmt war.

Technische Angaben	JS-85/JS-1
Typ	schwerer Panzerkampfwagen
Hersteller	Kirow-Werk, Tscheljabinsk
Hergestellte Stückzahl	105 (plus zwei Prototypen Objekt 237)
Gefechtsgewicht	44.160 kg
Länge	6670 mm (ohne Rohr)
Breite	3070 mm
Höhe	2730 mm
Motor	W-2IS, 12-Zylinder-Dieselmotor
Leistung kW/PS	441/600
Leistungsgewicht	13,6 PS/t
Höchstgeschwindigkeit	37 km/h (Straße), 19 km/h (Gelände)
Furttiefe	1,3 m
Kraftstoffvorrat	520 l + 4 x 90 l in externen, abwerfbaren Zusatztanks
Fahrbereich	250 km (Straße), 150 km (Gelände)
Besatzung	4
Bewaffnung	1 x 85-mm-KwK D-5T L/52, 3 x 7,62-mm-DT-MG (Bug (starr), koaxial, Turmheck)
Kampfsatz	59 x 85 mm, 2520 x 7,62 mm
Panzerung (mm/Neigung)	
Wannenfront	120/60°
Wannenbug	100/60°
Wannenseiten (oben)	90/75°
Wannenseiten(unten)	90/90°
Wannenheck	60/49° (unten), 60/41° (oben)
Wannenoberseite	30/0°
Wannenunterseite	20/0°
Turmfront	100/rund
Geschützblende	100/rund
Turmseiten	100/70°
Turmheck	100/60°
Turmdach	30/0°

Technik und Aufbau

Der JS-1 basierte auf dem KW-13 und übernahm dessen grundlegenden Aufbau mit drei Abteilungen: Fahrer-, Kampf- und Motor/Getrieberaum. Das Wannenvorderteil war gegossen und mit den übrigen Wannenteilen verschweißt. Der Fahrer befand sich allein in der Mitte der Vorderwanne, einen MG-Schützen/Funker gab es aus Platzgründen nicht mehr. Rechts vom Fahrer war jedoch ein starres 7,62-mm-MG installiert, das dieser bediente. Der Fahrer verfügte mittig über eine mit Panzerglas verschlossene Sichtblende, die sich zur Verbesserung der Sicht auf dem Marsch aufstellen ließ. Rechts und links der Sichtluke waren zwei Winkelspiegel des Typs Mk IV (zurückgehend auf den britischen Infantry Tank Mk IV „Churchill") verbaut. Eine eigene Luke für den Fahrer gab es nicht, dieser musste über den Turm bzw. die Notausstiegsluke im Wannenboden ein- und aussteigen. Links und rechts neben dem Fahrer waren Dieseltanks installiert, ein weiterer befand sich im Motorraum. Der gegossene Turm war rundum 100 mm stark und bot drei Mann Platz. Rechts der Hauptwaffe befand sich der Ladeschütze, links waren vorn der Richtschütze und dahinter der Kommandant untergebracht. Dieser verfügte – wohl nach deutschem Vorbild – über eine Kuppel mit sechs Panzerglasblöcken und eine zweiteiligen Luke mit einem drehbaren Winkelspiegel Mk IV. Auf der rechten Turmseite gab es eine einteilige Luke für den Ladeschützen. Links vom Kommandanten befand sich die Funkanlage Typ 10P oder 10RK-26. Hinter ihm im Turmheck war ein 7,62-mm-MG in Kugelblende lafettiert.

Das starre Bug-MG befand sich rechts vom Fahrer und feuerte durch eine Öffnung in der Panzerung.

Der Turm des JS-85 war gegossen, das Turmdach wurde eingeschweißt. Man beachte die Öffnung für das Heck-MG sowie die Kommandantenkuppel.

Werksfotos des Objekts 237 mit der 85-mm-KwK D-5T, erkennbar an der veränderten Geschützblende mit der ringförmigen Verstärkung an der Rohrbasis. Man beachte auch hier die Öffnung für das Bug-MG links des Scheinwerfers.

Die 85-mm-Panzerkanone D-5T war eine Entwicklung aus der 85-mm-Flak Modell 1939 (spätere Bezeichnung 52-K) und wurde in der ersten Ausführung des T-34/85 sowie in der Version D-5S auch vom Sturmgeschütz SU-85 verwendet.

Die D-5T Kanone verschoss vor allem drei Munitionssorten:
1. Die Panzergranate BR-365
2. Die Panzergranate BR-365K mit Leuchtspur
3. Splitter-Sprenggranate O-365K
(BVV, cc.by.sa. 3.0)

Die 85-mm-KwK D-5T L/52 besaß einen Höhenrichtbereich von –5° bis + 25° und verfügte über einen Kampfsatz von 59 Schuss. Mit der 9,2 kg schweren Panzergranate BR-365 und einer v0 von 792 m/s konnten auf 500 m Entfernung bei senkrechtem Auftreffen 111 mm und auf 1000 m Entfernung 102 mm Panzerstahl durchschlagen werden. Betrug der Auftreffwinkel 30°, durchschlug das BR-365-Projektil auf 1000 m 83 mm Panzerung – kaum genug, um die Seitenpanzerung des „Tiger" sicher zu bezwingen, geschweige denn dessen Front. Auch die Front des „Panthers" konnte diesem Geschoss mühelos widerstehen. Die 7,5-cm-KwK 42 L/70 des „Panthers" hingegen überwand mit der Panzergranate 39/42 (v/0 935 m/s, Gewicht 7,2 kg) auf 1000 m Entfernung (bei einem Auftreffwinkel von 30%) 111 mm homogenen Walzstahl (gegen den beim JS-85 verwendeten Gussstahl dürfte die Durchschlagskraft noch höher gewesen sein). Die 8,8-cm-KwK 36 L/56 des „Tiger" war mit der Panzergranate 39 (v/0 773 m/s) hingegen etwas weniger leistungsfähig und durchschlug auf 1000 m Entfernung und einem Auftreffwinkel von 30% 100 mm homogenen Walzstahl. Seine rasantere Panzergrante 40 (v/0 930 m/s) schaffte auf dieselbe Distanz allerdings ca. 120–140 mm.

Der Motorraum war durch ein Brandschott vom Kampfraum getrennt und beherbergte eine neue Version des aus dem KW-1 bekannten Dieselmotors W-2. Das Modell W-2IS leistete bei 2000 U/min statt 600 PS nur noch 520 PS, sollte jedoch zuverlässiger arbeiten als die Vorgängerausführungen. Der Start des Motors erfolgte per elektrischem Anlasser oder mit Hilfe von Druckluft. Eine Vorwärmanlage im Motorraum sollte sowohl den Start bei kaltem Wetter erleichtern, als auch den Kampfraum beheizen.

Ein neues 8-Gang-Planetengetriebe übertrug die Kraft auf die beiden hinten liegenden Treibräder. Die Kettenbreite betrug 650 mm, die sechs Laufrollen pro Seite wiesen einen Durchmesser von je 550 mm auf. Die beiden Leiträder vorn waren mit den Laufrollen identisch.

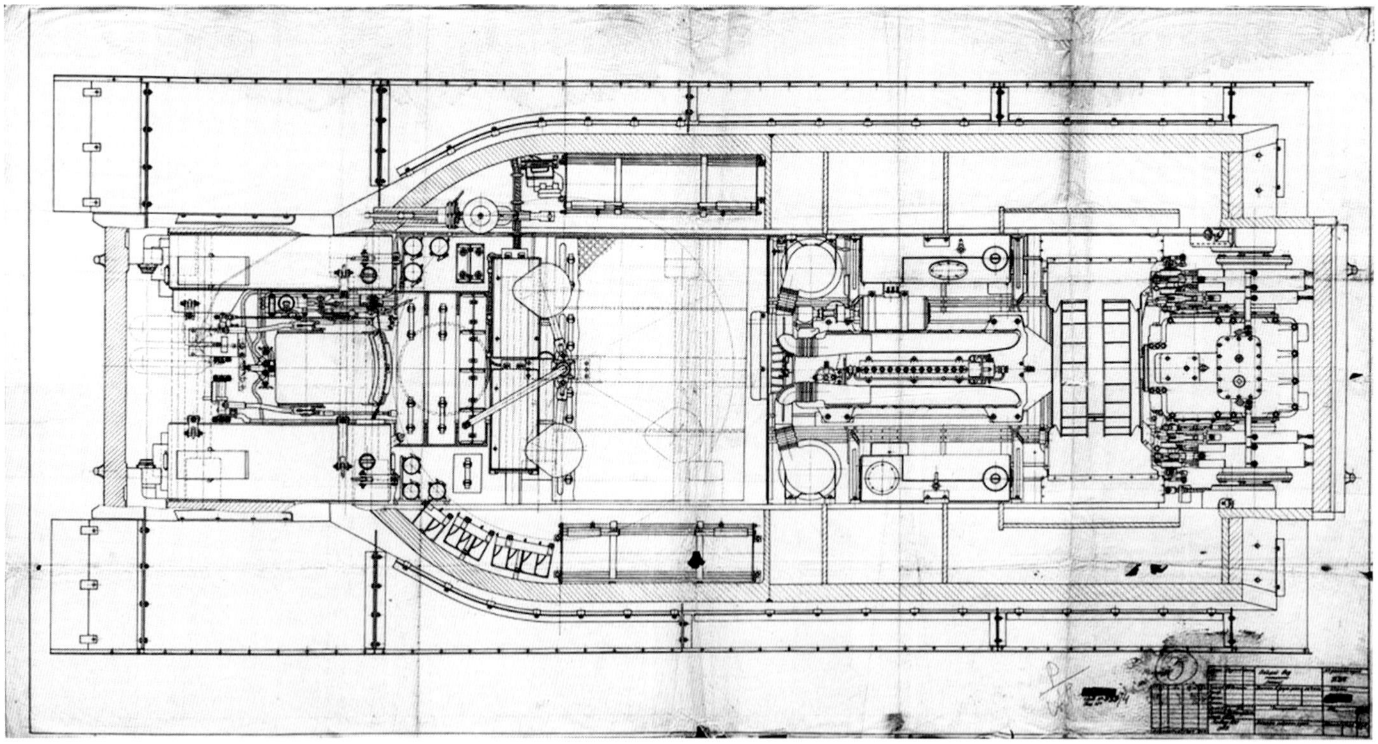

Blick von oben auf die Wanne des JS-85.

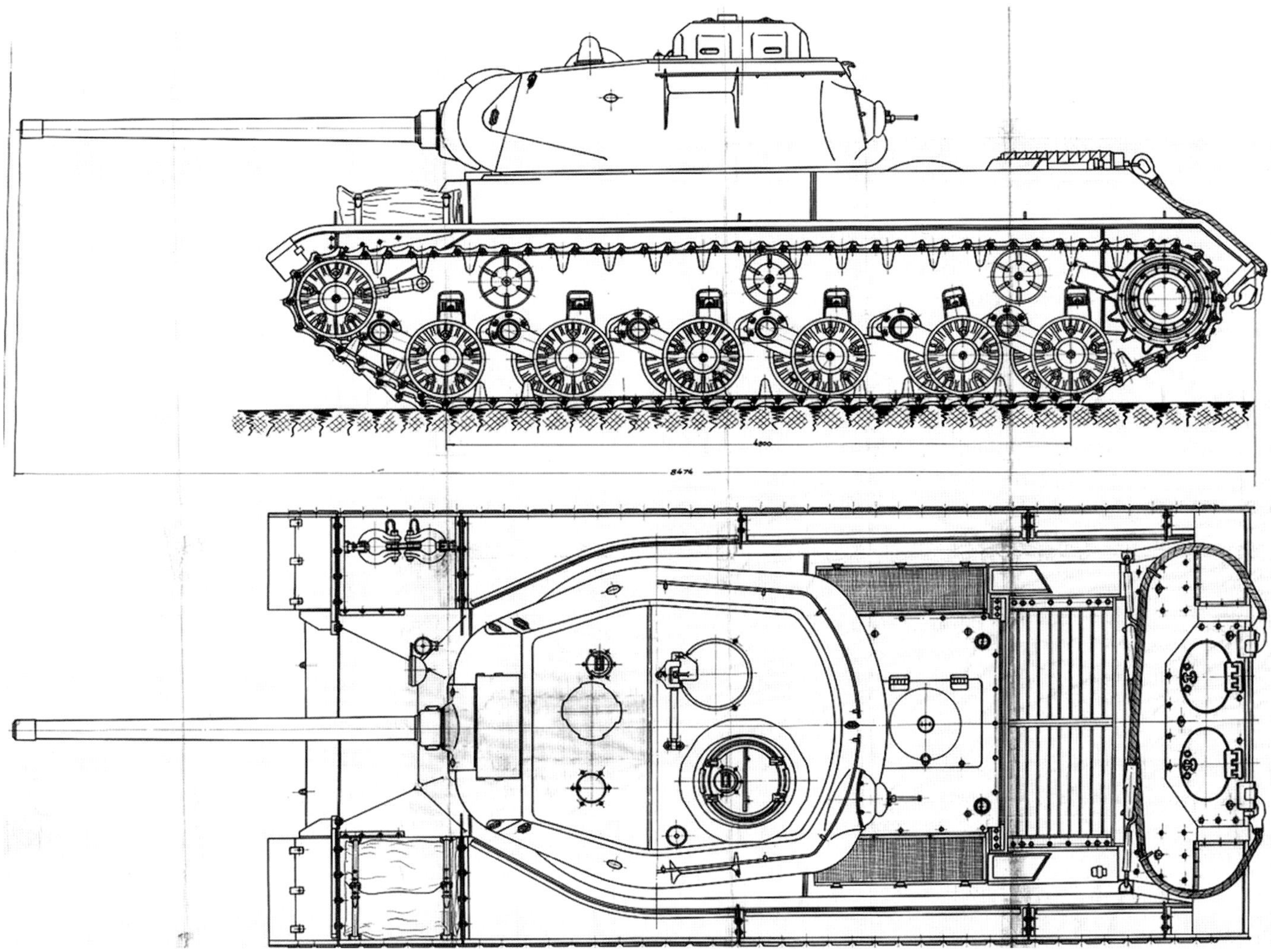

Werkszeichnung einer Zwei-Seiten-Ansicht des JS-85 mit der Kanone D-5T.

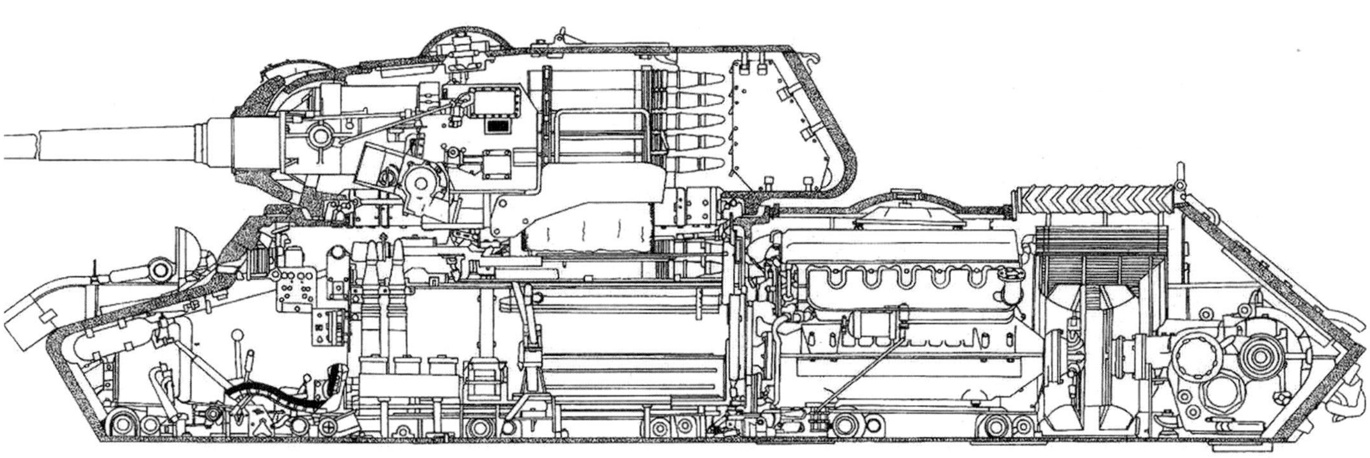

Risszeichnung der Wanne des JS-85.

Organisation

Die JS-85 bzw. JS-1 wurden Garde-Panzerregimenter bzw. schweren Garde-Panzerregimentern zugeteilt, die über je 21 Panzer in fünf Kompanien zu je vier Panzern verfügten. Obwohl der Serienbau im Oktober anlief, wurde das erste größere Los an JS-85 erst am 23. Dezember 1943 an die Truppe ausgeliefert. Das 8. und das 58. Garde-Panzerregiment erhielten je 21 Fahrzeuge, das 13. Garde-Panzerregiment bekam 17 JS-85; vier weitere folgten im Januar 1944. Insgesamt wurden bis Ende 1943 61 Fahrzeuge an die Panzertruppe übergeben. Die Garde-Panzerregimenter bestanden nach wie vor aus vier Kompanien mit je fünf Panzern sowie einem Befehlspanzer. Im Januar 1944 wurden die Garde-Panzerregimenter in schwere Garde-Panzerregimenter umbenannt und erhielten eine zusätzliche Aufklärungseinheit, die aus drei britischen Bren Carriern und einem Vierradspähwagen BA-64 bestand. Ebenfalls zu jener Zeit wurde der JS-85 in JS-1 umbenannt und das 1. schwere Garde-Panzerregiment erhielt 21 Fahrzeuge dieses Typs. Insgesamt waren nur vier schwere Garde-Panzerregimenter vollständig mit dem JS-85/JS-1 ausgestattet.

Einsatz

Nach der Ausbildung am neuen Panzertyp wurde das 13. schwere Garde-Panzerregiment am 10. Februar 1944 an die Front verlegt, um am sowjetischen Vorstoß in der Ukraine teilzunehmen, im deutschsprachigen Raum bekannt unter der Bezeichnung „Kesselschlacht von Tscherkassy". Die 1. Kompanie des 13. schweren Garde-Panzerregiments nahm am 19. Februar 1944 am Angriff der 109. Panzerbrigade auf den Ort Lisyanka teil. Dabei wurden die gut gepanzerten JS-1 als Vorhut eingesetzt, welche die gegnerischen Linien durchbrechen sollte. Dabei geriet die 1. Kompanie jedoch in einen Hinterhalt deutscher „Panther" und alle fünf JS-1 wurden abgeschossen, zwei Panzer brannten vollständig aus, die drei anderen konnten später geborgen werden. Bereits bei diesem ersten Gefecht stellte sich die Fahrersehklappe, bzw. die Stufe in der Wannenfront als Schwachstelle heraus, zwei der JS-1 waren nach Durchschüssen an dieser Stelle ausgefallen.

Zwar war der Entwurf als solcher besser als die vorhergehenden Modelle der KW-Serie, doch die Hast, mit der die Serienfertigung des JS-1 aufgenommen worden war, führte dazu,

JS-1 mit bereits stark mitgenommener Wintertarnung, aufgenommen im Winter 1934/44.

Frontansicht eines JS-1 im Winter 1943/44. Man beachte die geöffnete Fahrersehklappe.

dass zahlreiche Panzer eine mangelhafte Fertigungsqualität aufwiesen. So traten nicht nur immer wieder Motorschäden und Probleme mit dem Antriebsstrang sowie dem Laufwerk auf, sondern bei Beschuss platzten auch fehlerhafte Schweißnähte auf. Major A.I. Schamin, Ingenieur des Versuchs- und Testzentrums der Panzertruppe in Kubinka, begleitete das 13. schwere Garde-Panzerregiment ab dem 5. Februar 1944. In einem im Mai 1944 verfassten Bericht schilderte er genau diese Probleme. Des Weiteren beurteilte Schamin den JS-85 als feindlichen Panzern nicht überlegen und forderte eine bessere Panzerung sowie Bewaffnung.
Der Höhepunkt des Einsatzes des JS-1 lag im späten Winter bzw. Frühjahr 1944 – die Mehrzahl der Panzer ging rasch verloren. Das 8. schwere Garde-Panzerregiment nahm kurz nach

dem 13. schweren Garde-Panzerregiment den Kampf auf und besaß am 5. März jenes Jahres nur noch fünf von ursprünglich 21 JS-1. Bereits am 24. März erging der Befehl, alle JS-1 aus dem Kampfgebiet abzuziehen. Die noch verbliebenen Fahrzeuge wurden im 1. schweren Garde-Panzerregiment zusammengefasst oder als Befehlspanzer verwendet. Der letzte große Einsatz des Typs fand im Herbst 1944 beim Vorstoß der Roten Armee in den Ostkarpaten statt. Eine früher in der westlichen Literatur behauptete Umrüstung des JS-1 auf die 122-mm-KwK des JS-2 lässt sich nicht belegen.

Heckansicht eines JS-1, aufgenommen im Sommer 1944 auf dem Versuchsgelände Kubinka.

Der JS-1 „Weiße 6-26" gehörte im Sommer 1944 zur 3. Weißrussischen Front (Heeresgruppe) und war im Baltikum im Einsatz. (Oliver Missing)

Panzerkampfwagen JS-122/JS-2

Aufgrund der im Sommer 1943 gemachten Erfahrungen mit den neuen deutschen Kampffahrzeugen, war das sowjetische Militär bereits zum Zeitpunkt der Erprobung des Objekts 237 nicht mehr zufrieden mit der Leistung der 85-mm-KwK D-5T. Diese Waffe war nämlich nicht in der Lage die Frontpanzerung des PzKpfw V „Panther" oder des Panzerjäger Tiger (P) „Ferdinand" zu durchschlagen. Die GKO-Weisung Nr. 4043 vom 4. September 1943 legte daher nicht nur fest, dass das Objekt 237 so rasch wie möglich in Serie gehen sollte, sondern forderte zugleich eine Version mit 122-mm-KwK.

Das von General Petrow geleitete Konstruktionsbüro des Werks Nr. 9 hatte die Kanone D-5 so ausgelegt, dass ihre Wiege ohne größere Modifikationen auch Rohre anderer Kaliber aufnehmen konnte, wie z. B. der 107-mm-Kanone M-60 oder der der 122-mm-Kanone A-19. Die A-19 oder auch 122-mm-Kanone Modell 1931/37 (Rohrlänge L/46,3) hatte die Korpsartillerie der

Die 122-mm-Kanone Modell 1931/37 (A-19) bildete die Grundlage für die Panzerkanone D-25T des JS-122 bzw. JS-2.

Roten Armee 1938 eingeführt; das Feldgeschütz verband die Lafette der 152-mm-Kanonenhaubitze ML-20 mit dem Rohr der 122-mm-Kanone Modell 1931. Bei einer v/0 von 800 m/s verschoss die A-19 25 kg schwere Sprenggeschosse OF-471 bis zu 19.800 m weit. Mit der A-19 und einem erbeuteten Pz-Kpfw VI „Tiger" durchgeführte Versuche verliefen sehr Erfolg versprechend. Nach einem Treffer aus 1,5 km Entfernung wurde nicht nur ein großes Stück Panzerung herausgerissen, sondern auch der Turm von der Wanne gehoben und über einen halben Meter versetzt.

Aufgrund dieser Ergebnisse entwickelten General Petrows Konstrukteure im Werk Nr. 9 in Eigeninitiative ab Mai/Juni 1943 eine KwK aus der A-19, setzten jedoch Josef Kotin und dessen Mannen in Tscheljabinsk über den Fortschritt ihrer Arbeit in Kenntnis. Kotin präsentierte daher bereits am 17. Juli 1943 den Entwurf einer Version des Objekts 237 mit einer 122-mm-Waffe anstelle einer 85-mm-Kanone. Diese hatte ein gegenüber der A-19 ein verkürztes Rohr sowie eine T-förmige Mündungsbremse zur Verringerung der Rückstoßkräfte.

Nachdem die GKO-Weisung vom 4. September 1943 ergangen war, konnten sowohl Petrow und das Werk Nr. 9 als auch Kotin und das Versuchswerk Nr. 100 vorhandene Pläne und Entwürfe nutzen, um die Vorgaben aus Moskau umzusetzen. Die vom Werk Nr. 9 konstruierte Waffe hatte in der Zwischenzeit die offizielle Bezeichnung D-25T („T" für Tank) erhalten. Das erste Exemplar der D-25T wurde am 15. September fertig gestellt und vom 16. bis zum 23. des Monates erprobt, dabei kam es bereits zu Verformungen an der Mündungsbremse. Am 30. September wurde schließlich der Einbau der D-25T in die leicht modifizierte zweite Ausführung des Objekts 237 abgeschlossen. Da nicht genug Platz im Turmheck war, wurde das rückwärts gerichtete MG ausgebaut, die Kugelblende blieb jedoch erhalten. Zudem erhielt das Turmdach einen stärkeren Lüfter, um der größeren Menge an Pulvergasen Rechnung zu tragen. In seiner neuen Form lautete die Bezeichnung des Prototypen nun Objekt 240. Bei ersten Schießversuchen zerbarst die bereits verformte Mündungsbremse. Ein Trümmerteil verfehlte Petr Woroschilow, Adoptivsohn von Marschall Kliment Woroschilow (Namensgeber der KW-Reihe), nur knapp. Die Schießversuche wurden daraufhin eingestellt und zunächst nur die mechanische Zuverlässigkeit des Fahrzeugs bei Versuchsfahrten untersucht. Dabei stellte sich heraus, dass sich die Beweglichkeit trotz der schwereren Hauptwaffe gegenüber dem Objekt 237 nicht gravierend verändert hatte und die Zuverlässigkeit besser als die des KW-1S war.

Werk Nr. 9 in Swerdlowsk arbeitete derweil an einer neuen Mündungsbremse und nahm dabei die Pak 43/2 eines bei Kursk erbeuteten Panzerjägers „Ferdinand" zum Vorbild. Diese wurde am 19. Oktober 1943 auf dem Versuchsgelände Gorochowez erstmals erprobt. Die Trefferquote der D-25T mit der neuen Mündungsbremse war gut, wenn auch die Mündungsgeschwindigkeit in etwa 2% unter jener der A-19 lag – dies war aufgrund des etwas kürzeren Rohrs jedoch erwartet worden. Zudem bildeten sich Risse an der neu konstruierten Mündungsbremse, die jedoch nicht zerbarst. Das größte Problem

Technische Angaben	**JS-2**
Daten für JS-2 Modell 1944	
Typ	schwerer Panzerkampfwagen
Hersteller	Kirow-Werk, Versuchswerk Nr. 100, beide Tscheljabinsk
Gefertigte Exemplare	1
Gefechtsgewicht	37.900 kg
Länge	6050 mm (ohne Rohr)
Breite	3070 mm
Höhe	2800 mm
Motor	W-2-K, 12-Zylinder-Dieselmotor
Leistung kW/PS	441/600
Leistungsgewicht	15,83 PS/t
Höchstgeschwindigkeit	55 km/h (Straße)
Furttiefe	1,3 m
Kraftstoffvorrat	k. A.
Fahrbereich	300 km
Besatzung	4
Bewaffnung	1 x 122-mm-Haubitze U-11 L/22,7, 1 x 7,62-mm-DT-MG (koaxial)
Kampfsatz	30 x 76,2 mm, 945 x 7,62 mm
Panzerung (mm/Neigung)	
Wannenfront	100 mm (Walzstahl)/30° oder 120 mm (Gussstahl) /30°
Wannenbug	100/60°
Wannenseiten (oben)	90/75°
Wannenseiten(unten)	90/90°
Wannenheck	60/49° (unten), 60/41° (oben)
Wannenoberseite	30/0°
Wannenunterseite	20/0°
Turmfront	100/rund
Geschützblende	100/rund
Turmseiten	90/70°
Turmheck	90/60°
Turmdach	30/0°

Werksaufnahmen des Objekts 240 Ende September/Anfang Oktober 1943 in Tscheljabinsk. Man beachte die erste Version der Mündungsbremse in T-Form sowie das fehlende MG am Turmheck.

Da sich die erste Mündungsbremse in T-Form nicht bewährt hatte, erhielt das Objekt 240 eine neuen Mündungsbremse, die nach dem Vorbild der deutschen Pak 43/2 gestaltet war.

Produktion IS-2 gemäß der offiziellen Statistiken

Jahr/ Monat	Werk	Jan.	Feb.	März	April	Mai	Juni	Juli	Aug.	Sept.	Okt.	Nov.	Dez.	gesamt
1943	KWT	-	-	-	-	-	-	-	-	-	-	-	35	35
1944		35	75	100	150	175	200	225	250	250	250	250	250	2210
1945		250	250	250	230	155	5	-	-	-	-	-	-	1140
1945	KWL	-	-	-	-	5	5	-	-	-	-	-	-	10
Total														**3395**

KWT – Kirow-Werk Tscheljabinsk
KWL – Kirow-Werk Leningrad

war aber die geringe Feuergeschwindigkeit. Zunächst konnten nur ein bis zwei Schuss pro Minute erreicht werden, später zwei bis drei Schuss. Dies lag nicht nur an der getrennt zu ladenden, zweiteiligen Munition, sondern auch am Verschluss der D-25T sowie an der Enge im Turm. Wie das Feldgeschütz A-19 besaß die D-25T zu jener Zeit noch einen Schraubverschluss und arbeitete nicht wie bei Kampfwagenkanonen üblich halbautomatisch mit einem Keilverschluss. Zudem öffnete sich der Verschluss nach rechts und behinderte den Ladeschützen bei seiner Aufgabe. Erst ab Februar 1944 erhielten die Serienfahrzeuge eine entsprechend modifizierte KwK. Auch ein Ladeautomat war angedacht, wurde bis Kriegsende aber nicht umgesetzt.

Die staatliche Erprobungskommission bemängelte ansonsten die Positionierung der Richtschützenoptik, die Position des Kommandantensitzes sowie die Schwergängigkeit des Turmantriebs, und nicht zuletzt den geringen Munitionsvorrat von nur 28 Schuss. All das wurde jedoch in Kauf genommen, um die Frontverbände mit einer Waffe auszurüsten, die erfolgreich gegen die gefürchteten neuen deutschen Panzerkampfwagen eingesetzt werden konnte und zudem über ein sehr wirkungsvolles Sprenggeschoss verfügte, das auch gegen Infanterie und befestigte Stellungen nützlich war. Das Sprenggeschoss der 85-mm-Kanone D-5T besaß nämlich eine nur geringfügig größere Wirkung im Ziel als jenes der 76,2-mm-KwK. Wie leistungsfähig die D-25T war, zeigte sich, als im November 1943 in Kubinka Beschussversuche mit einem erbeuteten „Panther" durchgeführt wurden. Dabei durchschlug das 122-mm-Geschoss auf 1500 m dessen Frontpanzerung sowie den Motor, bevor es durch die Heckplatte wieder austrat.

Stalin unterzeichnete am 31. Oktober 1943 die GKO-Weisung Nr. 4479 zum Anlauf der Serienfertigung des Objekts 240 im Dezember des Jahres. Die Bezeichnung lautete zunächst noch JS-122. Von Dezember 1943 bis Juni 1945 entstanden in Tscheljabinsk neben dem Prototypen insgesamt 3385 JS-2 und in Leningrad zehn weitere JS-2.

Technik und Aufbau

Das Objekt 240 war ja im Grunde nur das Objekt 237 Nr. 2 mit neuer Hauptwaffe – daher unterschieden sich auch JS-85/JS-1 und JS-122/JS-2 (abgesehen von ihrer Bewaffnung) nur wenig. Der Fahrer des JS-2 saß vorn mittig in der Wanne und verfügte über eine Sehklappe sowie zwei Winkelspiegel, jedoch über keine eigene Luke; er musste über den Turm ein- und aussteigen. Rechts vom Fahrer war ein starres 7,62-mm-MG verbaut, das dieser abfeuerte. Rechts und links vom Fahrer befanden sich Diesel-Kraftstoffbehälter. Der Turm des JS-2 glich weitgehend dem des JS-1, verfügte im Turmdach jedoch über einen stärkeren Ventilator. Um das höhere Gewicht der 122-mm-KwK zumindest teilweise auszugleichen, waren die Turmseiten und das Heck nur noch 90 mm anstatt 100 mm stark gepanzert. Auf der linken Turmseite befand sich vorn der Richtschütze, dahinter der Kommandant. Dieser beobachtete über eine Kuppel mit sechs Sehschlitzen sowie einen drehbaren Winkelspiegel im zweiteiligen Turmluk. Der Kommandant bediente zudem das bei den Serienfahrzeugen wieder verbaute MG im Turmheck sowie die Funkanlage 10R oder 10RK-26. Alle vier Besatzungsmitglieder waren über eine Gegensprechanlage TPU-4 (Kopfhörer und Kehlkopfmikrofon) miteinander verbunden. Rechts im Turm fand der Ladeschütze seinen Platz. Dieser verfügte über eine einteilige Luke im Turmdach sowie einen eigenen drehbaren Winkelspiegel.

Die 122-mm-Kwk D-25T besaß einen Richtbereich von –3° bis +20° und war vollständig ausbalanciert. Dies traf jedoch nicht auf den Turm zu. Dieser war auf die leichtere D-5T mit kürzerem Rohr zugeschnitten, so dass der Schwerpunkt außerhalb der Rotationsachse lag. Dies erschwerte das Schwenken des Turmes bei einer Neigung des Fahrzeugs. Die D-25T ab dem 146. Serienfahrzeuge besaß im Gegensatz zum Geschütz, das im Objekt 240 sowie den ersten Serienpanzern verbaut war, einen automatisch öffnenden Keilverschluss. Dennoch lag die

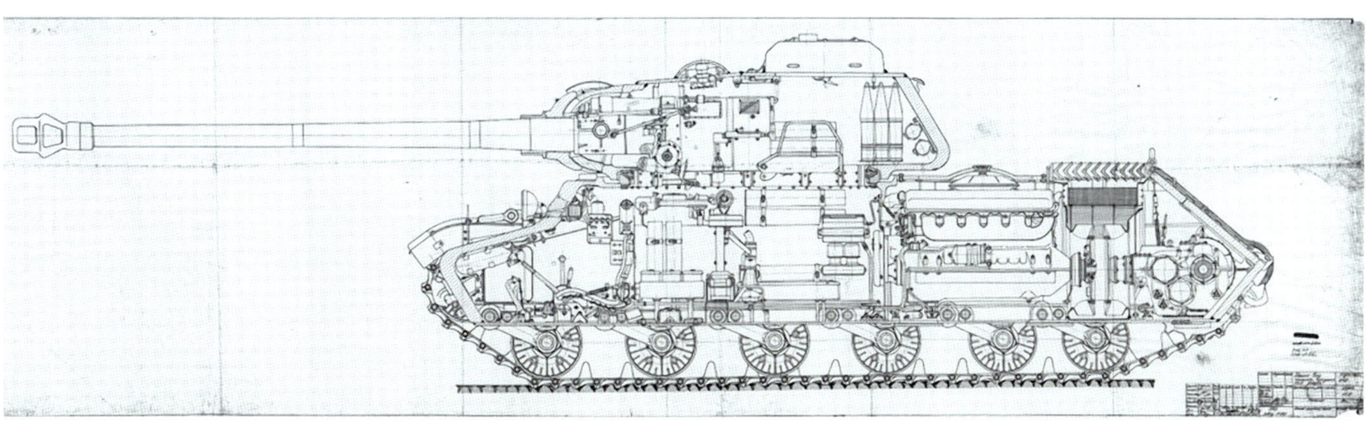

Werkszeichnung des JS-2 noch mit der bei sehr frühen Serienpanzer zu findenden Version der „deutschen" Mündungsbremse.

Die KwK D-25T verschoss hauptsächlich drei getrennt zu ladende Munitionssorten (die Abbildung zeigt jeweils die linke und recht Seite).
1: Kartusche
2: Splitter-Sprenggeschoss OF-471
3: Panzergranate BR-471
4: Panzergranate BR-471B mit ballistischer Spitze
(Janmad, cc.by.sa 3.0)

Feuergeschwindigkeit bei nur gut zwei bis drei Schuss pro Minute. Jene des PzKpfw VI „Tiger" betrug hingegen sechs bis acht Schuss pro Minute. Hauptgrund dafür waren die zweiteilige Munition, bei der Geschoss und Kartusche getrennt geladen wurden, sowie die Enge im Turm, die das Hantieren mit den schweren Munitionsteilen erschwerte. Die Kampfbeladung bestand aus nur 28 Granaten (und den dazugehörigen Kartusch-Treibladungen), die im Turmheck sowie in Kästen auf dem Wannenboden lagerten. An Munitionssorten standen das 25 kg schwere Sprenggeschoss OF-471 sowie die Panzergranate BR-471 zur Verfügung. In den letzten Kriegsmonaten kam noch die Panzergranate BR-471B mit ballistischer Spitze hinzu. Die v/0 der Geschosse betrug 800 m/s. Auf eine Entfernung von 500 m und bei einem Auftreffwinkel von 90° durchschlug die Panzergranate BR-471 155 mm Panzerstahl, auf 1000 m waren es 143 mm. Bei einem Auftreffwinkel von 60° reduzierten sich diese Werte auf 122 mm bzw. 115 mm. Bei einer Entfernung von 2000 m wurden bei einem Auftreffwinkel von 90° 116 mm, bei 60° 97 mm Panzerstahl durchschlagen. Auch die Wirkung des Sprenggeschosses OF-471 gegen Panzer war nicht zu unterschätzen. Die 25 kg schwere Granate enthielt 3 kg Sprengstoff, dreimal so viel wie eine deutsche 8,8-cm-Sprenggranate. Bei Beschussversuchen im November 1944 führte ein Treffer einer OF-471 bei einem erbeuteten „Tiger II" zum Platzen der Schweißnähte an der Frontplatte. Die Treffwahrscheinlichkeit der D-25T auf 1 km Entfernung wurde von den Sowjets trotz geringer v/0 optimistischer Weise ähnlich hoch eingeschätzt wie jene der 8,8-cm-Pak 43.

Wie schon die KW-Serie, besaßen auch die JS-Panzer einen elektrischen Turmantrieb, der eine Vollschwenkung von 13–16° pro Sekunde erlaubte, d. h. eine vollständige Rotation des Turms nahm 22–28 Sekunden in Anspruch. Der Vorteil des

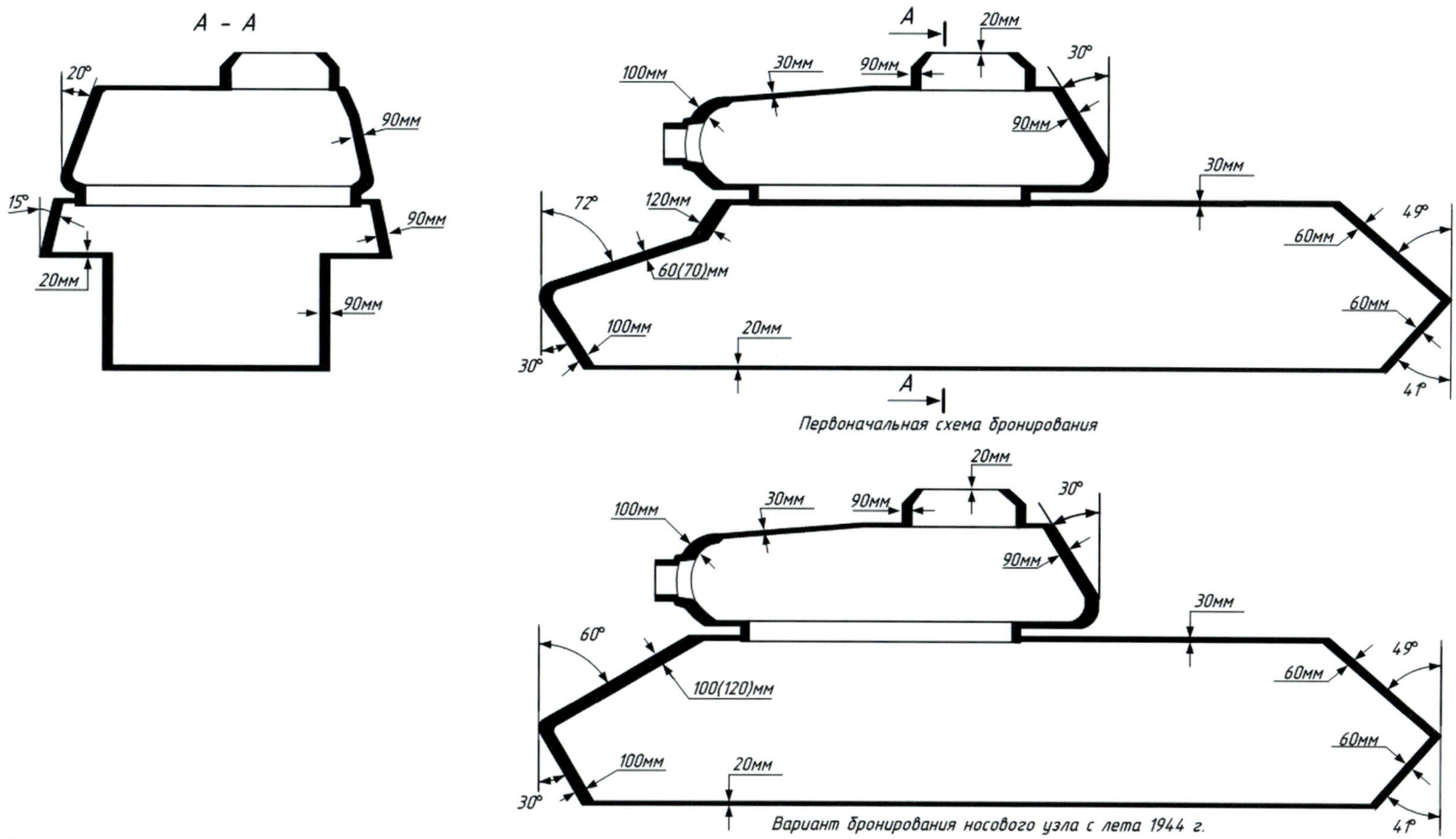

Übersicht über die Panzerung des JS-2. Oben die Ausführung 1943, unten 1944. Bei der Ausführung 1944 sind für die Wannenfront zwei Angaben vorhanden: 100 mm für die Front aus Walzstahl, 120 mm für die Front aus Gussstahl. (BVV, cc.by.sa. 3.0)

elektrischen Antriebs gegenüber dem hydraulischen Antrieb deutscher Panzer war der Umstand, dass dieser auch bei ausgeschaltetem Motor allein mittels Stromversorgung über die Batterien funktionierte. Im Notfall konnte der Richtschütze den Turm mittels eines Handrades manuell schwenken.

Im durch ein Brandschott vom Kampfraum getrennten Motor- und Getrieberaum befand sich wie beim JS-1 auch beim JS-2 ein auf 520 PS gedrosselter Dieselmotor W-2IS, der auf ein Getriebe mit acht Vorwärts- und zwei Rückwärtsgängen wirkte. Der Start erfolgte elektrisch oder mittels Druckluft. Neben den beiden Dieseltanks links und rechts vom Fahrer befand sich ein weiterer Tank im Motorraum. Die interne Treibstoffmenge betrug insgesamt 520 l, hinzu kamen bis zu 360 l in vier Außentanks. Diese waren jedoch nicht mit der Kraftstoffanlage verbunden, so dass ihr Inhalt von Hand umgepumpt werden musste. Zum Teil wurden auch nur drei 90-l-Tanks mit Diesel und einer mit Schmierstoff gefüllt. Die Kraft des Motors wurde auf die hinten liegenden Treibräder übertragen. Pro Wannenseite waren sechs drehstabgefederte Laufrollen von 550 mm Durchmesser vorhanden, die Kettenbreite betrug 650 mm. Das vorn liegende Leitrad war mit den Laufrollen identisch.

Ausführungen

Im Laufe der Fertigung des JS-2 wurde eine Reihe größerer und kleinerer Modifikationen eingeführt, die sich jedoch nicht im Bezeichnungssystem niederschlugen. Bis Kriegsende wurden alle „Josef Stalin 2“, gleich welcher Modifikation, offiziell zunächst als JS-122 und dann als JS-2 bezeichnet. In Einsatzberichten findet sich zum Teil sogar die Bezeichnung KW-122.

Die ersten 145, bis Februar 1944 gebauten JS-2 ähnelten dem Prototypen sehr und besaßen noch die D-25T mit Schraubverschluss sowie „deutscher“ Zweikammer-Mündungsbremse. Danach kam eine verbesserte KwK mit nach links öffnendem Keilverschluss sowie einer neuen Zweikammer-Mündungsbremse zum Einbau, wodurch die Feuergeschwindigkeit von

Ab Februar 1944 gebaute JS-2 erhielten eine neue Zweikammer-Mündungsbremse, die bis dahin verwendete Mündungsbremse nach deutschem Vorbild ablöste.

Zwei JS-2 Modell 1943 mit gestuftem Bug während der Parade zum 1. Mai 1948 in Minsk.

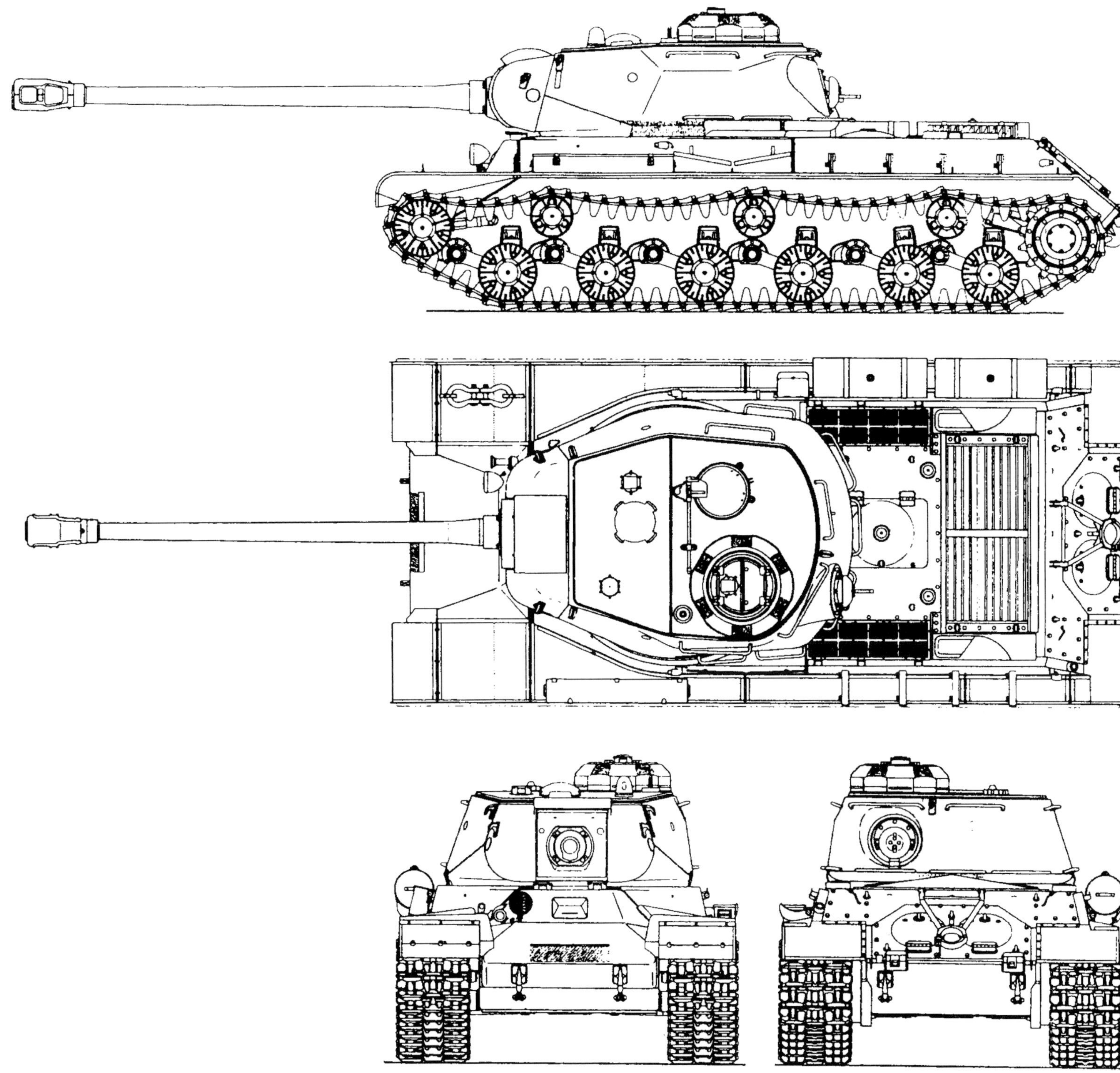

Vier-Seiten-Ansicht eines JS-2 Modell 1943, erkennbar an der Stufe in der Fahrerfront. Da sich diese Stelle als Schwachpunkt (Geschossfangstelle) erwies, wurde das Modell 1944 mit einer durchgehenden geneigten Front versehen.

ein bis zwei pro Minute auf zwei bis drei Schuss pro Minuten stieg. Auch am Turm gab es Detailveränderungen, so z. B. am Drehstab der Ladeschützenluke sowie der Neigung der vorderen Turmdaches. Zudem gab es Unterschiede bei den Gussteilen für die Wannenfront und den Turm. Diese kamen aus drei unterschiedlichen Zulieferbetrieben – dem Werk Nr. 200 in Tscheljabinsk, dem USTM-Werk in Swerdlowsk sowie dem MMS-Werk in Mariupol. Die Frontgussteile aus dem Werk Nr. 200 besaßen auf der linken Seite eine Gussnummer, jene aus Swerdlowsk nicht. Gleiches gilt für die in Swerdlowsk hergestellten Türme, auch jene hatten am Heck keine Gussnummer, dafür aber eine Gussnaht. Zudem wiesen die Kommandantenkuppeln beider Werke minimale Unterschiede auf. Ab Ende April lieferte zudem das Werk Mariupol Türme, die denen aus Swerdlowsk sehr ähnelten, jedoch Gussnummern am Turmheck aufwiesen. Ab August 1944 kamen zudem in kleiner Zahl im „Hammer-und-Sichel"-Werk in Moskau gefertigte Türme hinzu. Diese zeichneten sich durch eine waagrecht an der Turmseite verlaufende Gussnaht und eine besonders raue Oberfläche aus.

Im Zuge der Fertigung wurde zudem teilweise Stahl hochfester höherer Qualität verwendet. Weitere Detailänderungen betrafen die Handgriffe am Turm, die Hebeösen, Kettenglieder, die Position der Fahrer-Winkelspiegel, die Lauf- und Stützrollen sowie die Beleuchtungsanlage am Heck. Ab September 1944 wurde auf der Abdeckung des Motorraums eine Rohrverzurrung angebracht, die das lange Rohr während der Marschfahrt bei nach hinten geschwenktem Turm aufnahm. Die größte Veränderung betraf jedoch die Wannenfront. Der JS-2 hatte die gestufte Front des JS-1 übernommen und wies daher ebenfalls eine Schwachstelle in der Panzerung auf. Zusätzlich erwies sich diese Form der Wannenfront als kompliziert in der Herstellung. Nachdem bereits im Februar/März 1944 erste Überlegungen hinsichtlich einer Neugestaltung der Wannenfront angestellt worden waren, präsentierte das SKB-2 am 14. April 1944 erste Entwürfe, die eine durchgehende gerade Wannenstirnseite (ähnlich der des T-34) mit einer Neigung von 30° aufwiesen. Je nach Herstellungswerk bestand die Frontplatte aus Walzstahl oder Gussstahl. Die durch das USTM-Werk gefertigten Frontplatten waren gewalzt und 100 mm dick. Das Werk Nr. 200 nutzte Gussstahl, der weniger beschussfest war, daher betrug die Stärke bei diesen Teilen 120 mm. Der untere Wannenbug war nach wie vor 60° geneigt und bestand aus mit der oberen Wannenfront verschweißten 100-mm-Blechen.

Ein werksneuer JS-2 Modell 1944, zu erkennen an der neuen Wannenfront, die den Panzerschutz erheblich verbesserte.

Ein 12,7-mm-MG Modell DSchK im Einsatz gegen Infanterie. Die Fla-Lafette des MG besaß ein Kollimator-Visier zum Beschuss von Flugzielen mit einer Höchstgeschwindigkeit von 400 km/h und einer maximalen Entfernung von 400 m.

Die ersten Fahrzeuge mit neuer Front wurden ab Juli 1944 ausgeliefert, die alte Form war jedoch auch noch bei im August gebauten JS-2 zu finden. Eine vollständige Umstellung erfolgte nicht vor dem 1. September 1944. Beschussversuche ergaben, dass diese Form der Wannenfront für die 75-mm-KwK 42 des „Panther" undurchdringlich war und auch die 8,8-cm-Pak 43 war nur auf kurze Entfernung (unter 450 m) in der Lage, diesen Teil der Panzerung JS-2 zu überwinden. Dies galt jedoch nur für die 100 mm starken Bleche aus Swerdlowsk. Die 120 mm dicke Gussstahl-Front des Werks Nr. 200 vermochte auch die Pak 43 nicht zu überwinden – vorausgesetzt, der Guss war von erstklassiger Qualität, was nicht immer der Fall war. Die Turmfront und der Wannenbug blieben jedoch auch weiterhin gefährdet. Letzterer vermochte der KwK 42 auf 1500 m keinen Widerstand mehr zu bieten und wurde von der Pak 43 noch auf eine Entfernung von 4000 m durchschlagen. Hinzu kam ab Sommer 1944 eine neue Geschützblende, die nun etwas breiter ausfiel.

Panzer mit gestufter Front erhielten in der Nachkriegszeit die Bezeichnung „Modell 1943", solche mit gerader Front wurden „Modell 1944" genannt. Die Bezeichnung „JS-2M" betrifft Fahrzeuge mit einer in den 1950er-Jahren durchgeführten Änderung.

Nachdem das Staatliche Verteidigungskomitee am 14. Oktober 1944 eine Weisung über die Ausstattung schwerer Panzerkampfwagen und Selbstfahrlafetten/Sturmgeschütze mit Fla-MG erlassen hatte, wurden ab Ende November 1944 die ersten JS-2 mit einer Lafette für das 12,7-mm-DschK-MG auf der Kommandantenkuppel versehen. Diese wurde ab Januar 1945 zum Standard für alle neu gebauten schweren Kampffahrzeuge und trat nicht selten auch als Nachrüstung an zuvor produzierten Exemplaren auf. Ab Februar 1945 wurden zudem Halterungen für Nebelbehälter am Heck angebracht.

Organisation

Der JS-2 wurde wie die Panzerkampfwagen der KW-Reihe in speziellen schweren Garde-Panzerregimentern zusammengefasst. Jedes Regiment verfügte über 21 Fahrzeuge in vier Kompanien plus Panzer des Regimentskommandeurs. Diese Verbände waren für besondere Aufgaben vorgesehen, wie z. B. den Durchbruch durch befestigte Linien, wo sie Bunker, Pak- und MG-Stellungen sowie Kampffahrzeuge bekämpfen sollten. Nach erzieltem Durchbruch sollten mobilere Einheiten die entstanden Lücken nutzen und in die Tiefe vorstoßen.

Abt. Fremde Heere Ost (IId) 16. Mai 1944

Vortragsnotiz

Feststellungen über einen neuen schweren Panzer, vermutlich "Josef Stalin".

Untersuchung eines geborgenen Panzers, vermutlich des Typs "Josef Stalin" am 9.5. in Tlumaczyk (H Gr Nordukraine) ergab folgendes:

Das Gewicht des Panzers beträgt schätzungsweise 55 t.

Abmessungen:

Länge	6,45 m (ohne Rohrüberstand).
Breite	3,10 m
Höhe	2,65 m
Kettenbreite:	0,65 m
Bodenfreiheit:	0,40 m

Panzerung:

Geschützblende:	100 mm (Max.)
Turm:	100 mm rundum
Turmdecke:	30 mm
Bug:	100 mm
Seite:	90 mm
Heck:	60 mm
Decke des Fahrgestells:	30 mm
Bodenplatte: vorn	30 mm
hinten	20 mm

Bestückung: eine 122 mm KwK/43 – D 25 mit Mündungsbremse.
Rohrlänge: 5230 mm (ohne Mündungsbremse)
Kaliber: L 43

Beobachtungsmittel: (soweit im ausgebrannten Panzer festgestellt werden konnte):

3 Winkelspiegel in Fahrerfront
1 " im Turm rechts vom Geschütz
1 " in der Kommandantenkuppel

Seite 2

- 2 -

1 Rundblickfernrohr im Turm links vom Geschütz
6 Sehschlitze in der Kommandantenkuppel

3 MG 7,62 mm DT undzwar:

1 MG rechts neben dem Fahrer
1 MG im Turm neben dem Geschütz
1 MG im Turm nach rückwärts

Munitionsausstattung konnte nicht festgestellt werden, weil die Inneneinrichtung zerstört war.

Motor: 520 PS, 12 Zylinder Diesel, wie im Sturmgeschütz "SU-152"

Abschuß erfolgte durch 8,8 cm Pak 43/1 (Hornisse) aus 2600 m durch glatten Durchschuß durch den stärksten Teil der Geschützblende. Zwei Treffer des Tiger aus 1200 Entfernung auf vorderen, flachen Teil des Bugpanzers sind abgeglitten. Ein Treffer des Tiger auf 200 m Entfernung hat die Turmseite durchschlagen.

Ein vor AOK 8 Anfang Mai abgeschossener "Josef Stalin" erhielt durch Panzer IV L auf 500 m einen Schuß in den Turm, einen Schuß in die Fahrerluke. Beide wurden glatt durchschlagen, der Panzer brannte aus.

Der erbeutete Panzer wird zur Verfügung von Wa A / Wa Prüf 6 zum Versuchsplatz Kummersdorf verladen.

I.V.

gez. W e s s e l

Anlagen: 3 Lichtbilder

Für die Richtigkeit:

Major i.G.

Der Bericht eines deutschen Frontoffiziers über den am 9. Mai 1944 bei Tlumaczyk in der Ukraine erbeuteten JS-2.

Einsatz

Der erste gefechtsmäßige Einsatz des JS-2 fand im April 1944 nahe der Stadt Tarnopol (Ukraine) statt. Dabei trafen die neuen schweren Sowjetpanzer des neu gebildeten 11. selbständigen schweren Garde-Panzerregiments auf „Tiger I" der s.Pz. Abt 503, mindestens ein JS-2 ging dabei verloren, bevor die deutschen Einheiten sich zurückziehen mussten. Insgesamt stellte der JS-2 aber eine unangenehme Überraschung für die deutschen Truppen dar. Die „Tiger I"-Besatzungen der Panzergrenadier-Division „Großdeutschland" waren Anfang Mai 1944 nahe der rumänischen Stadt Targu Frumos erstaunt, dass ihre Geschosse, als sie auf rund 3000 m Entfernung das Feuer eröffneten, einfach an den sowjetischen Panzern abprallten. Zugleich begannen die JS-2 auf diese Entfernung zurück zu schießen – und dies mit hoher Feuerkraft. Auf eine Entfernung von über 1500 m gelang es der 8,8 cm KwK 36 L/56 der „Tiger I" nicht, die Frontpanzerung der JS-2 zu durchschlagen, während die 122-mm-Geschosse auf diese Distanz ihren Gegnern durchaus noch gefährlich werden konnten. Aufgrund ihrer taktischen Überlegenheit gelang es den deutschen Panzern aber, vier JS-2 abzuschießen. Zwei davon fielen sogar auf eine Entfernung von 500 m den 7,5-cm-KwK 40 L/48 von PzKpfw. IV zum Opfer. Den noch am besten erhaltenen der vier abgeschossenen JS-2 begutachteten deutsche Panzerfachleute genau und ließen ihn zur weiteren Untersuchung in die Heeresversuchsstelle Kummersdorf verbringen. Interessant ist dabei die Einschätzung deutscher Panzersoldaten, der JS-2 sei zwar gut gepanzert und bewaffnet, in der Beweglichkeit dem „Tiger" jedoch unterlegen. Die Rote Armee hingen kam zu einer gegenteiligen Bewertung und sah den JS-2 dem „Tiger" in der Geländefahrt als überlegen an. Einen weiteren Blick auf den neuen JS-2 konnten deutsche Soldaten Mitte Mai 1944 nahe Tlumaczyk in der Ukraine werfen, als sie einen ausgebrannten JS-2 untersuchten.

Ab Sommer 1944 traten JS-2 immer häufiger auf und bildeten oftmals die Speerspitze sowjetischer Angriffsverbände. Auf gleichwertige deutsche Gegner trafen sie dabei eher selten. Häufiger kamen JS-2 gegen Infanterie, befestigte Stellungen und Pak zum Einsatz. Dabei bewährte sich das 25 kg schwere Sprenggeschoss der 122-mm-KwK D-25T. Dementsprechend bestand der normale Kampfsatz aus 20 Spreng- und 8 Panzergranaten. Doch auch im Gefecht gegen gepanzerte Gegner

Ab Sommer 1944 begegneten deutsche Truppen immer häufiger sowjetischen Panzerkampfwagen des Typs JS-2. (BA)

war die Rote Armee voll des Lobes für den JS-2 und der Ansicht, die 122-mm-KwK sei die stärkste aller Kampfwagenkanonen, die die Überlegenheit auf dem Schlachtfeld zurück gewonnen habe. Tatsächlich gelang es den JS-2 – zwar nicht immer, doch mit wachsender Zahl immer öfter – deutschen schweren und mittleren Panzerkampfwagen Paroli zu bieten. Selbst im Gefecht mit dem „Tiger II" vermochte der JS-2 zu bestehen. So gelang dem 71. schweren Garde-Panzerregiment im August 1944 nahe der polnischen Stadt Sandomierz der Abschuss von sechs „Tiger II" der s.Pz.Abt. 501. In den folgenden sechs Wochen schossen die JS-2 dieser Einheit weitere 17 Panzerkampfwagen, zwei Sturmgeschütze sowie drei Schützenpanzerwagen ab. Die eigenen Verluste betrugen drei Totalverluste sowie sieben beschädigte JS-2. Mit dem JS-2 erhielt die Rote Armee einen der besten schweren Panzer des Zweiten Weltkrieges, der in Bezug auf Schutz und Waffenwirkung mit dem „Tiger I" in etwa gleichzog. Dem „Tiger II" war der JS-2 zwar in beiden Punkten unterlegen. Dabei darf man jedoch nicht vergessen, dass der deutsche Panzer über 20 t mehr wog, dafür aber weniger beweglich und technisch (Fahrwerk, Getriebe) weit anfälliger war. Der 46 t schwere JS-2 war neben den späten Versionen des britischen „Churchill" sowie dem M4A3E2 „Jumbo" der einzige alliierte Panzer, der zumindest auf größere Entfernungen Schutz gegen die deutsche 7,5-cm-KwK 42 L/70 des „Panther" sowie die 8,8-cm-Geschütze bot. Alle anderen Kampffahrzeuge der Alliierten hätten im Angesicht dieser Waffen auch vollständig auf Panzerung verzichten können, da diese ohnehin keinerlei Schutz gegen direkte Treffer gewährte. Als größtes Problem des JS-2 stellte sich im Einsatz nicht seine geringe Feuergeschwindigkeit heraus, sondern die Eile, mit der er produziert wurde. Nicht Konstruktionsmängel, sondern Zeitdruck und mangelndes Fachwissen der Arbeiter im Herstellungswerk führten zu technischen Problemen und Ausfällen. Doch dies nahmen die Streitkräfte zugunsten höherer Stückzahlen in Kauf. Schließlich, so die Überlegung, bemaß sich

Hier begutachten Soldaten der 3. SS-Panzerdivision „Totenkopf" am 29. Juli 1944 bei Siedlce/Polen einen abgeschossen JS-2. Dieser gehörte zum II. Zug der 2. Kompanie des sowjetischen 50. selbstständigen schweren Garde-Panzerregiments. (BA)

Wartung eines Dieselmotors W-2IS unter Feldbedingungen.

Ein JS-2 Modell 1944 im Frühjahr 1945 während des Vorstoßes der Roten Armee nach Deutschland.

die Lebenserwartung der meisten JS-2 an der Front im besten Falle ohnehin nur in Wochen oder Monaten. Ein qualitativ hochwertiges Fahrzeug mit erstklassiger Verarbeitung wäre da nur Verschwendung dringend benötigter Materialressourcen gewesen – an die Besatzungen dachte man dabei wohl nicht.
Aufgrund der Wirksamkeit ihrer Sprenggranaten kamen JS-2 (ebenso wie JSU-152) auch beim Kampf um hart verteidigte Städte wie Breslau, Berlin oder Budapest zum Einsatz. Ein bis zwei JS-2 stießen dabei mit aufgesessener Infanterie vor, bis sie auf Widerstand stießen. Die Infanteristen saßen dann ab und bekämpften insbesondere „Panzerfaust"- und „Panzerschreck"-Schützen (gegen diese Hohlladungswaffen war auch die stärkste Panzerung nicht gefeit), während die JS-2 Bunker, MG- und Pak-Stellungen oder Gebäude mit Sprenggranaten belegten.
Während des Krieges erhielten auch polnische und tschechoslowakische Exil-Einheiten JS-2 und setzten diese ein. Den Polen wurden 71 Exemplare überlassen, den Tschechoslowaken acht.
Auch nach 1945 wurde der JS-2 noch viele Jahre genutzt und in zahlreiche Länder exportiert, darunter China, Kuba, Ungarn, Nordkorea und die Deutsche Demokratische Republik, die 1952 47 Fahrzeuge erhielt. Ab 1957 wurden die noch verbliebenen JS-2 einer Modernisierung unterzogen, u. a. kamen andere Motoren, neue externe Kraftstoffbehälter, neue Kettenabdeckungen, neue Gepäckkisten sowie neue Scheinwerfer zum Einbau. Zudem erhielt der Fahrer ein IR-Sichtgerät, das MG im Turmheck wich einem Lüfter und es wurde Platz für zusätzliche Munition geschaffen. In dieser Form blieb der Typ bis in die frühen 1980er-Jahre hinein in Verwendung, zuletzt jedoch vor allem bei Reserveverbänden. Die letzten JS-2 wurden erst Anfang der 1990er-Jahre endgültig verschrottet.

Ein JS-2 der Roten Armee wird in Morawskaja Ostrawa in der Tschechoslowakei von Einwohnern begrüßt.

Peking 1959: JS-2 der Modelle 1943 (Panzer ganz links) und 1944 der Volksbefreiungsarmee während der Parade zum zehnjährigen Jubiläum der Gründung der Volksrepublik China.

Soldaten der Fallschirm-Panzer-Division „Hermann Göring" begutachten im April 1945 in Bautzen einen außer Gefecht gesetzten JS-2 des 1. Polnischen Panzerkorps (Fahrzeug Nr. 5100 „Tadeusz"). Links ein leichter gepanzerter Mannschaftstransporter „Universal Carrier", der den Sowjets im Rahmen des Lend-Lease-Abkommens aus Großbritannien geliefert wurde. Man beachte den polnischen Adler auf dem JS-2 und dem „Universal Carrier".

Dieser JS-2 gehörte zum 7. schweren Garde-Panzerregiment. Das Erkennungszeichen des Verbandes war seit seinem Einsatz im hohen Norden Finnlands der Eisbär (hier über den Roten Stern aufgetragen). Das weiße Band um den Turm war ein mit den Westalliierten vereinbartes Erkennungszeichen, um (Flieger-)Beschuss durch Verbündete zu vermeiden. Berlin, Ende April/Mai 1945. (Vincent Bourguignon)

Sturmgeschütz JSU-152

Da im Mai 1943 das Auslaufen der Fertigung des KW-1S und damit der Basis der erfolgreichen SU-152 abzusehen war, stellte das Konstruktionsbüro des Versuchswerks Nr. 100 bereits zu diesem Zeitpunkt Überlegungen über ein Nachfolgemodell an. Da jedoch das bereits in Entwicklung befindliche Objekt 233 kein Erfolg war, wurden die Arbeiten erst im August 1943 auf Grundlage des Objekts 237 (der spätere JS-85 bzw. JS-1) fortgeführt. Als dann am 4. September 1943 das Staat-

Produktion ISU-152

LKZ – Leningrader Kirow-Werk

ChKZ - Tscheljabinsker Kirow-Werk

Dies Zahlen beruhen auf den von der GABTU abgenommen und in den Bestand übernommenen Fahrzeugen.

Jahr/ Monat	Hersteller-werk	Jan.	Feb.	März	April	Mai	Juni	Juli	Aug.	Sept.	Okt.	Nov.	Dez.	Gesamt
1943	ChKZ	-	-	-	-	-	-	-	-	-	-	5	30	35
1944	ChKZ	50	75	175	130	135	130	135	100	100	100	100	110	1340
1945	ChKZ	110	100	100	95	95	95	100	80	75	85	100	65	1100
	LKZ	-	-	-	5	5	5	10	10	15	15	15	20	100
1946	LKZ	-	-	-	-	-	-	-	-	-	-	-	-	200
1947	LKZ	-	-	-	-	-	-	-	-	-	-	-	-	50
Total														**2825**

Gorochowez, Oktober 1943: Das Objekt 241, der erste Prototyp der späteren JSU-152. Die im Werk zunächst noch fehlenden Handgriffe an den Aufbauseiten wurden hier bereits montiert.

liche Verteidigungskomitee mit der Weisung Nr. 4043ss den JS-85 in die Bewaffnung aufnahm, erhielt das Versuchswerk Nr. 100 zugleich den Auftrag, auf dessen Basis eine schwere Artillerieselbstfahrlafette/Sturmgeschütz zu entwerfen und zu bauen, die wie die SU-152 mit der 152,4-mm-Kanonenhaubitze ML-20S bewaffnet sein sollte. Ein Prototyp sollte am 15. Oktober fertig gestellt sein, die staatliche Erprobung am 1. November 1943 beginnen und die Serienfertigung noch im selben Monat anlaufen.

Dieser mehr als enge Zeitplan wurde möglich, da bereits im August als eine Art Übergangsmodell ein Versuchsfahrzeug gebaut worden war, das Merkmale des Nachfolgemodells mit der Wanne des KW-1S verband. Der Prototyp der als Objekt 241 bezeichneten Selbstfahrlafette nahm bereits am 11. Oktober seine Werkserprobung auf. Da das Werk Nr. 200 falsche Komponenten angeliefert hatte, war die Frontseite des Aufbaus wie bei der SU-152 nur 75 mm anstelle der geplanten 90 mm dick und auch die Geschützblende maß nur 60 mm. Zudem fehlten Handgriffe entlang der Oberseite des Aufbaus, die jedoch im Laufe der Erprobung nachgerüstet wurden. Vom 21. bis zum 23. Oktober absolvierte das Objekt 241 in Gorochowez und vom 28. Oktober bis zum 31. Oktober 1943 in Kubinka die Abnahmetests. Die Zielgenauigkeit entsprach dabei jener der SU-152, die Feuergeschwindigkeit lag bei zwei Schuss pro Minute. Obwohl es nach wie vor einige Probleme mit der Enge des Kampfraumes gab, wurde dieser besser bewertet als bei der SU-152. Die Zuverlässigkeit von Fahrwerk und Antriebsstrang wurde als zufrieden stellend bezeichnet, so dass die Erprobungskommission den Beginn der Serienfertigung empfahl. Stalin unterzeichnete am 6. November 1943 die Weisung Nr. 4505ss des Staatlichen Verteidigungskomitees bezüglich der Produktion des Typs (der Name JSU-152 kam erst im Februar 1944 in Gebrauch), die Ende des Monats anlief. Die Serienfahrzeuge wiesen gegenüber dem Prototyp eine verstärkte Panzerung von Aufbaufront und Geschützblende auf. Zudem erhielten sie vier externe Kraftstoffbehälter. Im Laufe der Fertigung wurden größtenteils nur interne Detailänderungen vorgenommen, ab Anfang 1945 kamen jedoch 12,7-mm-Fla-MG zum Einbau und ab Ende Februar wurde die bis dahin gegossene Wannenfront durch eine geschweißte ersetzt. Neben der Produktionslinie in Tscheljabinsk wurde im Herbst 1944 das Kirow-Werk in Leningrad (dessen Belagerung die Deutschen mittlerweile abgebrochen hatten) wieder in Betrieb genommen – allerdings unter großen Schwierigkeiten. Die erste dort gefertigte JSU-152 wurde nicht vor April 1945 ausgeliefert, insgesamt entstanden in Leningrad bis 1947 insgesamt 350 JSU-152. Tscheljabinsk produzierte bis Ende 1945 2475 JSU-152, so dass beide Werke zusammen 2825 JSU-152 bauten. Interessanter Weise lief die Fertigung auf Basis des JS-1 bzw. JS-2 auch dann weiter, als dieser in der Produktion bereits vom JS-3 abgelöst worden war. Offenbar sah man keine Alternative zur kampfstarken JSU-152, wodurch sich diese zur meistgebauten schweren Selbstfahrlafette weltweit mauserte.

Technische Angaben	JSU-152
Typ	schwere Selbstfahrlafette/ Sturmgeschütz
Hersteller	Kirow-Werk, Tscheljabinsk, Kirow-Werk Leningrad
Hergestellte Stückzahl	2825
Gefechtsgewicht	45.500 kg
Länge	6670 mm (Wanne), 9180 mm (mit Rohr)
Breite	3070 mm
Höhe	2480 mm (ohne Fla-MG)
Motor	W-2IS, 12-Zylinder-Dieselmotor
Leistung kW/PS	382,5/520
Leistungsgewicht	11,24 PS/t
Höchstgeschwindigkeit	37 km/h (Straße), 19 km/h (Gelände)
Kraftstoffvorrat	500 l + bis zu 4 x 90 l in externen, abwerfbaren Zusatztanks
Fahrbereich	220 km (Straße)
Furttiefe	1,3 m
Besatzung	5
Bewaffnung	1 x 152,4-mm-KwK ML-20S L/29, teils 1 x 12,7-mm-Dshk-Fla-MG
Kampfsatz	20 x 152,4 mm, 250 x 12,78 mm
Panzerung (mm/Neigung)	
Wannenbug (oben)	60/12°
Wannenbug (unten)	90/60°
Wannenseiten (unten)	90/90°
Wannenheck	60/49° (unten), 60/41° (oben)
Wannenoberseite	30/0°
Wannenunterseite	20/0°
Aufbaufront	100/rund
Geschützblende	zunächst 60/rund, später 100/rund
Aufbauseiten	75/75° (vorn), 60/75° (hinten)
Aufbauheck	60/90°
Turmdach	30/0°

JSU-152 der 3. Weißrussischen Front in Deutschland, April 1945. (Oleg Halin)

Technik und Aufbau

Die JSU-152 folgte in ihrer Auslegung der SU-152, anstelle des Fahrgestells des KW-1S kam aber jenes des JS-1 bzw. später des JS-2 als Basis zur Verwendung Der Wannenbug war zunächst gegossen, die übrigen Teile des Wanne und des Aufbaus verschweißt. Erst ab Ende Februar 1945 wurde die Wannenfront ebenfalls geschweißt. Um der Besatzung bessere Arbeitsbedingungen zu bieten, waren die Seiten des Aufbaus

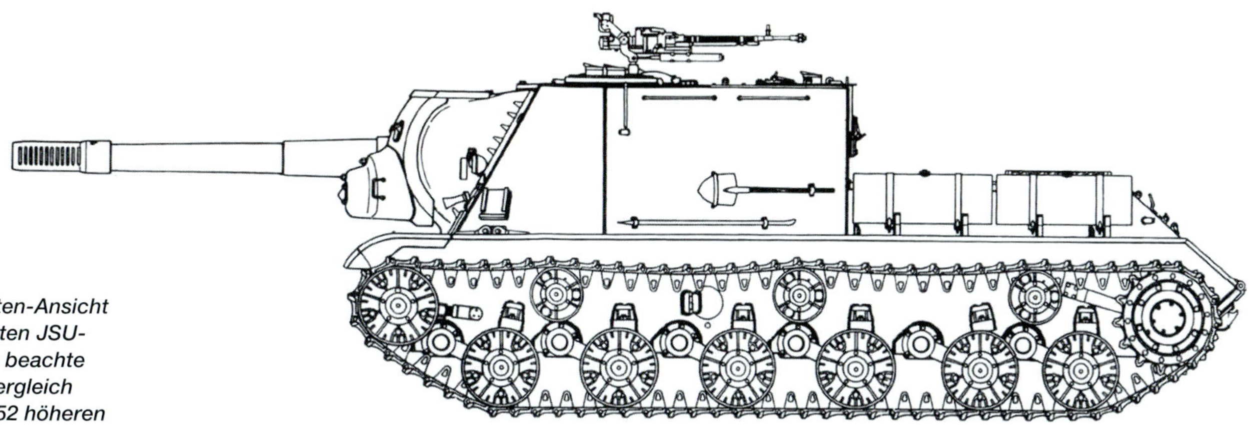

Zwei-Seiten-Ansicht einer späten JSU-152. Man beachte den im Vergleich zur SU-152 höheren Panzeraufbau mit senkrecht verlaufender Heckwand sowie die weiter vorn verlaufende Kante.

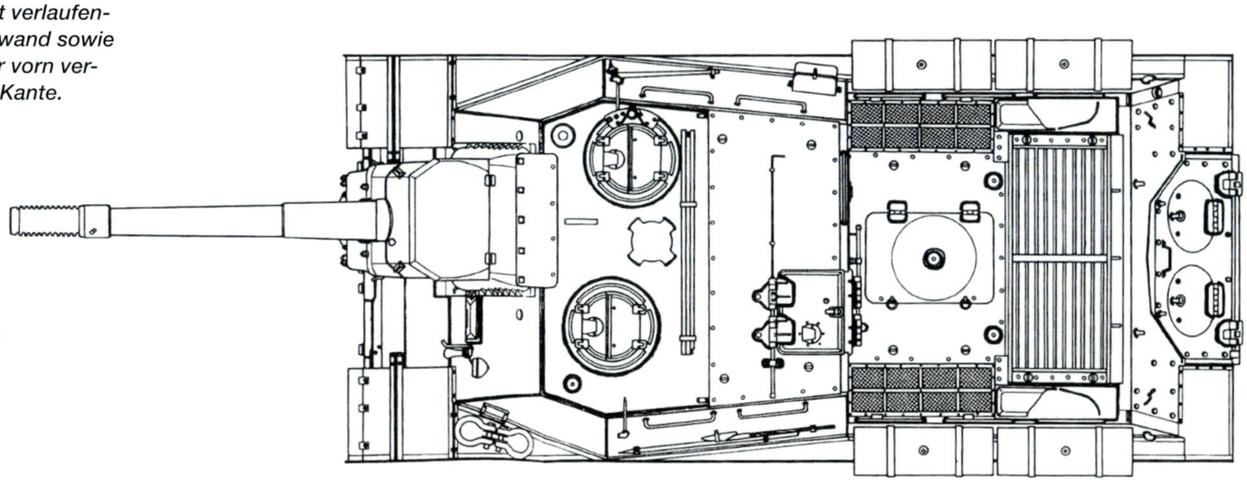

Eine im Frühjahr oder Sommer 1944 gebaute JSU-152 auf dem Versuchsgelände von Kubinka.

höher und zugleich weniger abgeschrägt. Dafür erhöhte sich die Panzerung, die Front des Aufbaus war nun 90 mm stark und 60° geneigt, die Seiten des Panzeraufbaus bestanden aus 75 mm starken Blechen und wiesen eine Neigung von 75° auf, während die unteren Wannenseiten ebenfalls aus 90-mm-Blechen (Neigung 90°) bestanden. Der Wannenbug war unten 90 mm stark (Neigung 60°), der obere Wannenbug war um 12° geneigt und 60 mm dick.

Die fünfköpfige Besatzung teilte sich wie folgt auf: Der Fahrer saß vorn links in der Wanne, hinter ihm fanden der Richtschütze und dahinter der Ladeschütze Platz. Rechts der Hauptwaffe befand sich vorn der Kommandant, hinter ihm der Verschlusskanonier, der den Schraubverschluss der ML-20S-Kanonenhaubitze bediente. Wie bei der SU-152 wies die Oberseite des Panzeraufbaus drei Luken auf. Eine zweiteilige eckige Luke hinten links, am Übergang von Kampfraumdach zur Aufbauheckwand. Hinzu kam eine runde Luke weiter vorn und rechts der Hauptwaffe über dem Platz des Kommandanten. Eine Kommandantenkuppel gab es nicht. Die runde Luke vorn links war eigentlich nur als Öffnung für ein Zielfernrohr zum indirekten Schießen gedacht, konnte im Notfall jedoch auch dem Ausstieg dienen. Alle drei Luken waren mit einem drehbaren Winkelspiegel Modell Mk IV versehen. Zwei weitere Winkelspiegel (einer nach vorn, der andere nach halblinks gerichtet) standen dem Fahrer zur Verfügung. Im Boden des Kampfraumes hinter dem Fahrer befand sich eine Notausstiegsluke. Die bei der SU-152 an den Seiten des Kampraumes installierten Dieselbehälter entfielen und wichen zwei Treibstofftanks vorn rechts und links neben dem Fahrer. An den Kampfraum schloss sich hinter einem Brandschott der Motorraum an. Das Triebwerk stellte der vom JS-1 und JS-2 bekannte wassergekühlte V-12-Diesel W-2-IS mit 520 PS und 38.800 ccm Hubraum, der auf das hinten liegende Getriebe wirkte. Der Start erfolgte mittels eines Anlassers ST-700 oder Pressluft. Für den Wintereinsatz war eine Vorwärmanlage eingebaut, die auch den Kampfraum beheizte.

Im Motorraum befand sich ein Treibstoffbehälter. Der Gesamtinhalt der drei Tanks betrug 500 l. Außen ließen sich vier Zusatzbehälter mit je 90 l Fassungsvermögen mitführen, die jedoch nicht mit der Kraftstoffanlage verbunden waren und daher bei Bedarf von Hand umgepumpt werden mussten. Der Kommandant bediente eine Funkanlage des Typs 10R, später kam das Modell 10RK zum Einbau. Die Besatzungsmitglieder waren über eine Gegensprechanlage TPU-4 miteinander verbunden.

Die Hauptwaffe bildete die Kanonenhaubitze Modell 1937 oder auch ML-20S („S" stand dabei für *Samochodnaja Ustanowka* oder russisch самоходно-артиллерийская установка, also (Artillerie)

Selbstfahrlafette) mit dem Kaliber 152,4 mm und einer Rohrlänge von L/29. Der Hauptunterschied zum Feldgeschütz war im Grund eine andere Anbringung der Handräder für die Höhen und Seitenrichtung sowie der Anbau einer Lademulde. Zudem durfte wegen des starken Rückstoßes nicht mit maximaler Treibladung geschossen werden. Der Seitenrichtbereich betrug nur 5° nach links und rechts, der Höhenrichtbereich lag bei –3° bis +20°. Die ML-20S war leicht nach rechts von der Mittelinie versetzt in der Front des Panzeraufbaus installiert und wurde von einer massiven Geschützblende geschützt. Der Kampfsatz betrug 20 Geschosse und die dazugehörigen Treibladungen, die getrennt geladen wurden. Die ML-20S verschoss die 48,8 kg schwere Panzergranate 53-BR-540 mit einer v/0 von 600 m/s, die Splittergranate 53-O-530A (40 kg) mit einer v/0 von 615 m/s sowie die Sprenggranate 53-OF-540 mit 5,86 kg Sprengstofffüllung und einem Gesamtgewicht von 43,56 kg. Die v/0 dieses Geschosses betrug 606 m/s, die höchste Schussweite lag bei 10.760 m. Die Panzergranate 53-BR-540 durchschlug auf 1000 m Entfernung bei einem Auftreffwinkel von 90° 115 mm Panzerstahl, bei einem Winkel von 60° waren es 100 mm. Auf 2000 m Entfernung lagen diese Werte bei 100 mm bzw. 75 mm. Dabei ist jedoch auch die schiere Wucht der schweren Projektile zu berücksichtigen, die ausreichte, um selbst schweren Panzern die Türme von

Wie die SU-152 war auch die JSU-152 mit der 152,4-mm-Kanonenhaubitze ML-20S bewaffnet. Dieses Exemplar stammt aus einer von den Finnen erbeuteten JSU-152. Man beachte den nach rechts öffnenden Schaubverschluss der Waffe sowie die massive Geschützblende. (SA-Kuva)

der Wanne zu reißen. Da die Panzergranate BR-540 die Tendenz besaß, an stark geneigter Panzerung abzugleiten, wurde im Laufe des Jahres 1944 das Modell BR-540B mit rundem (anstelle des zuvor spitzen Kopfes) entwickelt und ab Anfang 1945 eingesetzt. Die Panzergranate BR-540B wog 46,5 kg und durchschlug auf 1000 m Entfernung bei einem Auftreffwinkel von 90° 120 mm Panzerstahl, bei einem Winkel von 60° waren es 100 mm. Auf 2000 m Entfernung lagen diese Werte bei 105 mm bzw. 85 mm. Zudem kamen Betongranaten des Modells 53-G-530 oder -540 mit einem Gewicht von 40 kg bzw. 56 kg zum Einsatz. Die G-530 durchschlug bis zu 1 m Stahlbeton. Mitunter wurden diese Geschosse auch gegen Panzer verfeuert. Der Standardkampfsatz bestand aus 13 Spreng- und 7 Panzer- oder Betongranaten.

Die Zweitbewaffnung im Form eines 12,7-mm-Fla-MG DSchK auf der rechten runden Luke des Kommandanten erhielten zunächst nur wenige JSU-152 verbaut, ab Januar 1945 wurde diese Waffe bei neuen Fahrzeugen jedoch Standard und im Zuge von Reparaturen auch nachgerüstet. Im Fahrzeug wurden standardmäßig zwei MPi PPSch 41 mit zunächst 1491 Schuss sowie 20 Handgranaten mitgeführt.

Das Laufwerk war identisch mit dem des JS-1 bzw. -2 und wies pro Seite sechs drehstabgefederte Laufrollen von je 550 mm Durchmesser auf, dazu drei Stützrollen. Das Leitrad war mit den Laufrollen identisch, die Gleisketten waren 650 mm breit.

Ausführungen

Bis Kriegsende gab es offiziell keine Bezeichnungen für unterschiedliche Ausführungen. Allerdings wurden im Laufe der Fertigung einige Detailmodifikationen vorgenommen und der zunächst gegossene Wannenbug ab Februar 1945 durch einen geschweißten ersetzt. Hinzu kam die Ausrüstung neuer Fahrzeuge mit einem Fla-MG ab Januar 1945. Das Konstruktionsbüro des Versuchswerks Nr. 100 entwickelte ab April 1944 eine JSU-152-Variante mit einer leistungsfähigeren Kanone. Diese 152,4-mm-Waffe mit der Bezeichnung BL-8 oder OBM-43 (Орудие большой мощности „Geschütz hoher Leistung“) hatte eine Rohrlänge von L/46 und eine Mündungsgeschwindigkeit von 850 m/s. Sie sollte vor allem der Bekämpfung schwerer deutscher Panzer und Sturmgeschütze/Jagdpanzer dienen. Ein entsprechend modifiziertes Fahrzeug mit der Bezeichnung JSU-152-1 (oder auch JSU-152BM respektive. Objekt 246) wurde im Juli 1944 auf dem Artillerieübungsplatz Rschew nahe Leningrad erprobt. Dabei zeigte sich eine sehr geringe Rohrlebensdauer der BL-8; zudem arbeitete die Mündungsbremse nicht zuverlässig und der Kampfraum war für die große Waffe viel zu eng. Der Seitenrichtbereich betrug nur 2° nach links und 6,5° nach rechts. Zudem bereitete das gut 5 m überstehende Rohr der BL-8 (Gesamtlänge des 47 t schweren Fahrzeugs: 11,82 m) Sorge, da die Erprobungskommission Probleme bei der Geländefahrt oder an engen Stellen befürchtete. Die JSU-152-1 ging daher zur Überarbeitung zurück ans Werk. Dort wurde das Fahrzeug auf die 152,4-mm-Kanone BL-10 umgerüstet, die Bezeichnung lautete jetzt JSU-152-2 (oder auch JSU-152BM bzw. Objekt 247). Die JSU-152-2 wurde Ende 1944 fertig gestellt. Die ballistischen Daten der BL-10 entsprachen jenen der BL-8 und auch der Seitenrichtbereich hatte sich nur unwesentlich verändert (2,5° links, 7° rechts). Nach wie vor blieben Zweifel wegen der Länge des Fahrzeugs (11,67 m) und der Zuverlässigkeit der BL-10. Daher wurde auch die JSU-152 nicht weiterentwickelt und das Projekt abgebrochen.

Die lange Dienstzeit der JSU-152 führte zur Modernisierung der verbliebenen Fahrzeuge ab Ende der 1950er-Jahre. So erhielt die Ausführung JSU-152K ab 1956 das Triebwerk W-54K und das Kühlsystem des T-54, wodurch im Motorraum ein größerer Dieselbehälter installiert werden konnte. Die Menge des intern mitgeführten Treibstoffs betrug dann 920 l, wodurch sich der Fahrbereich auf 500 km erhöhte. Einer der Treibstofftanks im Kampfraum entfiel, dafür konnte der Kampfsatz auf 30 152,4-mm-Geschosse erhöht werden. Die Höchstschussweite der ML-20S steigerte sich auf 13.000 m. Hinzu kamen neue Optiken und Funkgeräte, eine Kommandantenkuppel, Laufwerksteile des T-10, Staukästen an den Aufbauseiten und eine aufgeschweißte Zusatzpanzerung an der Geschützblende. Das Modell JSU-152K entstand im Kirow-Werk Leningrad, während ab 1959 in Tscheljabinsk modernisierte Fahrzeuge als JSU-152M bezeichnet wurden. Diese Kampfwertsteigerung lief parallel zum JS-2M Programm, daher erhielt die Ausführung JSU-152M eine Reihe von Komponenten dieses Modells. Dazu gehörten IR-Sichtgeräte, ein verbessertes Fla-MG DSchKM mit mehr Munition, seitliche Staukästen, neue Kettenabdeckungen, eine Kommandantenkuppel und neue Optiken sowie Funkgeräte. Wie bei der JSU-152K wurde der Diesel W-54K und größere Kraftstofftanks eingebaut, der Kampfsatz auf 30 Schuss erhöht und die Höchstschussweite der ML-20S auf 13.000 m gesteigert. Das Motor-Kühlsystem wurde jedoch nicht ausgetauscht, dafür aber Getriebe und Vorlege verbessert und auf die Geschützblende im oberen Bereich eine Zusatzpanzerung aufgeschweißt.

Durch Entfernen der Hauptwaffe und Zuschweißen der Öffnung im vorderen Aufbau entstanden nach 1945 auf Basis der JSU-152 Bergeschlepper JSU-T, die auch im zivilen Bereich Verwendung fanden. Durch vergleichbare simple Modifikationen wurden JSU-152 auch zu Befehls- oder Beobachtungspanzer umgerüstet. Der Bergepanzer BTT-1 auf Basis der JSU-152 hingegen wurde aufwändiger umgerüstet und erhielt einen Hecksporn, einen motorbetriebene Seilwinde, einen

JSU-152-1 (Objekt 246) mit der 152,4-mm-Kanone BL-8 im Sommer 1944.

JSU-152-2 (Objekt 247) mit der 152,4-mm-Kanone BL-10.

Kran sowie eine Plattform auf dem Heck zum Transport von Ersatzmotoren oder -getrieben. Die Version BTT-1T wiederum war speziell zum Bergen und Schleppen schwerer Fahrzeuge ausgerüstet. Des Weiteren fanden JSU-152 als Versuchsfahrzeuge bei der Entwicklung schwerer Selbstfahrlafetten der Raketen- und Rohrartillerie Verwendung.

Nachkriegs-Bergepanzer BTT-1T auf Basis der JSU-152.

Raketenstart- und Transportfahrzeug für die Rakete 2P19 auf JSU-152-Fahrgestell. Warschau 1966.

Organisation

Die JSU-152 wurden wie die SU-152 in schweren Sturmgeschütz-Regimentern (TSAP - *„Tjazhely Samochodno-Artilleriski Polk“* oder russisch „Тяжелый Самоходно-Артиллерийский Полк“ bzw. OTSAP *„Otdel'ni Tjazhely Samochodno-Artilleriski Polk“*) der Roten Armee zusammengefasst. Diese sollten vor allen an Schwerpunkten zur Feuerunterstützung eingesetzt werden. Ab November 1943 gehörten zu jeder TSAP vier Batterien zu je drei JSU-152. Hinzu kamen eine JSU-152 als Kommandofahrzeug sowie ein Panzerspähwagen BA-64 und Unterstützungseinheiten wie ein Instandsetzungszug. Ab April 1944 umfasste ein TSAP schließlich 21 schwere Sturmgeschütze in vier Batterien zu je fünf Fahrzeugen sowie ein Kommandantenfahrzeug.

Einsatz

Wie schon die SU-152 wurde auch die JSU-152 erfolgreich in Rollen eingesetzt, für die sie gar nicht entworfen worden war. So diente der Typ nicht nur der direkten Feuerunterstützung bei Angriffen von Panzer- oder Infanterieeinheiten sowie dem Beschuss von Bunkern und Befestigungen, sondern fand auch als Panzerhaubitze und als Jagdpanzer Verwendung. In letzterer Rolle übernahm die JSU-152 den Beinamen „Großwildjäger“ (Зверобой – Sweroboi) ob ihres Erfolges gegen deutsche „Großkatzen“ wie „Panther“ und „Tiger“. Selbst für diese gut gepanzerten Gegner genügte in der Regel ein Treffer, um sie kampfunfähig zu machen. Obwohl mit den Granaten BR-540 und BR-540B spezielle Panzergeschosse zur Verfügung standen, waren diese in ihrer Wirkung nur wenig besser als die massive 152,4-mm-Sprengmunition. Diese durchschlug vielleicht nicht die Panzerung, riss aber oft Türme vom Rumpf, beschädigte das Laufwerk oder äußere Anbauteile und führte zum Absplittern von Metallteilen im Inneren („spalling“). Die

Eine JSU-152 mit ungewöhnlicher Wintertarnung.

Eine Kolonne JSU-152 während eines Vorstoßes zum Entsatz Leningrads. Zum Schutz vor Feuchtigkeit ist die Geschützblende mit einer Plane abgedeckt.

nachlassende Qualität deutschen Panzerstahls führte zudem dazu, dass das spröde Metall nach Treffern zerbarst, Schweißnähte rissen oder ganze Stücke herausgerissen wurden. Allerdings hatte die Kanonenhaubitze ML-20S auch gravierende Nachteile. Neben die geringe Feuergeschwindigkeit von zwei bis maximal drei Schuss pro Minute trat die vergleichsweise geringe v/0 von rund 600 m/s, was Zielen und Treffen auf größere Entfernungen aufgrund der gekrümmten Flugbahn des Geschosses schwierig machte. Die JSU-152 war also nicht für die Panzerbekämpfung auf große Distanzen geeignet und musste für einen sicheren Abschuss unangenehm nah an ihre Gegner heran. Verfehlte der erste Schuss sein Ziel, so vergingen bis zum zweiten Schuss wertvolle Sekunden, in denen der Gegner Zeit hatte zu reagieren. In Kenntnis dieses Nachteils operierten JSU-152 in der Regel nicht allein, sondern im Rudel mit anderen JSU-152. (Ein Grundsatz, der im Übrigen für alle Panzerkampfwagen und Sturmgeschütze hüben wie drüben galt, aber in der Praxis nicht immer umgesetzt werden konnte). Die Feuerkraft der JSU-152 erwies sich beim Kampf in Städten als besonders wertvoll. Beim Angriff in hart verteidigten Städten wie Königsberg, Breslau, Budapest oder Berlin wirkten die JSU-152 im engen Verbund mit speziell zusammengestellten Infanterieeinheiten und vermochten ganze Gebäude mit nur einem Schuss zum Einsturz zu bringen. Bei solchen Einsätzen bewährte sich auch das eigentlich als Flugabwehrwaffe gedachte 12,7-mm-MG, mit dem z. B. Panzerfaust-Schützen in oberen Stockwerken beschossen werden konnten. Durch enge Kooperation mit der Begleitinfanterie gelang es den JSU-152 oft, Ziele mit hoher Effektivität zu bekämpfen – andererseits konnten sie leicht Opfer gegnerischer Panzerbekämpfungstrupps werden, die weniger gut geschützte Teile wie Dach oder Heck ins Visier nahmen. Auch beim Angriff auf Feldbefestigungen und Bunker bewährte sich der Typ ob seiner hohen Feuerkraft. Obwohl die Fahrzeugfront gegen die häufigste Bedrohung (deutsche 7,5-cm Pak 40 und 7,5-cm-KwK 40 bzw. StuK 40) recht gut geschützt war, blieben die JSU-152 bei der Unterstützung von Panzerangriffen oftmals in der zweiten Reihe und folgten erst mit gut 200 m Abstand. Mitunter wurden JSU-152 auch noch weiter hinten eingesetzt, um mit indirektem Feuer, also in der Rolle einer Panzerhaubitze,

zu wirken. Die geringe Rohrerhöhung von nur +20° war nicht ideal für diesen Zweck, doch die Russen verfügten in diesem Kaliberbereich über keine andere geeignete Selbstfahrlafette.
JSU-152 verblieben auch nach Ende des Krieges weiterhin in den Verbänden der sowjetischen Streitkräfte und wurden Ende der 1950er-Jahre modernisiert. Dabei sollten sie aber vor allem als Sturmgeschütze und Panzerhaubitzen zum Einsatz kommen. 1956 nahmen JSU-152 an der Niederschlagung des Aufstandes in Ungarn teil. Sie wurde als Panzerhaubitzen erst in den 1970er-Jahren ausgemustert und zum Teil eingelagert. Ihren letzten „Fronteinsatz“ erlebten JSU-152 1986 im Rahmen des Reaktorunfalls in Tschernobyl, als eingelagerte Fahrzeuge reaktiviert und als Schlepper oder zum Einreißen von Wänden dienten.
Gegen Ende des Krieges verwendeten neben der UdSSR auch Polen rund 30 JSU-152, die bis in die frühen 1960er-Jahre im

Eine mitgenommene JSU-152 in den Straßen Berlins, Ende April/Anfang Mai 1945. Man beachte das 12,7-mm-MG auf der Kommandantenluke.

Ab Anfang 1945 wurden viele JSU-152 mit 12,7-mm-MG DSchK ausgerüstet. Ein MG dieses Typs hier bei Schießübungen. (Arkady Chodow)

Einsatz blieben. In den 1950er- und frühen 1960er-Jahren belieferte die Sowjetunion weitere Staaten mit JSU-152, darunter China (67 Stück) und Rumänien (20 Exemplare). Eine unbekannte Zahl von Fahrzeugen ging an Nordkorea, Ägypten sowie den Irak. Die ägyptischen JSU-152 fochten ohne großen Erfolg in den Nahostkriegen von 1967 und 1973, in deren Verlauf einige von den Israelis erbeutet wurden.

Eine der bei Tschernobyl eingesetzten JSU-152 verrostet in der Nähe des Reaktorgebäudes.

Sturmgeschütz JSU-122

Bereits im Dezember 1943 begann das Konstruktionsbüro des Versuchswerks Nr. 100 unter Leitung von A.S. Ermolaew und G.N. Moskwin mit dem Entwurf einer ausdrücklich als Sturmgeschütz/Jagdpanzer bestimmten Selbstfahrlafette auf Basis des JS-Panzerkampfwagens. Aufgrund der guten Ergebnisse bei einem Versuchsschießen auf einen erbeuteten „Tiger" im April 1943 sollte das 122-mm-Artilleriegeschütz A-19 als Bewaffnung dienen. Die ersten Pläne für einen Jagdpanzer/Sturmgeschütz auf Basis eines KW-Nachfolgtypen waren bereits Ende April 1943 ausgearbeitet worden, verblieben dann jedoch aufgrund anderer Prioritäten in den Schulbladen des völlig überlasteten Konstruktionsbüros des Kirow-Werkes. Erst Ende 1943 rüstete das Versuchswerk Nr. 100 daher den Prototypen der SU-152, das Objekt 241, mit einer 122-mm-Kanone A-19 aus. Da die Feldgeschütze A-19 und ML-20 die gleiche Lafette 52-L-504A benutzten, war die Umrüstung rasch vollzogen. Das modifizierte Fahrzeug erhielt die Bezeichnung Objekt 242 und wurde am 18. Dezember 1943 auf das Versuchsgelände Gorochowez verbracht, wo es vom 24. bis zum 30. Dezember erprobt wurde. Im Rahmen der Tests wurden 438 Schuss aus der A-19 abgefeuert. Dabei erreichte die Bedienung zunächst zwei bis drei und am Ende der Test bis zu fünf Schuss pro Minute. Die Handhabung der Munition wurde als einfacher und die Ergonomie des Kampfraumes besser als in der JSU-152 beurteilt. Zudem konnten anstelle von 20 Schuss 30 Schuss mitgeführt werden. Aufgrund der höheren v/0 von 800m/s war die Durchschlagskraft der 122-mm-Panzergranate höher als jene des 152,4-mm-Geschosses, und Ziele konnten bis auf eine Entfernung von 3 km bekämpft werden. Die Versuchskommission bemängelte zwar den Schraubverschluss der A-19, hielt das Objekt 242 (zu jener Zeit auch JS-122) für ein geeigneteres Sturmgeschütz/Jagdpanzer als die JSU-152 und empfahl die Serienfertigung. Obgleich zu jener Zeit zwischen der erfolgreichen Erprobung und dem Beginn der Serienfertigung in der Regel nur Wochen vergingen, lief die Produktion der dann JSU-122 genannten Selbstfahrlafette erst im April 1944 an. Die Gründe dafür sind vielfältig. Zum einen hielt die GABTU die A-19 Ende 1943 bereits für nicht mehr leistungsfähig genug und setzte auf Waffen wie die 122-mm-Kanonen BL-9 oder S-26 bzw. die S-26 im Kaliber 130 mm, die sich zu jener Zeit noch in der Entwicklung befanden. Ein weiterer Punkt war der Schraubverschluss der A-19. Da ein Umbau von Schraub- auf halbautomatischen Keilverschluss bei der 122-mm-Kanone des JS-2 bereits in Auftrag gegeben worden war, erwarteten GABTU und GAU dies auch für die A-19. Da sich die Entwicklung der neuen Geschütze jedoch hinzog, intervenierte Stalin persönlich und änderte die Weisung Nr. 5378ss des Staatlichen Verteidigungskomitees vom 12. März 1944 dahin gehend ab, das die Produktion des nun JSU-122 genannten Jagdpanzers im April 1944 anlaufen sollte.

Die ersten JSU-122 liefen in Tscheljabinsk Mitte April 1944 vom Band. Oft ist zu lesen, dass der Grund zum Bau der JSU-122 ein Mangel an ML-20S-Kanonenhaubitzen gewesen sei. Neuere russische Autoren bestätigen diese Annahme jedoch nicht. So konnten z. B. im Mai 1944 anstelle der geplanten 100 JSU-122 nur 90 fertig gestellt werden, da es an A-19-Kanonen mangelte. Die übrigen 10 Wannen wurden daher mit ML-20S versehen und als JSU-152 ausgeliefert, so dass in jenem Monat nicht, wie geplant, 125 JSU-152, sondern 135 Selbstfahrlafetten dieses Typs entstanden. Diese Situation wiederholte sich im Juli 1944. Aufgrund fehlender A-19 konnten anstelle von 175 JSU-122 nur 140 ausgeliefert werden – dafür jedoch 135 JSU-152 anstatt der geplanten 100. Ein Mangel an ML-20S-Kanonenhaubitzen kann also kaum der Grund für die Serienfertigung der JSU-122 gewesen sein. Da es zudem

Produktion JSU-122 und JSU-122S

Jahr/ Monat	Modell	Jan.	Feb.	März	April	Mai	Juni	Juli	Aug.	Sept.	Okt.	Nov.	Dez.	Gesamt
1944	ISU-122	-	-	-	70	90	120	140	125	100	100	100	100	954
1944	ISU-122S	-	-	-	-	-	-	-	25	50	50	50	50	225
1945	ISU-122	90	100	100	100	100	100	100	100	-	-	-	-	750
1945	ISU-122S	50	50	50	50	50	50	50	70	30	-	-	-	450
Total														**2410**

JSU-122 bei ihrer Erprobung in Kubinka.

an Visieren für die A-19 mangelte und zudem noch die Frage des Geschützverschlusses ungelöst blieb, begann die Suche nach einer alternativen Bewaffnung. Bereits im April 1944 entstand die Idee, die 122-mm-KwK D-25T des JS-2 zu verwenden. Eine als D-25S (S für *„Samochodny“* самоходный, deutsch „selbstfahrend“) bezeichnete Version der Kanone wurde daher in eine JSU-122 eingebaut und vom 23. Mai bis zum 20. Juni 1944 im Werk getestet. Vom 2. bis zum 7. Juli jenes Jahres absolvierte das Objekt 249 (oder auch JSU-122-2) erfolgreich die Erprobung in Gorochowez sowie im August in Kubinka. Stalin unterzeichnete am 22. Juli 1944 die Weisung Nr. 6430 mit der Anordnung, das Objekt 249 ab sofort unter der Bezeichnung JSU-122S in Produktion zu nehmen. Bis zum 1. September sollten bereits 25 Fahrzeuge fertig gestellt sein. Da aber nicht ausreichend D-25 für den JS-2 und die JSU-122S zur Verfügung standen, sollte die JSU-122S die ursprüngliche Version jedoch nicht ablösen, sondern nur ergänzen. Insgesamt übernahmen die sowjetischen Streitkräfte bis September 1945 1735 JSU-122 sowie 675 JSU-122S.

Technik und Aufbau

Die JSU-122 entsprach in ihrem Aufbau fast völlig der JSU-152, Wanne, Laufwerk, Antriebsstrang, Optiken und Funkanlage waren identisch. Einzig die Hauptwaffe sowie die Munitionshalterungen waren verschieden. Leicht versetzt rechts von der Mittellinie war eine 122-mm-Kanone A-19S verbaut, die sich vom Feldgeschütz A-19 vor allem durch die Verlegung

Das Objekt 249 (hier Aufnahmen aus dem Sommer 1944) war anstelle der A-19 mit einer 122-mm-Kanone D-25S ausgerüstet und erhielt eine völlig neue Geschützblende. Bis auf die Bewaffnung entsprach es der JSU-122. Man beachte die experimentelle Lafette des Fla-MG.

der Räder für Seiten- und Höhenrichten auf die linke Seite der Waffe (vor den Platz des Richtschützen) sowie die Hinzufügung einer Lademulde unterschied. Der Höhenrichtbereich betrug –3° bis +22°, der Seitenrichtbereich lag bei 3° nach links und 7° nach rechts. Die A-19S verschoss vor allem die beiden Munitionsarten Panzer- und Splitter-Sprenggeschosse. Die Panzergranate (mit spitzem Kopf) 53-BR-471 oder ab 1945 auch die Panzergranate BR-471B mit rundem Kopf/Kappe) wogen beide 25 kg und erreichten eine v/0 von 800 m/s. Eine Bekämpfung von gegnerischen Panzern war bis auf über 2500 m möglich. Die Splitter-Sprenggeschosse 53-OF-471 oder 471N hatten dieselbe Masse und v/0 wie die Panzergranaten. Die Höchstschussweite bei einer Rohrerhöhung von 18° betrug 14.300 m (bei größeren Rohrerhöhungen konnte es zu Problemen mit der Rohrbremsanlage kommen). Für die Bekämpfung von Bunkern und Befestigungen konnte auch das Betongeschoss 53G-471 geladen werden. Insgesamt wurde eine Kampfbeladung von 30 Schuss mitgeführt.

Die JSU-122S entsprach ebenfalls weitgehend der JSU-152 bzw. JSU-122, besaß aufgrund ihrer anderen Hauptwaffe aber im Gegensatz zur JSU-122 eine neue Geschützblende sowie -wiege. Die Blende war wesentlich kompakter und besser geschützt. Ihre Stärke betrug 80–100 mm. Die 122-mm-Kanone D-25S entsprach weitestgehend der D-25T des JS-2, wies jedoch Modifikationen am Keilverschluss sowie der Rohrbremsanlage auf. Der Richtbereich betrug –3° bis +20° sowie 3° nach links und 7° nach rechts. Die D-25S verschoss die gleiche Munition wie die A-19S und führte ebenfalls 30 Schuss zweiteiliger Munition mit. Die Höchstschussweite lag bei bis zu 15.000 m. Ballistisch waren beide Waffen identisch. Der halbautomatische Keilverschluss ermöglichte es jedoch, den Verschlusskanonier nun als zweiten Ladeschützen einzusetzen, so dass sich eine Feuergeschwindigkeit von vier bis sechs Schuss pro Minute erreichen ließ. Ab Oktober 1944 wurden zunächst die JSU-122S und einige Wochen später auch die JSU-122 mit 12,7-mm-Fla-MG auf der Kommandantenluke ausgerüstet.

Einwohner der polnischen Stadt Lodz begrüßen am 19. Januar 1945 eine JSU-122S der 1. Garde-Panzerarmee. (W. Tyemin)

Technische Angaben	JSU-122/JSU-122S
Typ	schwere Selbstfahrlafette/Sturmgeschütz
Hersteller	Kirow-Werk, Tscheljabinsk, Kirow-Werk Leningrad
Hergestellte Stückzahl	1735 JSU-122 und 675 JSU-122S
Gefechtsgewicht	46.000/ 45.500 kg
Länge JSU-122	6670 mm (Wanne), 9850 mm (mit Rohr)
Länge JSU-122S	6670 mm (Wanne), 9950 mm (mit Rohr)
Breite	3070 mm
Höhe	2480 mm (ohne Fla-MG)
Motor	W-2IS, 12-Zylinder-Dieselmotor
Leistung kW/PS	382,5/520
Leistungsgewicht	11,30 PS/t bzw. 11,43 PS/t
Höchstgeschwindigkeit	37 km/h (Straße), 19 km/h (Gelände)
Kraftstoffvorrat	500 l + bis zu 4 x 90 l in äußeren, abwerfbaren Zusatztanks
Fahrbereich	220 km (Straße)
Furttiefe	1,3 m
Besatzung	5
Bewaffnung JSU-122	1 x 122-mm-KwK A-19S L/48, teils 1 x 12,7-mm-Dschk-Fla-MG
Bewaffnung JSU-122S	1 x 122-mm-KwK D-25S L/48, teils 1 x 12,7-mm-Dschk-Fla-MG
Kampfsatz	30 x 122 mm, 250 x 12,7 mm
Panzerung (mm/Neigung)	
Wannenbug (oben)	60/12°
Wannenbug	(unten) 90/60°
Wannenseiten(unten)	90/90°
Wannenheck	60/49° (unten), 60/41° (oben)
Wannenoberseite	30/0°
Wannenunterseite	20/0°
Aufbaufront	100/rund
Geschützblende JSU-122	zunächst 60, später 100/rund
Geschützblende JSU-122S	80–100/rund
Aufbauseiten	75/75° (vorn), 60/75° (hinten)
Aufbauheck	60/90°
Turmdach	30/0°

JSU-122S in Berlin, April 1945.

Ausführungen

Die JSU-122 erfuhr im Laufe ihrer Fertigung einige Detailänderungen. So wurden die Ersatzkettenglieder zunächst am Heck mitgeführt, ab Juni 1944 die entsprechenden Halterungen jedoch am Bug angebracht. Ab Ende 1944 wurden 12,7-mm-Fla-MG DSchK verbaut und ab Februar 1945 auf dem Wannenheck Halterungen für Nebelbehälter installiert. Wie die JSU-152 verwendeten auch die JSU-122 und JSU-122S ab Ende Februar 1945 einen geschweißten Wannenbug.
Im Rahmen der Bestrebungen, die schweren Selbstfahrlafetten mit leistungsfähigeren Geschützen auszurüsten, wurden 1944 die JSU-122-1 (Objekt 243) sowie später die JSU-122-3 (Objekt 251) erprobt. Die SU-122-1 entstand durch den Umbau des Prototyps Objekt 242 der SU-122 und war mit der 122-mm-Kanone BL-9 L/58,5 bewaffnet. Diese ermöglichte eine Mündungsgeschwindigkeit von 1007 m/s, so dass auf 1000 m Entfernung bis zu 204 mm und auf 2000 m noch 155 mm Panzerstahl durchschlagen werden konnten. Die BL-9 war seit Herbst 1943 im Konstruktionsbüro OKB-172 des Werks Nr. 172 entwickelt worden. Die Werkserprobung der SU-122-1 im Versuchswerk Nr. 100 begann am 7. Juli 1944, im August wurde die Erprobung in Gorochowez fortgeführt. Dabei ergaben sich die gleichen Schwierigkeiten wie bei der BL-8 im Kaliber 152,4 mm (siehe S. 176). Das Rohr wies nur eine sehr beschränkte Lebensdauer auf und die Kanone arbeitete unzuverlässig. Zudem bestand die Sorge, dass sich das insgesamt 11.150 mm lange und 47 t schwere Fahrzeug aufgrund des über 4,7 m vorstehenden Rohrs im schweren Gelände oder an

Werksaufnahme der JSU 122-1 (Objekt 243) im Kirow-Werk Tscheljabinsk 1944.

Ein Bergepanzer BTT-1T der sowjetischen Armee, der 1968 in der Tschechoslowakei während der Niederschlagung des so genannten „Prager Frühlings“ mit von der Partie war.

engen Stellen festfahren könnte. Obwohl im Februar 1945 eine verbesserte BL-9 verbaut und die SU-122-1 bei den folgenden Tests besser abschnitt, erfolgte keine Serienfertigung.

Durch den Einbau der 122-mm-Kanone S-26-1 in das Objekt 249 (Prototyp der Su-122S) entstand die SU-122-3 oder auch Objekt 251. Die S-26-1 (eine 122 mm Version der S-26 im Kaliber 130 mm) wurde im TsAKB unter Leitung von General Grabins konstruiert. Sie besaß die gleichen ballistischen Eigenschaften wie die BL-9, war jedoch anstelle eines manuell zu bedienenden Schraubverschlusses mit einem halbautomatischen Keilverschluss ausgestattet und erhielt eine Mündungsbremse. Wie bei der BL-9 ergaben die ab November 1944 durchgeführten Tests eine zu geringe Lebensdauer des Rohres, zudem arbeiteten Verschluss und Mündungsbremse nicht zuverlässig und die Schussgeschwindigkeit lag bei enttäuschenden 1,5–1,8 Schuss pro Minute. Zugleich traten aufgrund des weit überhängenden Rohres (Gesamtlänge der SU-122-3: 11.260 mm) ähnliche Bedenken auf wie bei der SU-122-1. Eine verbesserte Variante der S-26-1 konnte erst im Juni 1945 eingebaut werden. Da zu jener Zeit der Krieg in Europa vorbei war, wurde die Entwicklung jedoch abgebrochen.

Nach Kriegsende wurden, ähnlich der JSU-152, eine Reihe von JSU-122 zu Kommando-, Beobachtungs- oder Bergefahrzeugen (JSU-T oder BTT-1T) umgebaut. Dazu wurde das Geschütz entfernt und auf die Öffnung eine Panzerplatte geschweißt. Der nun leere Kampfraum bot so Platz für notwendige Berge-Ausrüstung. Des Weiteren wurden JSU-122 als Basisfahrzeuge im Rahmen der Entwicklung schwerer Artille-

Eine JSU-122 der auf Seiten der Roten Armee kämpfenden polnischen Truppen überquert Anfang 1945 die Neiße.

rie- oder Raketenselbstfahrlafetten verwendet.
Viele JSU-122 blieben, wie die JSU-152, auch nach 1945 als Kampffahrzeuge im Dienst und wurden Ende der 1950er-Jahre zum Teil noch modernisiert, wenn auch nicht so umfangreich wie die JSU-152. Zumeist blieb es bei neuen Funkanlagen, neuen Optiken sowie IR-Scheinwerfern für den Fahrer. Die letzten JSU-122 worden Mitte der 1960er-Jahre verschrottet. Der einzige ausländische Nutzer der JSU-122 war Polen, das gegen Ende des Krieges noch eine Anzahl Fahrzeuge erhalten hatte. Sie blieben bis in die 1960er-Jahre im Dienst.

Organisation

JSU-122 wurden wie JSU-152 in schweren Sturmgeschütz-Regimentern (TSAP - *„Tyazheliy Samokhodno-Artilleriyskiy Polk"* oder russisch „Тяжелый Самоходно-Артиллерийский Полк" bzw. OTSAP *„Otdel'niy Tyazheliy Samokhodno-Artilleriyskiy Polk"*) zusammengefasst, die direkt dem Oberkommando unterstanden. Ab April 1944 umfasste ein TSAP 21 schwere Selbstfahrlafetten in vier Batterien zu je fünf Fahrzeugen sowie ein Kommandantenfahrzeug. Die Rote Armee bemühte sich, die TSAP nur mit einem Selbstfahrlafetten/Sturmgeschütz-Typ auszurüsten, d. h. JSU-122 und JSU-152 sollten nicht parallel in einem Verband zu finden sein. Dies hatte vor allem logistische Gründe. Dennoch kam dies mitunter vor.

Einsatz

Ähnlich wie die JSU-152 kam auch die JSU-122 in den drei klassischen Rolle einer Selbstfahrlafette zum Einsatz: Als Jagdpanzer, als Sturmgeschütz für die direkte Feuerunterstützung sowie (selten) als Panzerhaubitze, also für indirektes Feuer auf größere Distanz. Der Schwerpunkt lag jedoch auf der Verwendung als Jagdpanzer, in welcher sich sowohl das A-19 als auch das D-25 Geschütz bewährten. Die 25 kg schwere Panzergranate konnte die meisten deutschen Kampffahrzeuge auch auf größere Distanzen ausschalten. Ausnahmen waren hier nur z. B. die Frontpanzerung des Jagdpanzer „Elefant" und des „Tiger II" und auf große Entfernungen auch jene des „Panther". Obgleich nicht so massiv wie die Geschosse der JSU-152, vermochten auch die Sprenggranaten der JSU-122 durch ihre schiere Wucht und ihre Sprengstofffüllung von ca. 3,6 kg viele gepanzerte Ziele außer Gefecht zu setzten, ohne die Panzerung durchschlagen zu müssen. JSU-122 erzielten Abschüsse auf über 2000 m Entfernung und beraubten die deutschen Panzer damit ihres vorherigen Vorteils, den Kampf schon auf große Entfernung aufnehmen zu können, ohne gezieltes gegnerisches Feuer befürchten zu müssen.

Zugleich wies die SU-122 auch eine ganze Reihe von Nachteilen auf. Das weit überhängende Rohr bohre sich bei Geländefahrten mitunter in den Boden oder ließ keine Drehung an engen Stellen zu. Ihre kaum geneigte Frontalpanzerung von 90 mm war für die Anforderungen an eine schwere Selbstfahrlafette am Kriegsende kaum noch ausreichend. Die mangelhafte Turmentlüftung sorgte dafür, dass der Kampfraum bei geschlossenen Luken nach fünf bis sechs Schuss so mit Pulvergasen gefüllt war, dass die Besatzung kaum noch atmen konnte. Auch die Arbeitsbedingen der Besatzung, insbesondere des Ladeschützen, im engen Kampfraum waren alles andere als angenehm. Die Besatzungen wünschten sich besser Optiken sowie zur Verteidigung gegen Infanterie zwei MG, eines an der Front und eines am Heck des Panzeraufbaus. Dies wurde nicht verwirklicht, jedoch kam ab Ende 1944 ein 12,7-mm-MG auf der Kommandantenluke zum Einbau. Diese Waffe bewährte sich im Häuserkampf sowie bei der Abwehr von „Faustniks" (sowjetische Bezeichnung für Panzerfaustschützen). Wie bei der JS-Reihe üblich gab es Probleme bei

Eine Kolonne JSU-122 in Berlin Ende April/Anfang Mai 1945. Obwohl die JSU-122 der JSU-152 sehr gleicht, ist sie aufgrund der fehlenden Mündungsbremse der 122-mm-Kanone A-19 und des längeren Rohrs eindeutig zu unterscheiden.

Eine Gruppe JSU-122 auf dem Marsch. In dieser Perspektive ist die Ein- und Ausstiegsluke am Übergang vom Kampfraumdach zur Heckwand gut zu erkennen.

Antriebsstrang sowie Laufwerk, u. a. defekte Vorgelege und Laufrollen, brechende Drehstäbe sowie schnell verschleißende Gleisketten.
Eine ganze Anzahl JSU-122 blieb, wie die JSU-152, auch nach 1945 im Dienst und wurde Ende der 1950er-Jahre zum Teil noch modernisiert, wenn auch nicht so umfangreich wie die JSU-152. Zumeist blieb es bei neuen Funkanlagen, neuen Optiken sowie IR-Scheinwerfern für den Fahrer. Die letzten JSU-122 wurden Mitte der 1960er-Jahre verschrottet. Als einziger ausländischer Nutzer der JSU-122 trat Polen in Erscheinung, das gegen Ende des Weltkrieges eine Anzahl Fahrzeuge erhalten hatte, die bis in die 1960er-Jahre im Dienst blieben.

Sturmgeschütz JSU-130 (Objekt 250)

Basierend auf dem 130-mm-Marinegeschütz B-13 entwickelte das TsAKB unter Leitung General Grabins eine leistungsfähige Waffe für die Verwendung in Kampffahrzeugen. Ein als S-26 bezeichnete Geschütz wurde im Herbst 1944 im Versuchs-Werk Nr. 100 in eine SU-122S installiert und ab Oktober jenes Jahres der Werkserprobung unterzogen. Vom 24. November bis zum 8. Dezember sowie erneut vom 14. Dezember bis zum 31. Dezember 1944 schloss sich die staatliche Erprobung auf dem Artillerieübungsplatz Rschew nahe Leningrad an. Die S-26 mit Rohrlänge L/54,7 verschoss eine 33,4 kg schwere Panzergranate mit einer v/0 von 900 m/s, die auf 1000 m Entfernung 196 mm Panzerung durchschlug. Die S-26 verfügte über einen halbautomatischen Keilverschluss und eine T-förmige Mündungsbremse. Der Richtbereich betrug 1° bis +14° in der Höhe sowie 11,5° zur Seite. Es wurden 25 Schuss zweiteilige Munition mitgeführt. Die Feuergeschwindigkeit lag bei 1,5 bis 2 Schuss pro Minute. Die Erprobung ergab, dass die S-26 noch nicht ausgereift und ihre ballistischen Eigenschaften der 122-mm-Kanone BL-9 nicht überlegen waren. Da die Rote Armee befürchtete, die Abkehr von den gewohnten

Die SU-130 (Objekt 250) im Panzermuseum Kubinka am 16. August 2016. (Alf van Beem)

Werksaufnahme der SU-130 (Objekt 250) in Tscheljabinsk, Oktober/ November 1944.

Technische Angaben	JSU-130
Typ	schwere Selbstfahrlafette/ Sturmgeschütz
Hersteller	Kirow-Werk bzw. Versuchswerk Nr. 100 Tscheljabinsk
Hergestellte Stückzahl	1 Prototyp
Gefechtsgewicht	47.000 kg
Länge JSU-122	6670 mm (Wanne), 11.420 mm (mit Rohr)
Breite	3070 mm
Höhe	2480 mm (ohne Fla-MG)
Motor	W-2IS, 12-Zylinder-Dieselmotor
Leistung kW/PS	382,5/520
Leistungsgewicht	11,06 PS/t
Höchstgeschwindig-keit	35 km/h (Straße), 15 km/h (Gelände)
Kraftstoffvorrat	500 l + bis zu 4 x 90 l in externen, abwerfbaren Zusatztanks
Fahrbereich	220 km (Straße)
Furttiefe	1,3 m
Besatzung	5
Bewaffnung	1 x 130-mm-Kanone S-26 L/54,7
Kampfsatz	25 x 130 mm
Panzerung (mm/Neigung)	
Wannenbug (oben)	60/12°
Wannenbug (unten)	90/60°
Wannenseiten (unten)	90/90°
Wannenheck	60/49° (unten), 60/41° (oben)
Wannenoberseite	30/0°
Wannenunterseite	20/0°
Aufbaufront	100/rund
Geschützblende	100/rund
Aufbauseiten	75/75° (vorn), 60/75° (hinten)
Aufbauheck	60/90°
Turmdach	30/0°

Kalibern 122 mm und 152,4 mm könnte logistische Schwierigkeiten nach sich ziehen, wurde auf eine Einführung verzichtet. Im Juni 1945 wurde die JSU-130 mit einer überarbeiteten S-26 mit Mündungsbremse erneut getestet, was letztlich jedoch nur zu einer Einstellung der Entwicklung führte.

Panzerkampfwagen Objekt 244 (JS-3)

Obwohl die Serienfertigung der JS-122 (bzw. JS-2) mit der 122-mm-KwK D-25T gerade erst angelaufen war, bedeutete dies nicht, das nicht weitere Bewaffnungsoptionen erwogen worden wären. Die geringe Feuergeschwindigkeit und Munitionsausstattung des JS-122 bzw. JS-2 war den betreffenden Stellen wohl bekannt. Das Staatliche Verteidigungskomitee erließ am 27. Dezember 1943 einen Befehl (Nr. 4851) bezüglich der Erprobung eines neuen 85-mm-Geschützes für Panzerkampfwagen und Sturmgeschütze/Selbstfahrlafetten, das, so hoffte man, in der Leistungsklasse der deutschen 8,8 cm-Pak 43 L/71 angesiedelt sein sollte. Dieses als D5T-BM bezeichnete Geschütz war im Konstruktionsbüro des Werks Nr. 9 entstanden und stellte eine verbesserte Version der 85-mm-KwK D-5T dar. Die D5T-BM verfügte über ein verlängertes Rohr (L/64 anstelle L/53) und sollte mit verstärkter Treibladung eine v/0 von 920–950 m/s erreichen können. Zugleich wurden im Werk Nr. 100 unter Leitung von A.S. Ermolaew in Tscheljabinsk Vorkehrungen getroffen, das neue Geschütz ins Objekt 237 (Prototyp des JS-85 bzw. JS-1) einzubauen. Das nun Objekt 244 genannte Fahrzeug wurde im Februar 1944 fertig gestellt. Da sich die Abmessungen der KwK im Turm nicht wesentlich verändert hatten, war diese Modifikation ohne größere Probleme zu bewerkstelligen. Neben dem serienmäßigen Richtschützen-Zielfernrohr wurde versuchsweise ein Zielfernrohr PT-8 mit elektrischer Heizung und vierfacher Vergrößerung installiert. Zudem wurden eine neue Kühlanlage und ein verbessertes Getriebe installiert. Nach Abschluss der Erprobung auf dem Versuchsgelände Gorochowez im März 1944 zeigte sich, dass D-5T-BM einen zu hohen Rohrverschleiß aufwies und den immensen Kräften beim Abschuss nur bedingt gewachsen war. Zudem blieb die v/0 mit 900 m/s hinter den Erwartungen zurück. Ein rascher Einsatz an der Front kam daher nicht in Frage, und da ohnehin entschieden worden war, dass die Bewaffnung schwerer Panzer zukünftig mindestens das Kaliber 100 mm haben sollte, wurde die Entwicklung nicht fortgeführt. Da die beiden Typen JS-85 und JS-122 zu jener Zeit in JS-1 und JS-2 umbenannt wurden, taucht für Objekt 244 auch die Bezeichnung JS-3 auf, was zur Verwirrung im Bezug auf den späteren JS-3 (Objekt 701) führt.

Damit war die Karriere des Objekts 244 aber noch nicht beendet. Ab August 1944 wurde ein neues Laufwerk getestet. Dieses war eigentlich für das Objekt 252 vorgesehen und sollte aus sechs großen Doppel-Laufrollen bestehen. Da die Wanne des Objekts 244 jedoch kürzer ausfiel, kamen hier nur fünf der neuen Laufrollen zum Einbau, die sechste und letzte Laufrolle entsprach dem zuvor verbauten Standardlaufwerk. Um das neue Laufwerk mit dem errechneten Gewicht des Objekts 252 zu testen, wurde das Objekt 244 mit einer zusätzlichen Belastung von 8 t versehen. Die neuen Laufrollen hatten einen Durchmesser von 750 mm und machten die Stützrollen überflüssig. Im Zuge der Versuche erreichte Objekt 244 eine Höchstgeschwindigkeit von 35,4 km/h. Im Laufe der Erprobung wurde zudem die 85-mm-D5-T-BM gegen eine 122-mm-KwK D-30 getauscht, die ebenfalls im Objekt 252 verbaut werden sollte. Die Versuche mit dem Objekt 244 wurden Ende Oktober 1944 abgeschlossen. Über den weiteren Verbleib des Fahrzeugs ist nichts bekannt, wahrscheinlich wurde es verschrottet.

Oben: Zeichnerische Darstellung des Objekts 244 mit neuem Laufwerk. Links: Werksaufnahme des Objekts 244 im Februar 1944 im Kirow-Werk Tscheljabinsk. Das Objekt 244 diente zur Erprobung der leistungsgesteigerten KwK D-5T-BM und war im Grunde ein Umbau aus dem Objekt 237 (Prototyp des JS-85).

Panzerkampfwagen Objekt 245 (JS-4 mit D-10T) und Objekt 248 (JS-5 mit S-34)

Bereits im 5. Mai 1943 hatte das Staatliche Verteidigungskomitee in der Weisung Nr. 3289ss eine leistungsstarke Panzerbewaffnung im Kaliber 100 mm gefordert, die auf 2000 m Entfernung noch bis zu 130 mm Panzerung durchschlagen sollte. Aufgrund dieser Forderung entwickelte das von F.F. Petrow geleitete Konstruktionsbüro des Werks Nr. 9 die 100-mm-KwK D-10T, während General Grabins TsAKB die 100-mm-KwK S-34 entwarf.

Laut Weisung Nr. 4851 des Staatlichen Verteidigungskomitees vom 27. Dezember 1943 sollte nicht nur das leistungsgesteigerte 85-mm-Geschütz D-5T-BM (siehe Objekt 244), sondern auch das 100-mm-Geschütz S-34 versuchsweise in einen JS-Panzer eingebaut werden. Die Fertigstellung der 100-mm-KwK sollte im Werk Nr.92 bis zum 25. Januar 1944 erfolgen, das Versuchswerk Nr. 100 unter der Leitung von Josef Kotin wiederum die Waffe bis zum 20. Februar in den Turm eines JS-Panzer integrieren und die Werkserprobung aufnehmen. Ziel war die Schaffung einer zu jener Zeit noch als JS-100 bezeichneten Version der JS-Reihe. Allerdings waren Josef Kotin und die anderen Konstrukteure des Versuchswerks Nr. 100 alles andere als begeistert über die Wahl dieser Waffe. Grabins Konstruktionsbüro hatte nämlich im Gegensatz zu den bisherigen Gepflogenheiten die S-34 so entworfen, dass sich der Richtschütze (und damit auch der Kommandant) rechts und der Ladeschütze links der KwK befanden. Zur Überprüfung dieses Konzepts hatte das TsAKB bereits im Januar 1944 einen KW-85 mit einem ersten Prototypen der S-34-KwK ausgerüstet (siehe KW-100, S. 83). Dabei zeigte sich, dass erhebliche Modifikationen notwendig sein würden, um ein kampffähiges Fahrzeug zu schaffen. Es mussten nämlich die gesamte innere und äußere Auslegung des Turms sowie die Geschützblende und Teile der Wannenarchitektur verändert werden. Obwohl Grabin dies aus gutem Grund getan hatte (ein links der Hauptwaffe platzierter Ladeschütze ist heute Standard, da den meist rechtshändigen Soldaten so die Arbeit erleichtert und die Feuerfolge erhöht wird), sah Kotin angesichts der engen Zeitvorgaben keinen Spielraum für solche Modifikationen. Zudem lag Grabins TsAKB weit hinter dem Zeitplan zurück und konnte die Fertigstellung einer verbesserten S-34 nicht vor April in Aussicht stellen.

Kotin entschied daher in Zusammenarbeit mit dem Konstruktionsbüro des Werks Nr. 9, die 100-mm-KwK D-10T anstelle der S-34 zu nutzen und baute unter Heranziehung eines serienmäßigen JS-122 ein entsprechendes Versuchsfahrzeug. Dieses als Objekt 244 bezeichnete Fahrzeug wurde vom 12. März bis zum 6. April 1944 auf dem Versuchsgelände Gorochowez der staatlichen Erprobung unterzogen. Obwohl die Rohrwiege sich als nicht robust genug erwies und die Rohrbremsanlage verstärkt werden musste, erfüllte die D-10T die Vorgaben weitgehend. Die Erprobungskommission forderte nur verbesserte Munitionshalterungen, einen stärkeren Lüfter für den Kampfraum sowie einen mechanischen Ansetzer, um den Umgang mit den schweren und sperrigen 100-mm-Patro-

Das Objekt 245 mit der 100-mm-Kanone D-10T im Juli 1944 auf dem Versuchsgelände Gorochowez.

Technische Angaben	Objekt 245/248
Typ	schwerer Panzerkampfwagen
Hersteller	Versuchswerk Nr. 100, Tscheljabinsk
Hergestellte Stückzahl	je 1 Prototyp
Gefechtsgewicht	45.500 kg/46.500kg
Länge	6670 mm (Wanne), 9760/9781 mm (mit Rohr)
Breite	3070 mm
Höhe	2730 mm
Motor	W-2IS, 12-Zylinder-Dieselmotor
Leistung kW/PS	382,5/520
Leistungsgewicht	11,43 PS/t bzw. 11,18 PS/t
Höchstgeschwindigkeit	37 km/h (Straße), 19 km/h (Gelände)
Kraftstoffvorrat	520 l + bis zu 4 x 90 l in externen, abwerfbaren Zusatztanks
Fahrbereich	250 km (Straße), 150 km (Gelände)
Furttiefe	1,3 m
Besatzung	4
Bewaffnung	1 x 3 x 7,62-mm-DT-MG
Kampfsatz	29 bzw. 35 x 100 mm, k. A. 7,62 mm
Panzerung (mm/Neigung)	
Wannenfront	100 mm (Walzstahl)/30°
Wannenbug	100/60°
Wannenseiten (oben)	90/75°
Wannenseiten(unten)	90/90°
Wannenheck	60/49° (unten), 60/41° (oben)
Wannenoberseite	30/0°
Wannenunterseite	20/0°
Turmfront	100/rund
Geschützblende	100/rund
Turmseiten	90/70°
Turmheck	90/60°
Turmdach	30/0°

nen zu erleichtern. Aus Moskau wurde jedoch mit Nachdruck verlangt, dem ursprünglichen Befehl nachzukommen und die S-34 in einen JS-Panzer einzubauen. Kotin gehorchte widerwillig. Das Versuchswerk Nr. 100 stellte daher im Juni 1944 das Objekt 248 fertig, einen serienmäßigen JS-2 mit 100-mm-KwK S-34. Der veränderte Turm war leicht an der Platzierung der Kommandantenkuppel sowie der Öffnung für das Zielfernrohr des Richtschützen auf der rechten Seite des Turms zu erkennen. Da sich sowohl für den JS-85 als auch für den JS-122 ab Frühjahr 1944 zunehmend die Bezeichnung JS-1 und JS-2 findet, wurde das Objekt 245 nun zum JS-4 (nicht zu verwechseln mit dem späteren Serienpanzer JS-4 Objekt 701) und das Objekt 248 zum JS-5 (nicht zu verwechseln mit dem späteren Vorläufer der T-10, dem Objekt 730).

Vom 1. bis zum 6. Juli 1944 wurden Objekt 245 und 248 (bzw. „JS-4" und „JS-5") auf dem Versuchsgelände Gorochowez erprobt. Dabei erwies sich die D-10T als zuverlässiger als die S-34, die zudem aufgrund ihres langen Rücklaufweges kaum Platz für den Kommandanten ließ. Die S-34 hingegen bot dem Ladeschützen weit bessere Arbeitsbedingungen. Ballistisch waren beide Waffen weitgehend identisch. Im Oktober jenes Jahres wurden beide Prototypen erneut erprobt, die D-10T des Objekts 245 arbeitete einwandfrei, während die S-34 nun mit der Attrappe eines mechanischen Ansetzers und einem in der vertikalen Ebene stabilisiertem Visier ausgerüstet war (ein Novum im sowjetischen Panzerbau), das die Trefferwahrscheinlichkeit erhöhte. Zudem war der Kommandant weiter nach rechts versetzt worden, um Platz für den Rücklauf der S-34 zu schaffen. Obwohl nun beide Prototypen überzeugten und eine höhere Feuerfolge als der JS-2 mit der 122-mm-KwK D-25T zeigten (Objekt 245 drei bis fünf Schuss pro Minute, Objekt 248 sechs bis acht Schuss pro Minute), ging keiner in Serie. Zum einen, weil die die Durchschlagsleistung der beiden 100-mm-KwK zwar besser als jene der 122-mm-KWK D-25T war – jedoch nur um wenige Millimeter.

Das Objekt 248 war mit der 100-mm-Kanone S-34 bewaffnet, die eine Neugestaltung des Turminneren erforderte. Der Ladeschütze wechselte von der rechten auf die linke Turmseite. Man beachte daher bei diesem Panzer die rechts befindliche Kommandantenkuppel (z. B. beim JS-1 und JS-2 links!).

Das Objekt 248 während seiner Werkserprobung.

Durchschlagsleistung in mm nach Angaben vom 05.05.1944

	100-mm-KwK D-10T		**122-mm-KwK D-25T**	
Geschossgewicht	15,6 kg		25 kg	
v/0	890 m/s		800 m/s	
Entfernung/Auftreffwinkel	90°	60°	90°	60°
500 m	159	132	155	127
1000 m	149	122	144	117
1500 m	138	112	133	107
2000 m	127	103	122	98

(Angaben, die eine wesentlich bessere Durchschlagsleistung der D-10T zeigen, beruhen auf Daten aus den 1950er-Jahren und der zu jener Zeit verwendeten Munition.)

Werksaufnahme des Objekts 248 im Sommer 1944 im Kirow-Werk Tscheljabinsk.

Zum anderen auch, weil beide Prototypen kaum mehr Munition mitführen konnten als der JS-2 (Kampfsatz 28 Schuss 122-mm-Munition). Die Patronen der einteiligen 100-mm-Munition waren sehr groß und unhandlich, wohingegen sich die zweiteilige Munition der 122-mm-KwK D-25T besser im Panzer verteilen ließ. Daher vermochte das Objekt 245 nur 29 und das Objekt 248 nur 35 Schuss für die Hauptwaffe mitzuführen. In letzterem Falle waren jedoch sechs Schuss im Gefecht kaum zu nutzen, da der Fahrer seinen Platz verlassen musste, um die vor ihm gelagerten Granatpatronen zu erreichen. Zudem schätzte die Rote Armee die Wirkung des 122-mm-Sprenggeschosses sehr und war mittlerweile der Überzeugung, dass die D-25T mehr als ausreichte, um allen deutschen Kampffahrzeugen begegnen zu können. Das Objekt 248 wurde später versuchsweise noch mit Hochgeschwindigkeitskanonen des Kalibers 85 mm ausgerüstet (SIS-1PM und S-34-1B).

Panzerkampfwagen JS-6 (Objekt 252 und 253)

Unter dem Eindruck der Fronterfahrungen des Jahres 1943 und dem Erscheinen neuer schwerer deutscher Kampffahrzeuge mit leistungsstarker Bewaffnung (z. B. 8,8-cm-Pak 43 L/71), beauftragte das Staatliche Verteidigungskomitee das Kirow-Werk Tscheljabinsk im November des Jahres mit der Planung eines völlig neuen schweren Durchbruchpanzers. Das Ergebnis dieses Vorhabens war das spätere Objekt 701 oder JS-4. Auf der anderen Seite verlangte der Rat eine Modernisierung des JS-2, was nicht nur zum JS-2 Modell 1944 mit durchgehender Front, sondern später auch zum Objekt 703 oder JS-3 führte. Hinter den Kulissen kam es in Tscheljabinsk jedoch zu Konkurrenzkämpfen. Das von Josef Kotin geleitete Versuchswerk Nr. 100, das, wie der Name schon sagt, ursprünglich für die Entwicklung und den Bau von Versuchsfahrzeugen ins Leben gerufen worden war, fühlte sich zum Zulieferbetrieb für das riesige Kirow-Werk degradiert, während das Konstruktionsbüro des Kirow-Werks (mittlerweile von Nikolai Duchow geleitet) allein an der Entwicklung des Objekt 701 arbeitete. Nicht nur Josef Kotin, auch im Werk Nr. 100 tätige Ingenieure wie A.S. Ermolaew und N. Schaschmurin fühlten sich zurückgesetzt und begannen daher auf eigene Initiative mit der Entwicklung eines neuen schweren Panzerkampf-

Diese Aufnahme einer hölzernen Attrappe des Objekts 252 im Maßstab 1:1 entstand im Herbst 1944 im Versuchswerk Nr. 100.

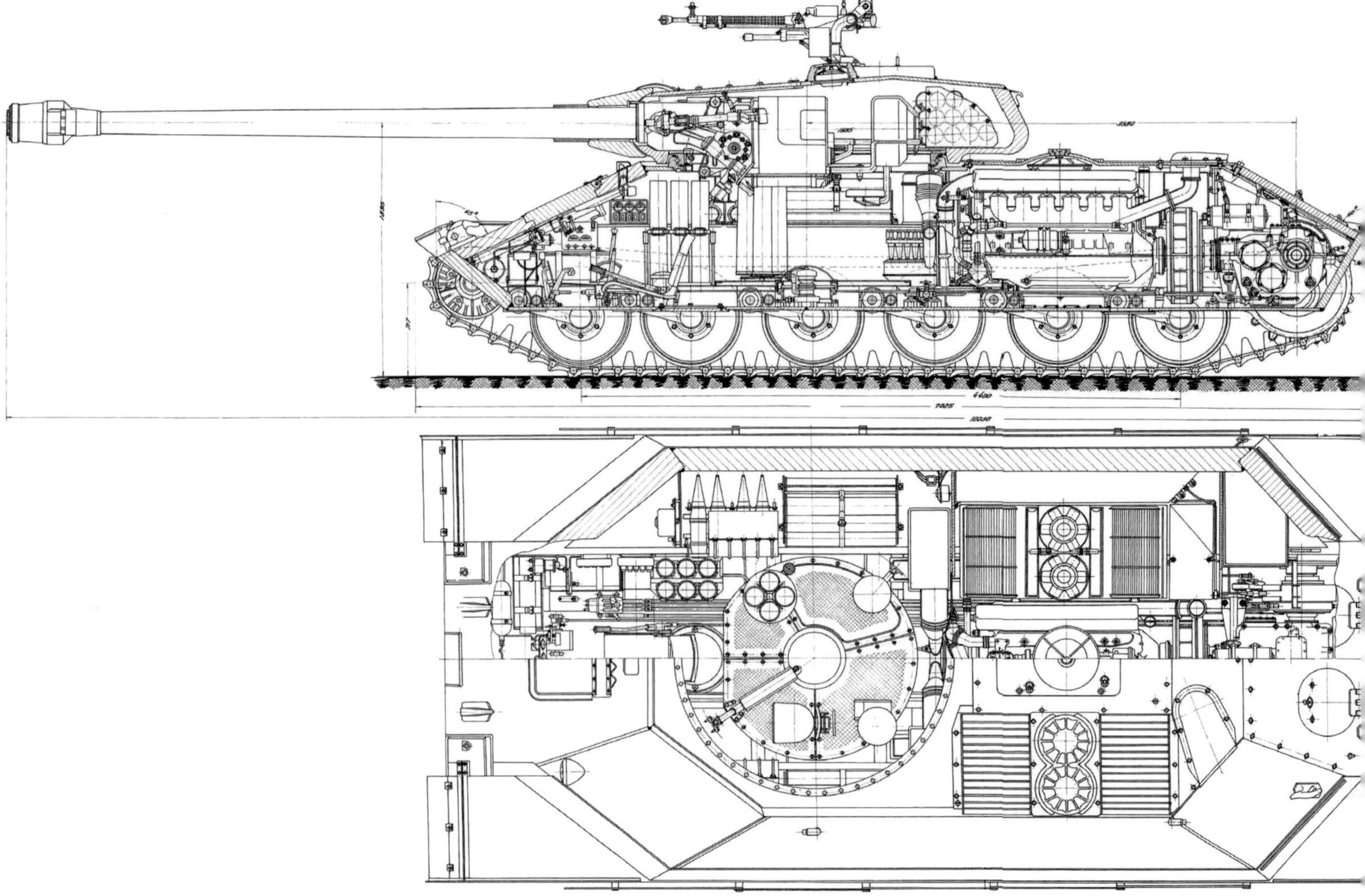

wagens, der allerdings den von der GABTU und dem Staatlichen Verteidigungskomitee vorgegeben Linien folgte. Diese sahen u. a. die Verwendung eines dieselelektrischen Antriebs vor. Gab es bereits in den späten 1930er-Jahren erste Versuche mit dieser Antriebsform in der UdSSR, so führte die Erprobung eines Panzerjäger Tiger (P) „Ferdinand“ zu einem erneuten Interesse an dieser Antriebsform für schwere Panzer. Die Konstrukteure im Versuchs-Werk Nr. 100 arbeiteten lange im Verborgenen und ohne Kenntnis der GABTU oder des Volkskommissars für Panzerbau Malyschew. Erst Anfang Juni 1944 wurden diese Stellen über die intern als Objekt 252 und 253 bezeichneten Entwürfe in Kenntnis gesetzt. Da die Arbeiten bereits weit fortgeschritten waren, genehmigte Malyschew die Herstellung zweier Prototypen und dem Projekt wurde offiziell die Bezeichnung JS-6 zugeordnet. Der Bau der beiden Versuchsfahrzeuge wurde mit Hilfe des USTM-Werks in Swerdlowsk durchgeführt, das Wannen, Türme und Teile des Antriebs lieferte. Die beiden Prototypen unterschieden sich in einigen Punkten erheblich. Beiden gemein war eine völlig neu entworfene Wanne mit allseitig stark abgeschrägten Flächen, ein neuer Turm sowie ein neuer Antriebsstrang. Der gegossene Turm wies einige Besonderheiten auf. So waren zwei sehr flache Kuppeln sowie eine große Dachluke vorhanden. Letztere sollte der Wartung sowie dem Ein- und Ausbau der Hauptwaffe dienen. Hinzu kam eine bei den vorherigen KW- und JS-Modellen fehlende Turmdrehbühne. Als Bewaffnung diente eine verbesserte Variante der 122-mm-KwK D-25, die D-30. Alternativ war die Ausstattung mit der 122-mm-KwK BL-13 angedacht, die ein längeres Rohr (L/49,2) und damit eine höhere Mündungsgeschwindigkeit besaß.

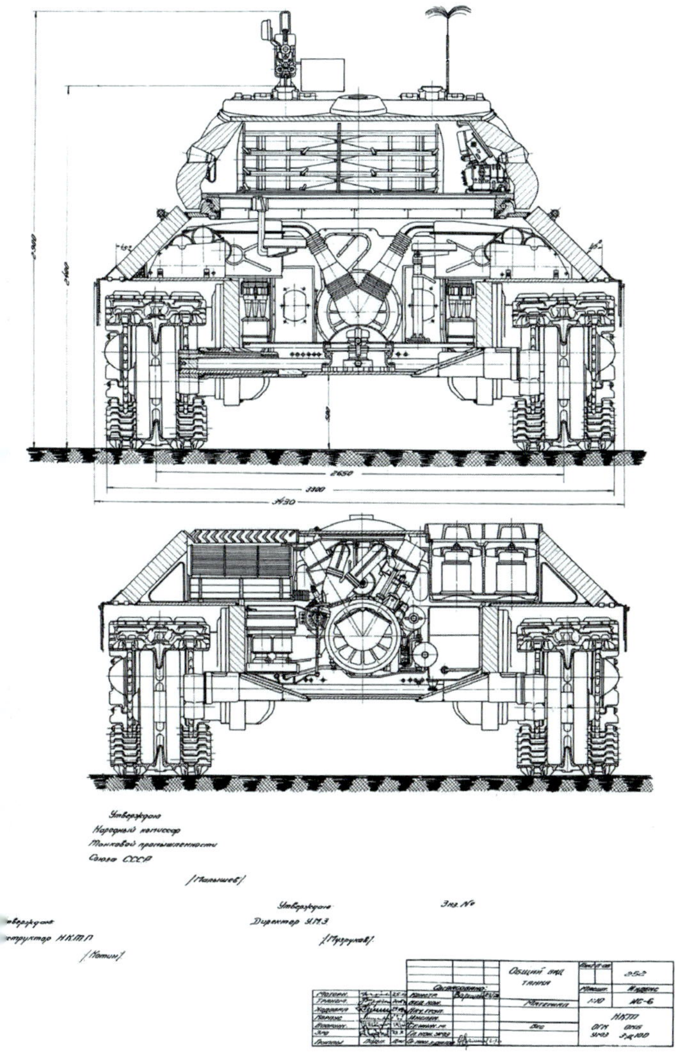

Entwurfszeichnung des JS-6 (Objekt 252), Stand August 1944. Man beachte das neue Laufwerk mit sechs großen Laufrollen sowie die allseitig stark abgeschrägten Flächen, die ein Maximum an Schutz gewährleisten sollten.

Technische Angaben	JS-6 (Objekt 252/253)
Typ	schwerer Panzerkampfwagen
Hersteller	Versuchswerk Nr. 100, Tscheljabinsk
Hergestellte Stückzahl	je 1 Prototyp
Gefechtsgewicht	51.500 kg/54.000 kg
Länge	7025 mm (Wanne), 10.030 mm (mit Rohr)
Breite	3430 mm
Höhe	2400 mm (Oberkante Turm), 2900 mm (mit Fla-MG)
Motor	W-12U, 12-Zylinder-Dieselmotor
Leistung kW/PS	552/750
Leistungsgewicht	14,56 PS/t bzw. 13,89 PS/t
Höchstgeschwindigkeit	43 km/h (Straße), 34 km/h (Straße)
Kraftstoffvorrat	640 l + bis zu 4 x 90 l in externen, abwerfbaren Zusatztanks
Fahrbereich	150 km (Straße)
Furttiefe	1,5 m
Besatzung	4
Bewaffnung	1 x 122-mm-D-30T, 1 x 7,62-mm-SGMT-MG, 1 x 12,7-mm-DSchK-MG
Kampfsatz	30 x 122 mm, 1200 x 7,62 mm, 500 x 12, 7 mm
Panzerung (mm/Neigung)	
Wannenfront	120/25°
Wannenbug	120/52°
Wannenseiten (oben)	100/45°
Wannenseiten(unten)	100/90°
Wannenheck	60/60° (unten), 60/30° (oben)
Wannenoberseite	30/0°
Wannenunterseite	20/0°
Turmfront	150/rund
Geschützblende	150/rund
Turmseiten	120–150
Turmheck	100
Turmdach	30/0°

Der Bau des Prototypen Objekt 252 lief im September 1944 an. Die Werkserprobung begann am 8. November jenes Jahres. Das Objekt 252 besaß einen konventionellen Antriebsstrang, wies jedoch ein neues, von N. Schaschmurin entworfenes Laufwerk mit sechs großen Laufrädern von 750 mm Durchmesser auf. Dieses Laufwerk war zunächst im Objekt 244 erprobt worden, bewährte sich aber im Objekt 252 nicht, da es häufig zu Laufrollendefekten kam. Während der bis zum 8. Dezember 1944 unternommenen Testfahrten über 825 km mussten 14 Laurollen ersetzt werden. Die durchschnittliche Lebensdauer der Laufrollen betrug nur 200–300 km. Obwohl die Erprobung im November und Dezember stattfand, neigte der Antriebstrang zur Überhitzung. Die stark abgeschrägte Wannenfront ließ dem Fahrer kaum Platz; sein Kopf stieß ge-

Das Objekt 252 während der Werkserprobung im November oder Dezember 1944.

Heckansicht des Objekts 253. Man beachte das gegenüber dem Objekt 252 veränderte Laufwerk.

gen die Frontpanzerung. Der Ein- und Ausstieg des Fahrers sollte über eine in der schrägen Frontplatte befindlichen Klappe erfolgen, ähnlich wie beim T-34.
Der Bau des Objekts 253 lief im Oktober 1944 an. Wann das Fahrzeug komplettiert wurde, ist nicht ganz klar, wohl aber nicht vor Februar 1945. Das Objekt 253 erhielt ein verbessertes Laufwerk des Typs, wie es auch der JS-2 verwendete, und besaß einen dieselelektrischen Antrieb. Ein aufgeladener Dieselmotor W-12U mit 750 PS wirkte auf einen Generator, der Elektrizität für zwei im Heck eingebaute Elektromotoren erzeugte. Auf dem Papier hatte dieser Antrieb gerade für schwere Fahrzeuge eine Reihe von Vorteilen. Zum einen konnte der Diesel stets im wirtschaftlichsten Drehzahlbereich laufen, so dass Treibstoff gespart wurde. Zum anderen ermöglichte diese Antriebart eine stufenlose Änderung des Drehmoments und der Leistung an den Antriebsrädern in Abhängigkeit von den Straßenverhältnissen, sowie sanfte Kurvenfahrten mit beliebigem Radius ohne internen Leistungsverlust. Dies erleichterte die Lenkung des Panzers und erhöhte seine Manövrierfähigkeit. Allerdings hatte der Elektroantrieb auch seine Nachteile. Der Hauptgenerator der JS-6 allein wog 1,7 Tonnen, dazu kamen die E-Motoren. Wegen der starken Erwärmung der elektrischen Anlage war es notwendig, ein sehr leistungsfähiges Kühlsystem zu verbauen, dessen Ventilatoren einen beträchtlichen Teil der Motorleistung in Anspruch nahmen. Hinzu kam der Verbrauch des knappen Kupfers, sowie die Tatsache, dass die Höchstgeschwindigkeit mit 34 km/h enttäuschend blieb und der Antrieb zur Überhitzung neigte – so sehr, dass auf einer der ersten Probefahrten ein Feuer ausbrach. Auch das Gewicht des Panzers lag mit 54 t noch über jenem des Objekts 252, der 51,5 t auf die Waage brachte. Noch im November 1944 konzipierte man im Versuchswerk Nr. 100 Pläne für eine verbesserte Frontpanzerung. Diese bestand aus zwei winklig miteinander verschweißten Platten, so dass die Wannenfront die Form eines umgekehrten „V" erhielt. Diese neue Front war in Zusammenarbeit mit dem Forschungsinstitut NII-48 entstanden und verbesserte nicht nur die Panzerung, sondern erlaubte auch die Schaffung einer Fahrerluke auf dem Wannendach. Neben Plänen für das Objekt 252 entstanden auch Zeichnungen für die Integration dieser Front in den JS-2, der in dieser Form häufig JS-2U genannt wird.
Im Dezember 1944 sandte Josef Kotin das Objekt 252 und

Vorn das Objekt 253, rechts teilweise verdeckt das Objekt 252. Diese Aufnahme entstand nach Ende der Erprobung der beiden Fahrzeuge in Tscheljabinsk.

die Pläne für die modifizierten Frontpanzerungen des Prototyps sowie des JS-2U nach Kubinka, wo eine Vergleichserprobung mit dem Kirowez-1 bzw. Objekt 703 (der spätere JS-3) stattfand. Dabei zeigte sich, dass der Kirowez-1 besser gepanzert und zuverlässiger war. Daher kam es zu keiner Serienfertigung des JS-6. Allerdings wurden die Pläne für die verbesserte Frontpanzerung von der GABTU ans Konstruktionsbüro der Kirow-Werks weitergeben, das diese in die Serienversion des JS-3 integrierte.

Sowohl Objekt 252 als auch Objekt 253 wurden im Anschluss an ihre Erprobung in Kubinka vom Versuchs-Werk Nr. 100 für weitere Tests und als Versuchsträger genutzt, z. B. im Rahmen der Entwicklung des JS-7. Ende der 1940er-Jahre wurden die Fahrzeuge schließlich verschrottet.

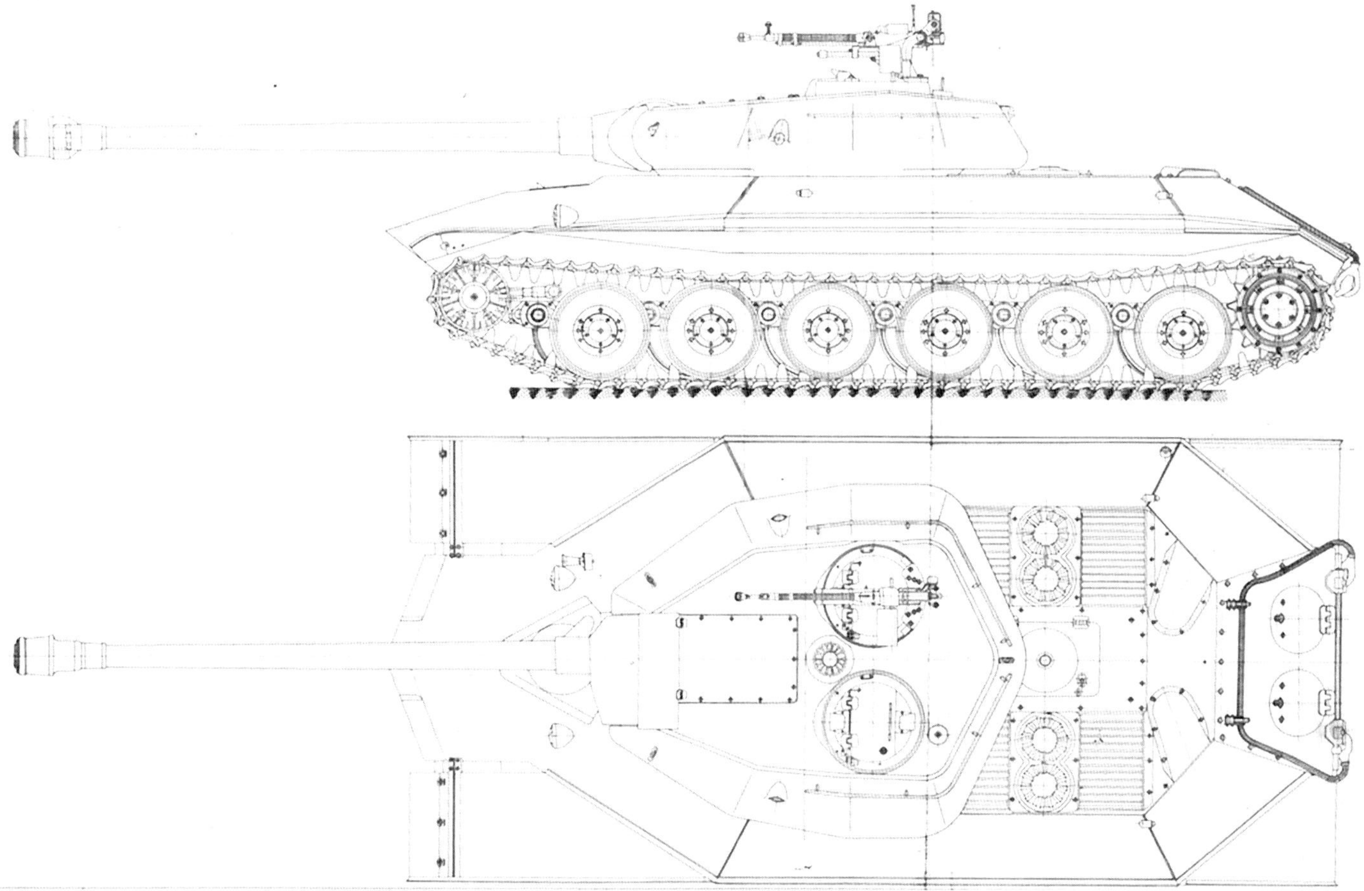

Entwurf des Objekts 252 mit neuer Wannenfront, dann teils auch Objekt 252U genannt.

Panzerkampfwagen JS-4 (Objekt 701)

Im November 1943 beauftragte das Staatliche Verteidigungskomitee das Kirow-Werk Tscheljabinsk mit der Entwicklung eines neuen schweren Durchbruchpanzers, der immun gegen die Geschosse der deutschen 8,8-cm-Pak 43 L/71 sein sollte. Diese Waffe war erstmals ab Februar 1943 in der Panzerjäger-Selbstfahrlafette „Hornisse“ (später umbenannt in „Nashorn“) zum Einsatz gekommen und wurde ab Mitte 1943 auch im Panzerjäger „Ferdinand“ sowie als gezogene Pak verwendet. In Tscheljabinsk existierten mittlerweile zwei miteinander im Wettbewerb befindliche Konstruktionsbüros. Es gab zum einen ein Büro, das dem Versuchswerk Nr. 100 angegliedert war und von Josef Kotin geführt wurde; zum anderen ein Büro, das zum Kirow-Werk gehörte und Nikolai Duchow unterstand. Ersteres nutzte zur Kenzeichnung seine Entwürfe den schon zuvor verwendeten Zahlenbereich im 200er-Raum (Objekt 2XX), während dem Duchow-Büro nun Bezeichnungen aus dem 700er-Bereich zugeordnet wurden. Das im Kirow-Werk konstruierte Kampffahrzeug erhielt daher die Bezeichnung Objekt 701. Nach Vorlage und Begutachtung der Entwürfe des Objekts 701 genehmigte das Staatliche Verteidigungskomitee am 8. April 1944 mit der Weisung Nr. 5583ss den Bau von zunächst zwei Prototypen. Zugleich wurde die weitere Verbesserung der bereits in Serienfertigung befindlichen Panzerkampfwagen der JS-Reihe gefordert. Tatsächlich wurden im Laufe des Jahres 1944 sechs Prototypen (Objekt 701-0 bis 701-6) gefertigt, die sich in ihrer Bewaffnung, Panzerung und Besatzungsanordnung unterschieden:

Objekt 701-0: Erster Prototyp, fertig gestellt im Mai 1944. Die Bewaffnung bestand aus einer 122-mm-KwK D-25T. Bugpanzerung 140 mm. Wurde nur im Werk getestet.

Objekt 701-1: Entsprach weitgehend dem Objekt 701-0, allerdings bestand die Bewaffnung aus der 122-mm-KwK S-34-II L/47. Diese KwK machte eine spiegelbildliche Auslegung des Turms notwendig, d. h. der Ladeschütze befand sich dann links, Richtschütze und Kommandant rechts im Turm. 701-1 und 701-3 wurden vom 28. Juni bis zum 30. Juli 1944 in Kubinka erprobt. Dabei zeigten sich Probleme mit dem Antriebsstrang, insbesondere dem Getriebe sowie den Seitenvorgelegen. Obwohl auf der Straße 43 km/h erreicht wurden, ließ die Mobilität im Gelände zu wünschen übrig.

Objekt 703-3: Dieser Prototyp war mit der 100-mm-KwK S-34-I L/56 bewaffnet, daher besaß er eine Turmauslegung wie das Objekt 701-1. 701-3 war mit einem anderen Getriebe als der 701-1 ausgerüstet, welches sich als zuverlässiger erwies. Die Panzerung des Wannenbugs sowie der Wannenseiten wuchs auf 160 mm an (Objekt 701-1: 140 mm). Aufgrund des gestiegenen Gewichts wurden Wanne und Laufwerk verlängert, um das Gewicht besser zu verteilen – allerdings ohne positiven Einfluss auf die Beweglichkeit.

Objekt 701-4: Entsprach dem Objekt 701-1 und wurde im September 1944 fertig gestellt. Dieser Prototyp besaß ein modifiziertes Getriebe, das jedoch keine wesentlichen Verbesserungen der Probleme erbrachte.

Objekt 701-5 und 701-6: Der Prototyp 701-5 entstand im November 1944 nach Auswertung der Testergebnisse aus dem Sommer 1944. Die Panzerung wurde am Wannenhecks auf 120 mm, an der Turmfront auf 250 mm verstärkt. Obwohl die 122-mm-KwK S-34-II eine höhere Schussgeschwindigkeit und bessere Zielgenauigkeit als die D-25T besaß, arbeitete sie nicht zuverlässig. Die Bewaffnung von 701-5 bestand daher nun aus der 122-mm-KwK D-25T, für die der Turm erheblich

JS-4-Fertigung im Kirow-Werk Tscheljabinsk

	1944	1945	1946	1947	1948	1949	1950	1951	Gesamt
JS-4	6	2	6	52	155	12	-	-	233
JS-4M	-	-	-	-	-	-	-	25	25
Total	6	2	6	52	155	12	-	25	**258**

Das Objekt 701-1 während der Erprobung im Juni oder Juli 1944.

Das Objekt 701-3 war mit einer 100-mm-Kanone S-34-I bewaffnet und wurde wie das Objekt 701-1 im Sommer 1944 erprobt.

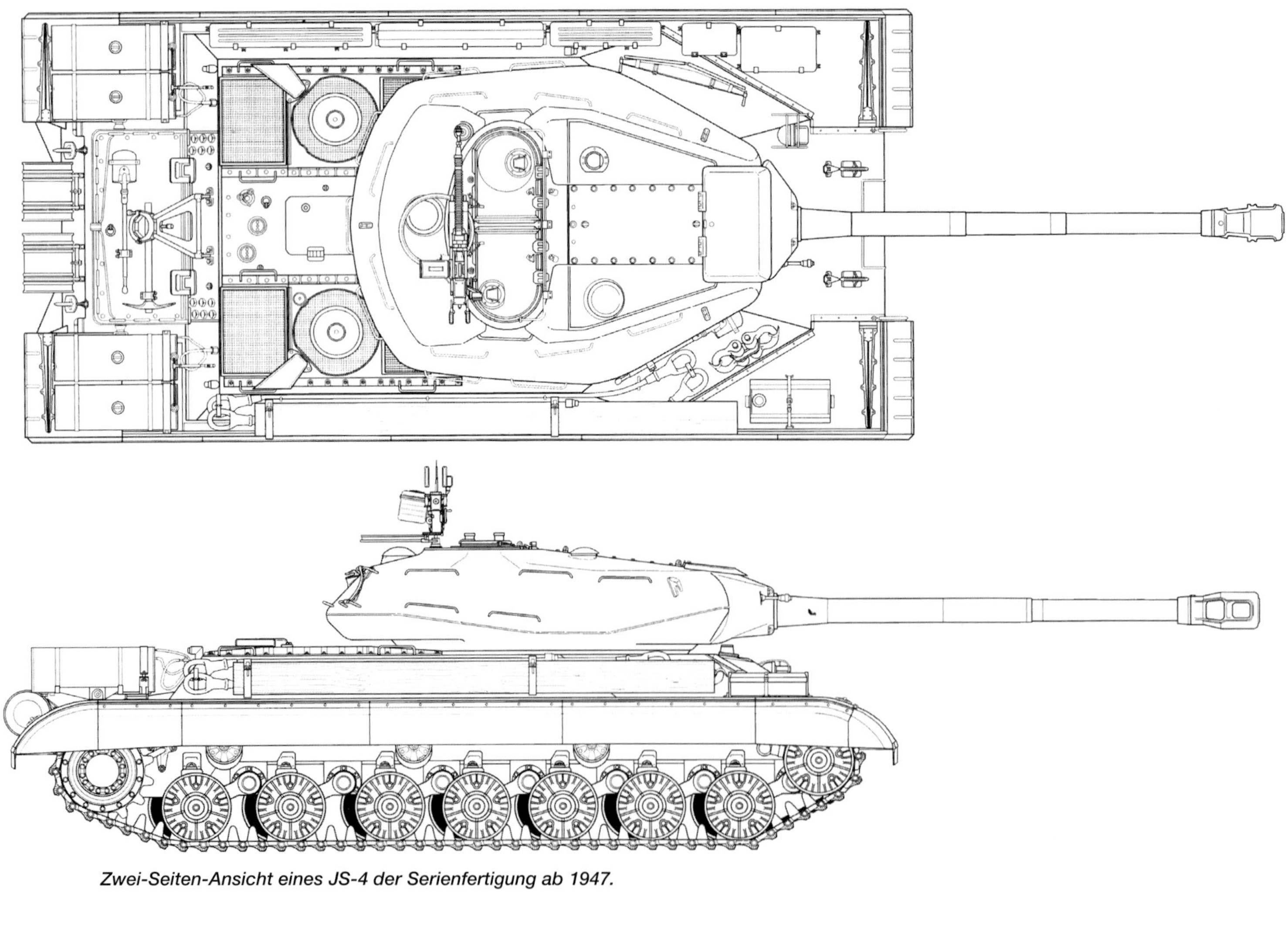

Zwei-Seiten-Ansicht eines JS-4 der Serienfertigung ab 1947.

Die rechts am Turm befindliche Ausbuchtung ist die Abdeckung des TSch-17 Zielfernrohrs der Kanone S-34. Bei Serienfahrzeugen mit D-25T entfiel diese. Hier zu sehen ist entweder das Objekt 701-1 oder -4, da beide mit der S-34 bewaffnet warfen.

Heckansicht des Objekts 701-1 oder -4.

modifiziert werden musste. Dieses Fahrzeug wurde vom 17. Dezember 1944 bis zum 24. Januar 1945 in Kubinka und erneut im März/April getestet. Dabei erzielte das Fahrzeug so positive Ergebnisse, dass die Erprobungskommission seine Serienfertigung empfahl. Ab Februar 1945 sollte eine Vorserie von 25–30 Fahrzeugen gebaut werden, denen im April 50 und im Mai 100 weitere folgen sollten. Dafür sollte das Kirow-Werk den Ausstoß an JSU-122 und JSU-122S verringern. Vom 28. Januar bis zum 29. März wurde das Objekt 701-5 zusätzlich getestet und vom 30. März bis zum 9. April erneut einer Erprobung unter schwierigen Geländebedingungen unterzogen. Die Erprobungskommission kam zum Schluss, der Tank habe die zusätzlichen Tests bestanden und empfahl erneut, ihn für den Einsatz zuzulassen. Parallel zu diesem Ereignis wurde zwischen dem 6. und 21. April ein weiterer Fahrzeugprototyp, das neu gebaute Objekt 701-6, in Tscheljabinsk getestet. Motor, Getriebe und Fahrwerk arbeiteten nun zuverlässig und schienen reif für die Serienproduktion zu sein.

Technik und Aufbau

Das Objekt 701 folgte in seiner Auslegung den Vorläufern der JS-Serie. Der Fahrer saß vorn in der Wanne, mittig war ein gegossener Drei-Mann-Turm aufgesetzt und im Heck befanden sich Motor und Getriebe, die auf die hinten liegenden Treibräder wirkten. Auch das Drehstab-Laufwerk basierte auf dem bewährten System der Vorgängerfahrzeuge. Aufgrund der längeren Wanne war jedoch eine Laufrolle hinzugefügt worden, so dass auf jeder Seite nun sieben Laufrollen vorhanden waren. Hauptproblem des Objekts 701 war das hohe Gewicht, das sich aus der massiven Panzerung ergab. Der Vorgabe, gegen Beschuss der deutschen 8,8-cm-Pak 43 auch aus nächster Nähe und nicht nur frontal, sondern rundum gefeit zu sein, trugen die Konstrukteure erfolgreich Rechnung – jedoch zu Lasten der Zuverlässigkeit und Mobilität. Obwohl ein neuer, 750 PS bei 2400 U/min leistender Diesel verbaut worden war, um die zunächst fast 56 t und später annähernd 60 t schweren Prototypen beweglich zu machen, konnten die Ergebnisse der Erprobungen zunächst nicht überzeugen. Auch die Getriebe, völlige Neuentwicklungen, bereiteten während der Erprobung lange Zeit Schwierigkeiten. Erst im April/Mai 1945 konnten diese bewältigt werden. Allerdings wurde zeitgleich das Objekt 703 als JS-3 in die Bewaffnung übernommen und, nachdem Mitte Mai 1945 die ersten JS-3 ausgeliefert worden waren, die Entwicklung von Objekt 701 eingestellt. Als sich im Betrieb des JS-3 dann allerdings erheblich Probleme ergaben, wurde die Entwicklung des Typs wieder aufgenommen und das Objekt 701 am 26. April 1946 als JS-4 durch Beschluss des Ministerrats der UdSSR offiziell in die Bewaffnung aufgenommen. Bis 1947 entstanden insgesamt 14 Prototypen und Vorserienfahrzeuge, dann begann die Serienfertigung. Allerdings erwies sich nicht nur das Getriebe als problematisch, auch andere mechanische Teile entpuppten sich als unzuverlässig. Zudem überstiegen die 60 t Gewicht die Tragfähigkeit vieler russischer Brücken. Daher endete die Produktion im Sommer 1949 nach nur 233 Serienexemplaren. 1951 wurden nochmals 25 JS-4M mit verbessertem Getriebe und neuen Seitenvorgelegen, einem leistungsfähigerem Turmventilator sowie modifizierten Kettenabdeckungen gebaut, dann endete die Fertigung endgültig. Allerdings wurden die 1947–1949 gebauten JS-4 auf diesen Standard nachgerüstet. Der JS-4 war einfach zu schwer, im Gelände zu unbeweglich und zu teuer in der Herstellung. Der Typ kam nur für kurze Zeit im Westen der Sowjetunion zum Einsatz und wurde dann an die Grenze zu China verlegt. Anfang der 1960er-Jahre wurde der JS-4 recht schnell aus dem aktiven Dienst entfernt. Türme oder ganze Panzer wurden auch als Bunker an der chinesischen Grenze eingegraben.

Technische Angaben	JS-4
Typ	schwerer Panzerkampfwagen
Hersteller	Kirow-Werk Tscheljabinsk
Gebaute Stückzahl	258 (einschließlich Prototypen)
Gefechtsgewicht	60.000 kg
Länge	6600 mm (Wanne), 9790 mm (mit Rohr)
Breite	3220 mm
Höhe	2480 mm (Oberkante Turm)
Motor	W-12, 12-Zylinder-Dieselmotor
Leistung kW/PS	552/750
Leistungsgewicht	12,5 PS/t
Höchstgeschwindigkeit	43 km/h (Straße)
Furttiefe	1,4 m
Kraftstoffvorrat	450 l + 270 l in externen, abwerfbaren Zusatztanks
Fahrbereich	250 km (Straße)
Besatzung	4
Bewaffnung	1 x 122-mm-BK D-25T L/43, 1 x 12,7-mm-MG DSchK koaxial, 1 x 12,7-mm-Fla-MG DSchK
Kampfsatz	30 x 122 mm, 1000 x 12,7 mm
Panzerung (mm/Neigung)	
Wannenfront	140 mm/29°
Wannenbug	160 mm/50°
Wannenseite	160 mm/60° (oben), 160/90° (unten)
Wannenheck	100 mm/52° bzw. 58°(oben), 100 mm/51° (unten)
Wannenoberseite	30 mm/0°
Wannenunterseite	30 mm/0°
Turmfront	250 mm/rund
Turmseiten	170–200 mm/55°
Turmheck	170 mm/60°
Turmdach	30 mm/0°

Insgesamt wurden nur 258 JS-4 gebaut, die Serienfertigung lief erst nach Kriegsende an. (Vincent Bourguignon)

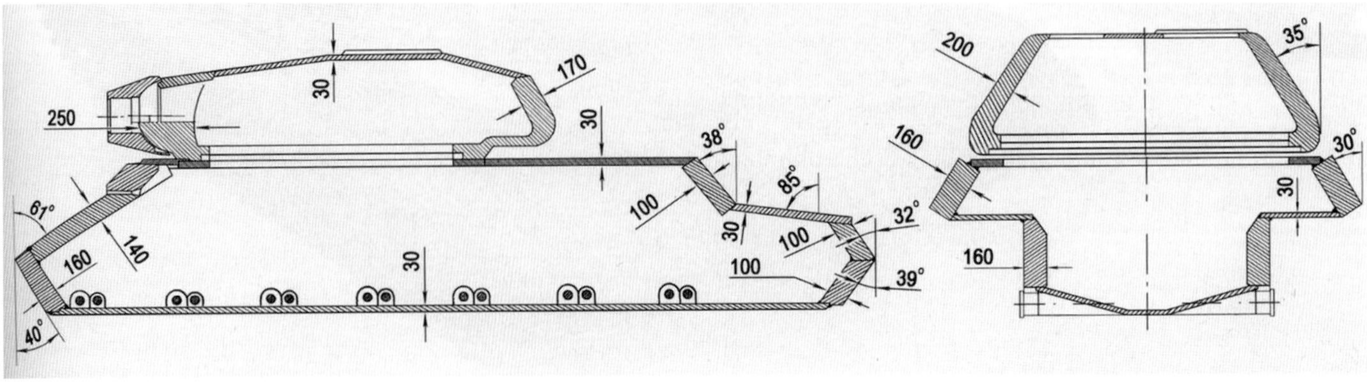

Übersicht über die Panzerung des JS-4. Man beachte, dass diese sogar am Heck noch bei 100 mm lag – dem Wert der Frontpanzerung des JS-2.

Die Serienexemplare des JS-4 waren mit der bewährten 122-mm-KwK D-25T bewaffnet.

Man beachte die typische Stufe am Heck des JS-4 sowie die paarweise Anbringung der externen Treibstoffbehälter.

Panzerkampfwagen JS-3 (Objekt 703)

Im Frühsommer 1944 begannen im Konstruktionsbüro des Kirow-Werks parallel zu den Arbeiten am Objekt 701 die Planungen für eine tiefgreifend überarbeitete Version des JS-2. Das Auftauchen neuer deutscher Geschütze wie der 8,8-cm-Pak 43 oder der 7,5-cm-KwK 42 führten dazu, dass der Panzerschutz der sowjetischen schweren Panzer erhöht werden

JS-3-Fertigung im Kirow-Werk Tscheljabinsk

Jahr/Monat	Jan.	Feb.	März	April	Mai	Juni	Juli	Aug.	Sept.	Okt.	Nov.	Dez.	Gesamt
1945	-	-	-	-	125	140	291	264	215	270	125	275	1705
1946	100	120	130	60	90	75	25	-	-	-	-	-	600
Total													**2305**

Der Prototyp Kirowez-1 im Kubinka im Dezember 1944. Man beachte die konventionelle Wannenfront sowie den stark abgeschrägten Turm, eines der Markenzeichen des späteren JS-3.

Technische Angaben	JS-3
Daten für JS-3 Baujahr 1945	
Typ	schwerer Kampfpanzer
Hersteller	Kirow-Werk, Tscheljabinsk
Gebaute Stückzahl	2305 (+ 11 Prototypen/Vorserienfahrzeuge)
Gefechtsgewicht	47.500 kg
Länge	6670 mm (ohne Rohr), 9850 mm (mit Rohr)
Breite	3390 mm
Höhe	2450 mm
Motor	W-11-IS-3, 12-Zylinder-Dieselmotor
Leistung kW/PS	382,5/520
Leistungsgewicht	10,95 PS/t
Höchstgeschwindigkeit	38 km/h (Straße)
Furttiefe	1,3 m
Kraftstoffvorrat	425 l + 360 l in externen Zusatztanks
Fahrbereich	200 km (Straße), 150 km (Gelände)
Besatzung	4
Bewaffnung	1 x 122-mm-KwK D-25T L/43, 1 x 7,62-mm-MG DT koaxial, 1 x 12,7-mm-Fla-MG DSchK
Kampfsatz	28 x 122 mm, 300 x 12,7 mm, 2000 x 7,62 mm
Panzerung (mm/Neigung)	
Wannenfront (oben)	110 mm/18°
Wannenfront (Mitte)	110 mm/34
Wannenbug	110 mm/27
Wannenseite (innen)	90 mm/30° (oben), 90/90° (unten)
Wannenseite (oben/außen)	30 mm /60°
Wannenheck	60 mm/42° bzw. 58°(oben), 60 mm/49° (unten)
Wannenoberseite	20 mm/0°
Wannenunterseite	20 mm/0°
Turmfront	220–250 mm
Turmseiten	110–220 mm
Turmheck	110–220 mm
Turmdach	20 mm/0°

musste. Die wissenschaftliche Untersuchung abgeschossener Fahrzeuge brachte zudem die Erkenntnis, dass die meisten tödlichen Treffer im Frontbereich von Wanne und Turm erfolgt waren. Danach waren die Turmseiten sowie die oberen Wannenseiten am häufigsten durchschlagen worden. Nikolai Duchow und seine Mannschaft legten daher großen Wert auf eine optimale Gestaltung dieser Flächen, um den ballistischen Schutz zu erhöhen. Der Entwurf sollte den Antriebsstrang, das Laufwerk und die Bewaffnung des JS-2 nutzen, jedoch weitaus besseren Schutz bieten und auch Elemente des Objekts 701 einschließen. Die Bezeichnung lautete daher zunächst Objekt 701-A. Der Turm stellte eine Abkehr von allen bisherigen Türmen sowjetischer Panzerkampfwagen dar. Er war besonders geschossabweisend geformt und erinnerte an eine flache, umgedrehte Schüssel. Angeblich hatte M. F. Balschi, der Chefkonstrukteur des Objekts 701-A, seine Inspiration zu dieser Form erhalten, als er sich morgens beim Rasieren die Schale ansah, in der er Seife aufschäumte. Die Front des Entwurfes entsprach hingegen fast jener des Objekts 701, allerdings befand sich im oberen Bereich ein kleiner, aufgeschweißter Erker, der den Einbau einer oben liegenden Fahrerluke ermöglichte. Das Panzerkastenoberteil griff über die Ketten hinaus und die oberen Wannenseiten waren im Winkel von 60° geneigt. Tatsächlich war dies jedoch nur die sichtbare, 30 mm starke Außenseite, und die 90 mm starken Wannenseiten neigten sich im Winkel von 30° nach innen. Diese beiden Komponenten ergaben im oberen Bereich eine 30 mm + 90 mm messende Panzerung, durch deren Schrägstellung sich in der Hauptschussrichtung jedoch eine Dicke von 35 mm + 180 mm ergab. Der auch Kirowez-1 genannte Prototyp wurde am 25. November 1944 fertig gestellt und im folgenden Monat in Kubinka erprobt. Das Fahrzeug überzeugte die Erprobungskommission, insbesondere der erhöhte Panzerschutz bei annähernd gleichem Gewicht im Vergleich zum JS-2, verfehlte aber dennoch das Ziel, da nach 810 km ein Lüfterrad brach. Die Kommission merkte jedoch an, dass die Fertigungsqualität der Serienpanzer des Typs JS-2 in der Regel nicht besser sei. Zeitgleich wurde in Kubinka auch das Objekt 252 (IS-6) des Versuchs-Werk Nr. 100 erprobt. Obwohl der Kirowez-1 als leichter, besser geschützt und zuverlässiger eingeschätzt wurde, überzeugten doch die von Josef Kotin eingereichten Pläne für die neuartige Frontpanzerung so sehr, dass der Volkskommissar für Panzerbau Malyschew entschied, das Beste aus beiden Entwürfen zu vereinen. Am 27. Dezember 1944 informierte Malyschew Stalin schriftlich darüber, dass er die beiden Entwicklungen zu einer zusammengefasst habe, die nun die Bezeichnung Objekt 703 trage und durch das Kirow-Werk fortgesetzt werde. Obwohl eigentlich für Januar 1945 zehn Vorserienpanzer gefordert worden waren, lief die Endmontage des ersten Objekts 703 nicht vor Anfang Februar 1945 an. Das erste Fahrzeug, eigentlich Prototyp Nr. 2, nahm am 16. Febru-

Prototyp Nr. 3 des Objekts 703 während der Erprobung im Februar 1945.

ar 1945 seine Erprobung auf, die Prototypen Nr. 1 und 3 folgten fünf Tage später. Insgesamt entstanden zehn Prototypen/Vorserienpanzer mit der neuen Wannenfront sowie einigen Detailverbesserungen gegenüber dem Objekt 701-A. Obwohl die Erprobung des Objekts 703 bei weitem nicht abgeschlossen war, empfahl Volkskommissar Malyschew am 20. März 1945 die Aufnahme der Serienfertigung. Stalin unterzeichnete daher am 29. März die Weisung Nr. 7950 des Staatlichen Verteidigungskomitees zur Übernahme des Objekts 703 als JS-3 in die Bewaffnung. Diese Entscheidung war eine politische, denn die Streitkräfte, die GABTU und das Kirow-Werk favorisierten das Objekt 701 (JS-4). Malyschew empfand jedoch die Probleme des Objekt 701 als schwerwiegender als jene des Objekts 703. Des Weiteren basierte das Objekt 703 auf dem JS-2, so dass die Produktionsumstellung relativ reibungslos vor sich gehen konnte, während das Objekt 701 wesentlich mehr Aufwand erfordert hätte. Der Volkskommissar für Panzerbau wollte jedoch rasch einen verbesserten schweren Panzer und das in großer Stückzahl. Er blockierte daher den Abschluss der Entwicklung des Objekts 701 durch die stetige Forderung nach erneuten Versuchen unter schwierigen Bedingungen. Dass Malyschew richtig lag, zeigte sich, als Jahre später die Serienfertigung des JS-4 nur unter großen Schwierigkeiten anlief.

Die Weisung Nr. 7950 des Staatlichen Verteidigungskomitees forderte daher für April den Bau von 25 Fahrzeugen, für Mai 100 und für Juni 250. Allerdings hatte das Kirow-Werk mit erheblichen Qualitätsproblemen und Lieferverzögerungen zu kämpfen. So fielen zum Beispiel bereits vor Beschussversuchen in Kubinka bei einem der Testtürme Risse in der Panzerung auf. Schließlich brach dieser Turm nach 29 Treffern völlig auseinander – der Grund lag in der Verwendung zu spröden Gussstahls. Im USTM-Werk geschweißte Wannen rissen bei Beschuss an der Schweißnaht der winkligen Frontplatten auf, und bei Fahrversuchen zeigten sich Risse in der äußeren Seitenpanzerung. Zudem hatte die Erprobungskommission eine lange Liste zu beseitigender Mängel vorgelegt, die von besseren Sitzen für die Besatzung über Modifikationen an der Lafette des Fla-MG bis hin zu Problemen mit Kühlanlage, Motor und Getriebe reichten. All diese Probleme waren erst zum Teil gelöst, als die Serienfertigung begann, weshalb die Truppe die ersten Panzer nur unter Vorbehalt akzeptierte. Die für April geplanten 25 Fahrzeuge konnten erst im Mai 1945 fertig gestellt werden und verblieben zunächst im Werk, da u. a. noch die Schwierigkeiten mit der Kühlanlage behoben werden mussten. Dann nahm die Fertigung jedoch rasch Fahrt auf. Im Mai wurden neben den 25 für April vorgesehenen JS-3 weitere 100 Panzerkampfwagen gebaut, im Juni bereits 140 und im Juli 291 Stück. Bis zum Ende der Fertigung im Juli 1946 entstanden in Tscheljabinsk insgesamt 11 Prototypen/Vorserienpanzer (inklusive des Objekts 701-A) sowie 2305 Serienfahrzeuge. Bereits nach 14 Monaten, im Juli 1946, wurde die Fertigung des JS-3 schon wieder beendet, da sich im Betrieb des Panzers eine ganze Reihe von Schwachstellen gezeigt hatten. Motor, Getriebe und Kupplung neigten zu Ausfällen; als besonders gravierend erwies sich die fehlende Festigkeit der unteren und hinteren Wanne, die zu Rissen in diesen Bereichen führte. Ein nicht minder großes Manko war die mangelhaft konstruierte Motoraufhängung, die bei Geländefahrten gerne brach. Ursache dieser Probleme waren die überhastete Entwicklung ohne ausreichende Erprobung sowie eine mangelhafte Qualitätskontrolle. Eine 1946 einsetzte Untersuchungskommission kam zum Ergebnis, der JS-3 sei das „Produkt einer besonderen Zeit“, in der Qualitätsansprüche den Bedürfnissen des Krieges untergeordnet worden waren.

Technik und Aufbau

Der JS-3 wurde zwar als verbesserte Ausführung des JS-2 entwickelt, wies jedoch zahlreiche Neuerungen auf. Zu den auffälligsten Merkmalen zählte die neue Wannenfront, die aufgrund ihrer Form in der UdSSR den Spitznamen „Hechtnase“ („щучий нос“ – „schutschi nos“) erhielt. Der obere Teil der

Dieses im Rahmen von Beschussversuchen entstandene Foto eines JS-3 ohne Anbauteile zeigt deutlich die Wannenform des Typs.

Turmfertigung im Kirow-Werk Tscheljabinsk.

Der 2. Prototyp des JS-3 im März 1945 in Kubinka.

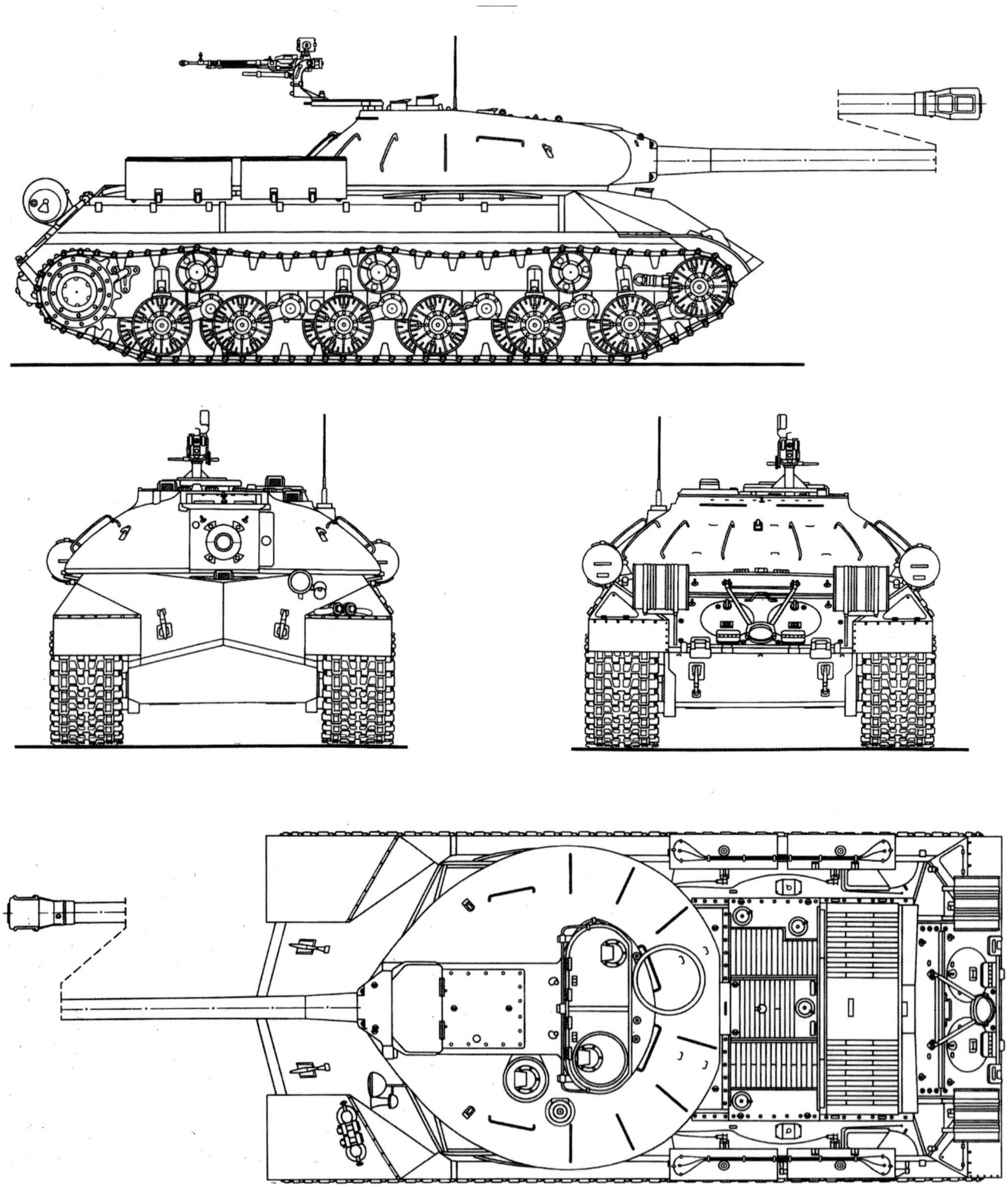

Vier-Seiten-Ansicht eines JS-3 Baujahr 1945.

Frontpanzerung bestand aus zwei winklig verschweißten Platten, wodurch der Wannenbug die Form eines umgekehrten „V“ erhielt. Auftreffende Geschosse sollten so nicht mehr Richtung Turm, sondern zu den Seiten abgelenkt werden. Die Wanne war 10 cm niedriger, jedoch bedingt durch die neue Frontpartie länger. Obwohl die neue Wannenfront nun nicht mehr wie beim ersten Prototypen Objekt 701-A aus 140 mm, sondern nur noch 110 mm starken Blechen bestand, gewährte sie einen höheren Schutz und war gegen Beschuss der 8,8-cm-Pak 43 angeblich auch aus nächster Nähe immun. Zugleich ermöglichte diese Wannenform den Einbau einer Luke für den Fahrer auf der Wannenoberseite, so dass er viel einfacher ein- und aussteigen konnte. Eine Sehklappe entfiel, die Sicht nach außen erfolgte nur noch über einen Winkelspiegel Mk IV, eine Kopien der Winkelspiegel des britischen Infantry Tank Mk IV „Churchill“. Der allein vorn-mittig in der Wanne sitzende Fahrer konnte bei Marschfahrt allerdings die Luke öffnen und seinen Kopf herausstrecken, um Hindernisse leichter erkennen zu können. Ein Bug-MG war nicht mehr vorhanden.

Der flache Turm des JS-3 war eine Neukonstruktion und sollte so geschossabweisend wir möglich sein, daher die allseitigen Schrägungen. Der Turm war zwischen 110 mm und 220 mm stark gepanzert, die Geschützblende sogar 250 mm dick. Er unterschied sich von Objekt 701-A zu den Serienfahrzeugen nur gering. Wie in sowjetischen Panzerkampfwagen üblich, befand sich der Kommandant hinter dem Richtschützen auf der rechten Seite der KwK, der Ladeschützen auf der linken. Eine klassische Kommandantenkuppel fehlte. Kommandant

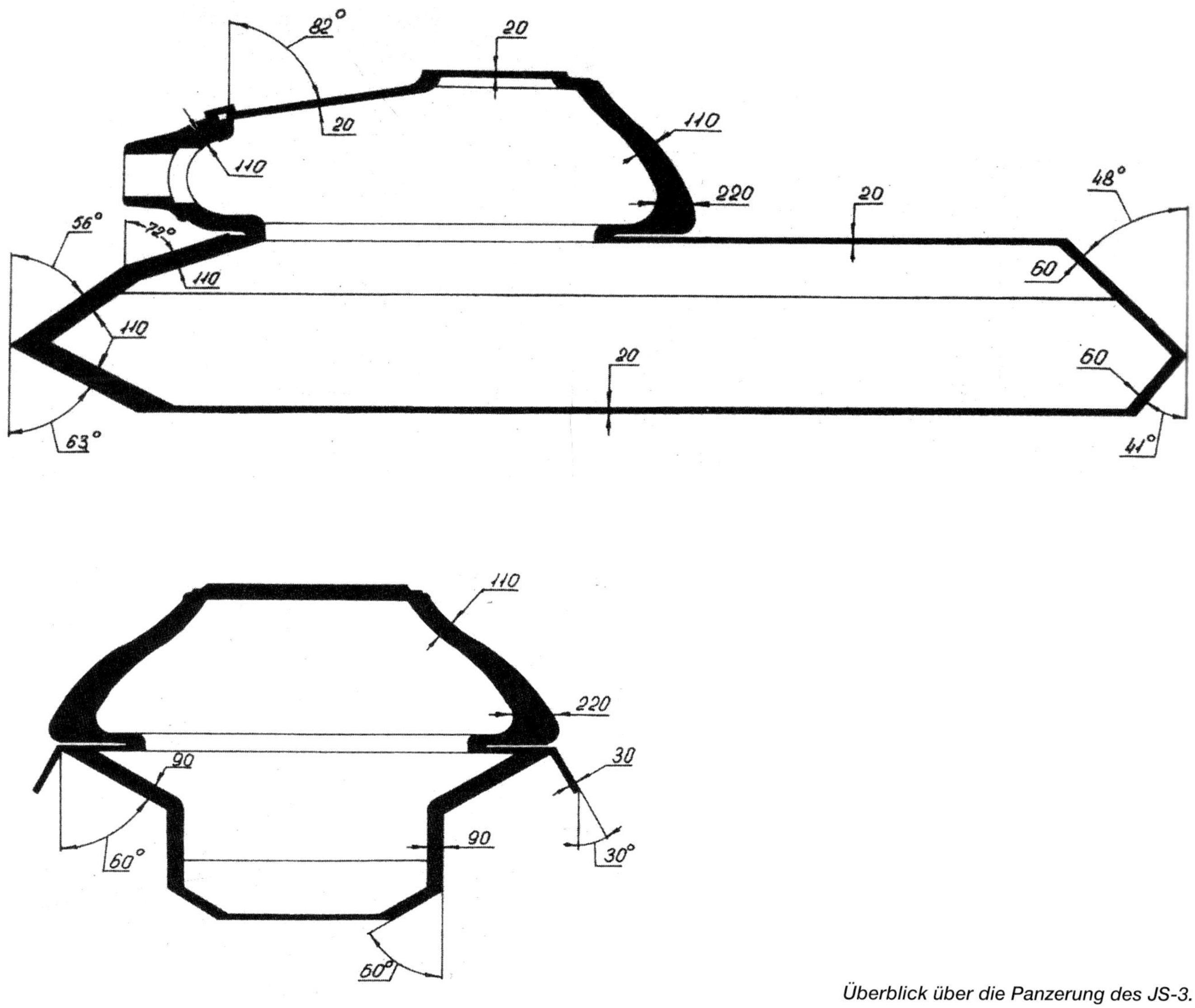

Überblick über die Panzerung des JS-3.

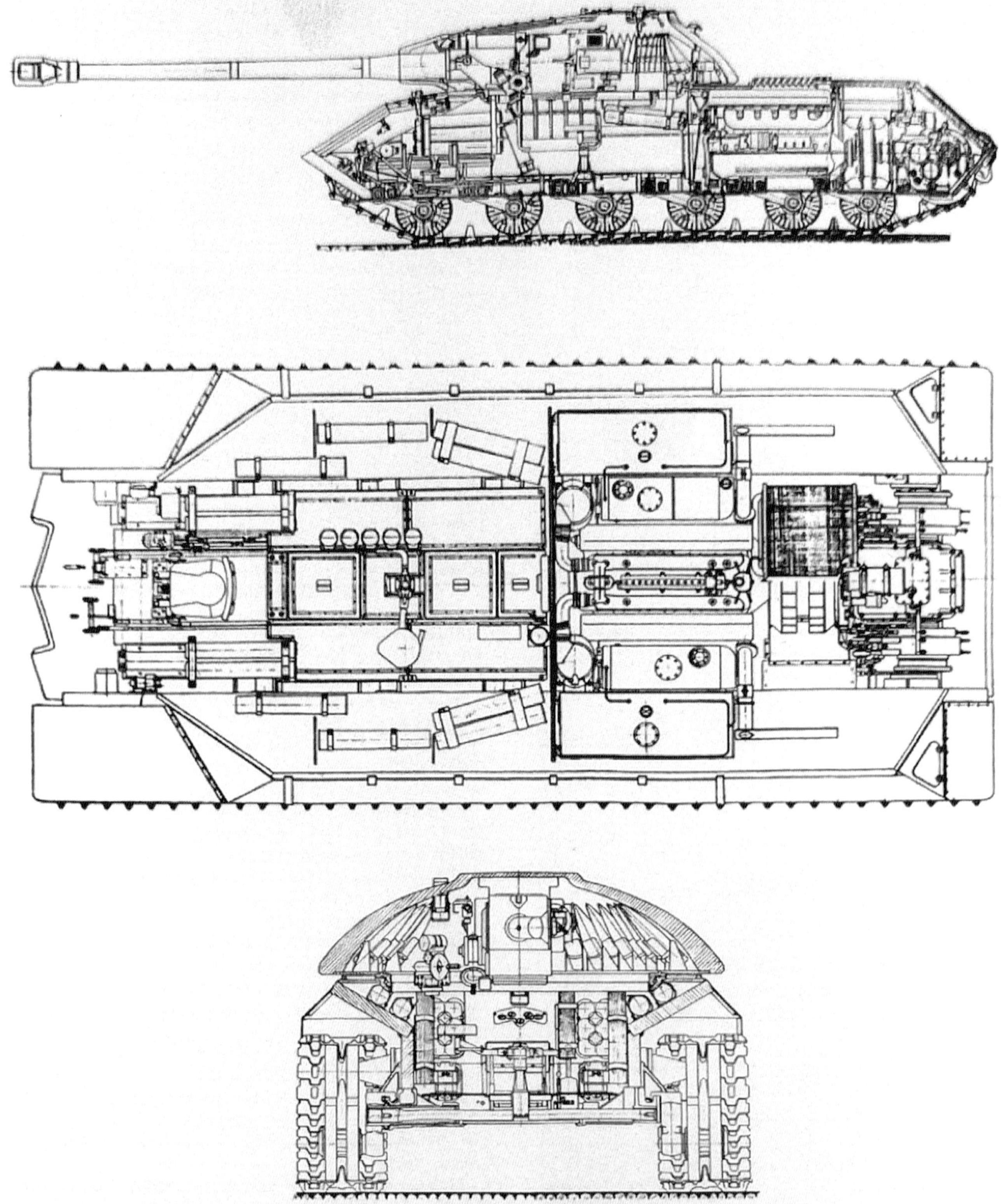

Diese Risszeichnungen des JS-3 zeigen die stark abgeschrägte Form von Wanne und Turm.

JS-3 rollen im Rahmen einer Parade am 1. Mai 1946 über den Roten Platz in Moskau.

und Ladeschütze besaßen zwei große, nach vorn öffnende Luken mit drehbaren Winkelspiegeln Mk IV. Da diese Anordnung es unmöglich machte, den Drehring der Lafette des Fla-MG direkt aufzusetzen, befand sich dieser auf einem Arm, der sich nach hinten schwenken ließ. Wurde das Fla-MG nicht benötigt, konnte es auf der rechten Turmseite verstaut werden. Ein MG im Turmheck wie der JS-2 hatte der JS-3 nicht mehr. Das Turmschwenken erfolgte elektrisch, im Notfall auch manuell. So günstig geformt der niedrige Turm mit seinen stark abgeschrägten Flächen auch war, er verringerte zugleich den zur Verfügung stehenden Innenraum erheblich und behinderte die Arbeit des Ladeschützen. Nach wie vor waren nur rund zwei Schuss pro Minute möglich. Dies lag zum einen an der zweiteiligen Munition. 25 der 28 mitgeführten Geschosse wurden an den Turmseiten verstaut, drei weitere im Kampfraum. Die Kartuschen lagerten jedoch links und rechts des Fahrers (insgesamt 12), die anderen 16 verteilten sich über den gesamten Kampfraum – mitunter kostete es den Ladeschützen einige Mühe, diese zum Verschlussstück der KwK zu befördern. Tatsächlich erreichten nur gut ausgebildete Besatzungen eine Feuergeschwindigkeit von vier oder fünf Schuss pro Minute – so lange sie nur Bereitschaftsmunition verwendete. Musste jedoch auf die an den unzugänglicheren Stellen der Wanne verstauten Kartuschen zurückgegriffen werden, sank die Rate erheblich. Da das sowjetische System jedoch vorsah, die durchschnittliche Feuerfolge aus allen abgegebenen Schüssen zu errechnen, lag diese zwangläufig niedriger. Die Hauptwaffe des JS-3 war die schon aus dem JS-2 bekannte 122-mm-Kwk D-25T. Aufgrund des flachen Turms betrug der Höhenrichtbereich der Hauptwaffe nur –3° bis +20°. Koaxial war ein 7,62-mm-MG DT verbaut. Der Kampfsatz der KwK bestand in der Regel aus 18 Spreng- und 10 Panzergranaten. Für

JS-3 des 71. schweren Garde-Panzerregiments während der alliierten Siegesparade am 7. September 1945 in Berlin.

das Fla-MG wurden 300, für das koaxiale MG 2000 Schuss mitgeführt.

Links im Turm befand sich das vom Kommandanten bediente Funkgerät 10RK-26. Die vier Besatzungsmitglieder waren über eine Gegensprechanlage 4-TPU miteinander verbunden.

Durch ein Brandschott vom Kampfraum getrennt lagerte im Motorraum ein 520 PS leistender V-12-Diesel W-11-IS-3, der auf die hinten liegenden Treibräder wirkte. Die interne Tankkapazität betrug nur 425 Liter, aus Sicherheitsgründen hatten die Konstrukteure auf Treibstofftanks im Kampfraum verzichtet. Diese befanden sich nun alle hinter einem Brandschott im Motorraum. Hinzu kamen vier je 90 Liter fassenden Außenbehälter. Im Unterschied zum JS-2 waren aber nun alle vier Tanks mit Dieselkraftstoff gefüllt und zudem mit dem internen Kraftstoffsystem des Panzers verbunden.

Das Laufwerk bestand wie beim JS-2 pro Wannenseite aus sechs Doppellaufrollen aus Gussstahl ohne Gummibereifung. Ihr Durchmesser betrug 550 mm, die drei Stützrollen pro Seite maßen 385 mm und die Breite der Gleisketten 650 mm.

Überblick über die Anordnung der Besatzung im JS-3.
1: Kommandant
2: Fahrer
3: Richtschütze
4: Ladeschütze

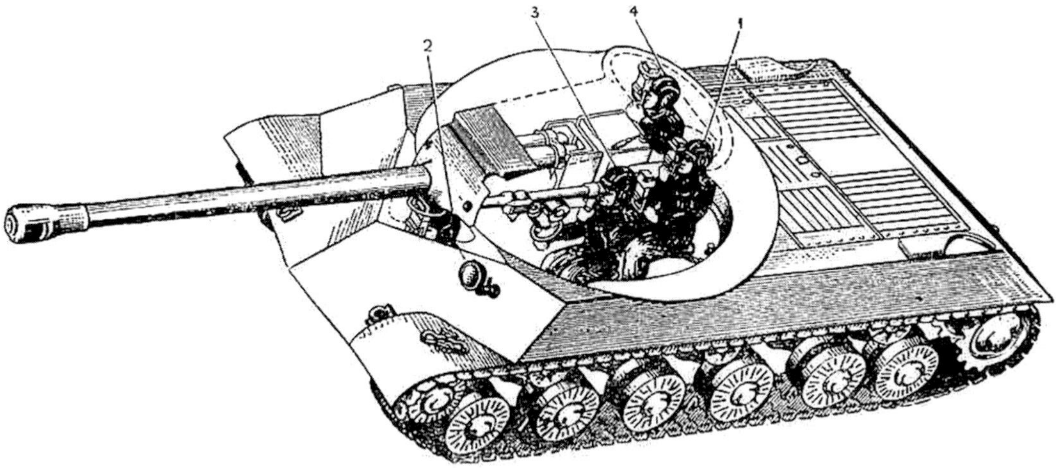

Der Anblick der bis dahin im Westen unbekannten neuen schweren Panzer sorgte für einige Unruhe unter den anwesenden Militärs der USA, Großbritanniens und Frankreichs.

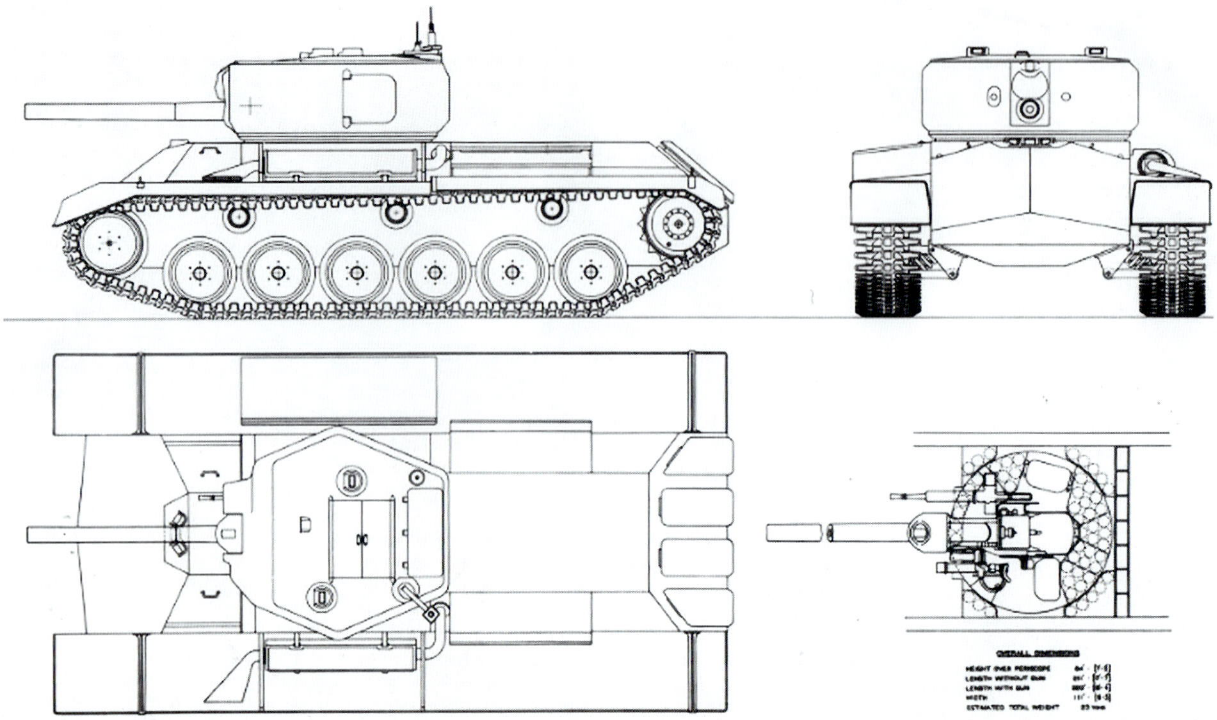

Obwohl der JS-3 als erster Serienpanzer weltweit mit einer „Hechtnase“ daherkam, waren die sowjetischen Konstrukteure weder die einzigen noch die ersten, die auf diesen Gedanken kamen. Bereits der erste Entwurf des 1942 in Großbritannien konzipierten, aber nie in Serie gegangenen A-38 „Valiant“ zeigte eine solche Gestaltung der Wannenfront. (TM)

Ausführungen

In den Jahren 1948/1949 wurden versucht, die Probleme des JS-3 zu beheben, d. h. die untere und seitliche Wanne wurden verstärkt und neue Motoraufhängungen verbaut. Sämtliche Fahrzeuge wurden bis 1952 in einem aufwändigen Programm überholt und mit neuen Funkgeräten und Laufrollen ausgerüstet. Die Beseitigung der Mängel gelang jedoch nur teilweise. Ende der 1950er-Jahre wurden die JS-3 einer weiteren Modernisierung zu JS-3M unterzogen. Dabei wurde der W-11-Diesel gegen den auch im T-54 verbauten, wesentlich zuverlässigeren W-54 getauscht. Zudem wurden die Festigkeit der Wanne und der Motoraufhängung erneut verstärkt, eine Notausstiegsluke im Wannenboden und neue Funkgeräte installiert. Hinzu kamen neue Kettenabdeckungen mit Staufächern. Der Fahrer erhielt einen IR-Scheinwerfer sowie entsprechende Optiken für die Nachtfahrt. Das Gewicht stieg dadurch auf gut 49 t.

Einsatz

Der JS-3 kam im 2. Weltkrieg nicht mehr gefechtsmäßig zum Einsatz. Am 7. September 1945 rollten jedoch 52 JS-3 des verstärkten 71. schweren Garde-Panzerregiments der 2. Garde-Panzerarmee an den Vertretern der alliierten Siegermächte durch Berlin und hinterließen einen nachhaltigen Eindruck. Die britischen und amerikanischen Beobachter erblickten erstmals diesen neuen sowjetischen Panzertyp und mussten sich eingestehen, dass der Westen mit nichts Vergleichbarem aufwarten konnte. Die flache, ballistisch günstige Form, der hohe Panzerschutz und die leistungsstarke Hauptwaffe sorgten dafür, dass der JS-3 zum Albtraum westlicher Militärs wurde. Der britische schwere Kampfpanzer „Conqueror“ sowie sein amerikanisches Gegenstück M-103 entstanden ausdrücklich als Reaktion auf den JS-3. Sie sollten mit ihren langen 120-mm-Kanonen dessen erfolgreiche Bekämpfung sicherstellen. In sowjetischen Diensten wurde der JS-3 nur im Rahmen der Niederschlagung des Aufstandes in Ungarn 1956 gefechtsmäßig eingesetzt, wobei ungarische Nahkämpfer einige schwere Panzer in den Straßenkämpfen außer Gefecht setzten. Als sowjetische Panzer 1968 durch Prag rollten, war der JS-3M bereits in die zweite Reihe verbannt worden.

Neben den sowjetischen nutzen auch andere Streitkräfte den JS-3. Interessanterweise erhielten Polen und die Tschechoslowakei zwei bzw. ein Fahrzeug, erprobten diese – lehnten aber weitere Lieferungen ab. China übernahm zwischen 1955 und 1958 insgesamt etwa 200 JS-3. Ägypten trat ab 1956 als weiterer Nutzer des JS-3 in Erscheinung, die letzten von 110 Fahrzeugen lieferten die UdSSR 1967. Einige JS-3 kamen noch im Jom-Kippur-Krieg von 1973 gegen Israel zum Einsatz. Die Israelis erbeuteten 1967 eine größere Anzahl JS-3, die sie erprobten und übernahmen, aber nicht bei Frontverbänden einsetzten. Syrien (35 Stück zwischen 1959 und 1960), Irak (25 Exemplare zwischen 1959 und 1961) und Nordkorea (in den 1960er Jahren) kamen ebenfalls „in den Genuss" des JS-3.
Auf sowjetischer Seite wurden die letzten JS-3M in den frühen 1970er-Jahren an der Grenze zu China eingesetzt und dann entweder als Bunker eingegraben oder eingelagert. Der Befehl zur Aussonderung und Verschrottung der letzten JS-3M erging erst 1993.

Ein JS-3M der ägyptischen 4. Panzerdivision im Jahr 1967. (Oliver Missing)

Ein 1956 in Budapest zerstörter JS-3 ohne Turm. Man beachte die „Hechtnase" sowie die massiven Schweißnähte der Frontpanzerung. (FORTEPAN/Nagy Gyula.)

835

Ein JS-3 gefolgt von einem T-34/85 und einem frühen PT-76 in Budapest während des ungarischen Volksaufstandes 1956. (FORTEPAN/ Nagy Gyula.)

Sturmgeschütz Objekt 704

Das Objekt 704 oder auch Kirowets-2 im Sommer 1945 in Kubinka.

Da das schwere Sturmgeschütz JSU-152 eine für seine Fahrzeugklasse eigentlich zu schwache Panzerung besaß, forderte die GABTU bereits 1944 eine stärker geschützte Version, die zudem über eine verbesserte 152,4-mm-Waffe verfügen sollte. Die Kanonenhaubitze ML-20S wirbelte aufgrund ihrer Mündungsbremse beim Schuss erhebliche Staub auf, der nicht nur dem Richtschützen die Sicht nahm, sondern auch die Position des Fahrzeugs verriet. Zudem erachtet die GABTU die Feuerfolge als zu gering. Das OKB-172 konstruierte daher eine als ML-20SM bezeichnete Version ohne Mündungsbremse, die über einen neuen Verschluss sowie ein verändertes Rücklaufsystem verfügte. Diese Waffe sollte versuchsweise in eine JSU-152 eingebaut werden und erreichte im Oktober 1944 das Kirow-Werk. Dort stellte sich allerdings heraus, dass die Waffe nicht vollständig war (u.a. fehlten Teile des Richtmechanismus) und es wurde klar, dass der Rücklaufweg aufgrund der fehlenden Mündungsbremse so groß geworden war, dass ein Einbau in eine JSU-152 nicht sinnvoll war. Da zudem das Fahrgestell des JSU-152 (der JS-2) in absehbarer Zeit nicht mehr produziert werden würde, entwarf man in Tscheljabinsk auf Basis des Kirowets-1 (oder auch Objekt 701-A) eine vollständig neue Selbstfahrlafette. Die Leitung der Entwicklung lag bei L.S. Trojanow, der bereits die Konstruktion der JSU-152 betreut hatte. Der Bau des als Kirowets-2 oder auch Objekt 704 bezeichneten Sturmgeschützes lief Anfang Februar 1945 an, die Fertigstellung der Wanne erfolgte bereits im Frühjahr, doch die ML-20SM wurde erst Mitte Juni 1945 eingebaut, unter anderem weil die Blende und die Gschützwiegee für das Objekt 704 umkonstruiert werden mussten. Da zudem bereits Anfang 1945 anzusehen war, dass der Krieg sich in seiner Endphase befand, wurde dem Objekt 704 keine hohe Priorität mehr zugeordnet. Nach seiner Fertigstellung wurde das Fahrzeug zunächst mit gemischten Ergebnissen in Kubinka erprobt. Den weiteren Sommer über verblieb das Objekt zunächst in Kubinka und wurde im September zum Artillerieübungsplatz Rshew nahe Leningrad verbracht, wo die Erprobung erst im Oktober 1945 wieder aufgenommen wurde. Obwohl das abschließende Ergebnis der Erprobung Mitte November 1945 durchaus positiv war, ging das Objekt nicht in Serie und blieb ein Einzelstück. Die genauen Beweggründe dafür sind heute nur noch schwer nachzuvollziehen. Das Kriegsende wird ebenso eine Rolle gespielt haben, wie die Tatsache, dass zu jener Zeit bereits die Probleme des IS-3 offenkundig wurden und die Militärs das Objekt 701 bzw. IS-4 als den zukünftigen schweren Panzer sahen. Das Objekt 704 ist heute als Austellungsstück im Museum von Kubinka zu sehen.

Die Erprobung des Objekts 704 zog sich bis in den Herbst 1945 hinein, von wann auch diese Aufnahme stammt. Man beachte das Fla-MG in Feuerstellung sowie das Rohr der ML-20SM in höchster Erhöhung.

Technik und Aufbau

Das Objekt 704 basierte auf dem Prototypen Kirowets-1 bzw. Objekt 701-A und war mechanisch mit diesem weitgehend identisch. Motor, Getriebe und Laufwerk wurden unverändert übernommen. Um den Panzerschutz zu erhöhen, war die Front des Fahrzeugs durchgehend um 40° geneigt. Die 120 mm starke Front entsprach dadurch einer senkrechten Panzerung von 186 mm - ein erheblicher Fortschritt gegenüber der 90 mm starken Frontpanzerung der JSU-152 im Winkel von 60°, die einer 104 mm Panzerung mit 90° Stellung gleichkam. Die Geschützblende war sogar 160 mm stark. Auch die Wannenseiten waren stark schräggestellt, wodurch sich im Zusammenspiel mit der geringen Fahrzeughöhe von nur 2240 mm ein vergleichsweise enger Innenraum ergab. Die Handhabung der schweren und großen 152,4-mm-Munition war daher nicht einfach.

Die Postion des Fahrers befand sich nicht mehr am Wannenboden,sondern um ca. 700 mm erhöht im vorderen rechten Teil der Wanne, sodass dieser während der Fahrt mit hochgestelltem Sitz aus einer Luke im Kampfraumdach blicken konnte. War diese Luke geschlossen, senkt er seinen Sitz ab und beobachtete die Umgebung durch einen einzelnen, beweglichen Winkelspiegel. Rechts hinter dem Fahrer hatte der Richtschütze seinen Platz und hinter diesem der Ladeschütze. Auf der linken Seite des Kampfraumes saß vorn vorn der Kommandant, hinter ihm folgte der Verschlusskanonier bzw. zweite Ladeschütze. Die Besatzung stieg durch vier Luken auf

Technische Angaben	JS-3
Typ	schweres Sturmgeschütz
Hersteller	Kirow-Werk, Tscheljabinsk
Gebaute Stückzahl	1 Prototypen
Gefechtsgewicht	47.300 kg
Länge	6080 mm (ohne Rohr), 9050 mm (mit Rohr)
Breite	3070 mm
Höhe	2240 mm (ohne Fla-MG)
Motor	W-11-IS-3, 12-Zylinder-Dieselmotor
Leistung kW/PS	382,5/520
Leistungsgewicht	11 PS/t
Höchstgeschwindigkeit	37 km/h (Straße)
Furttiefe	1,3 m
Kraftstoffvorrat	540 l + 2 x 90 l in externen Zusatztanks
Fahrbereich	220 km (Straße), 120 km (Gelände)
Besatzung	5
Bewaffnung	1 x 152,4-mm-Kanonenhaubitze ML-20SM L/29,6; 1 x 12,7-mm-MG DSchK koaxial, 1 x 12,7-mm-Fla-MG DSchK
Kampfsatz	20 x 152,4 mm, 300 (oder 600) x 12,7 mm
Panzerung (mm/Neigung)	
Wannenfront (oben)	120/40°
Wannenbug	100/35°
Wannenseite (oben)	90/30° (unten)
Wannenseite (unten)	90/90°
Wannenheck	60/44°(oben), 60/48° (unten)
Wannenoberseite	30/0°
Wannenunterseite	20/0°
Aufbauseite	90/60°
Aufbauheck	60/69°
Aufbaudach	30/0°
Blende	160/rund

Heckansicht des Objekt 704 im Herbst 1945 in Rshew. Man beachte die beiden externen Treibstofftanks.

Heute ist das Objekt 704 Teil der Ausstellung in Kubinka. Die mitunter zu findende Bezeichnung »JSU-152 Modell 1945« wurde in zeitgenössischen Dokumenten nicht verwendet und erst nach dem Krieg geprägt. Kubinka, 16. August 2016. (Alf van Beem)

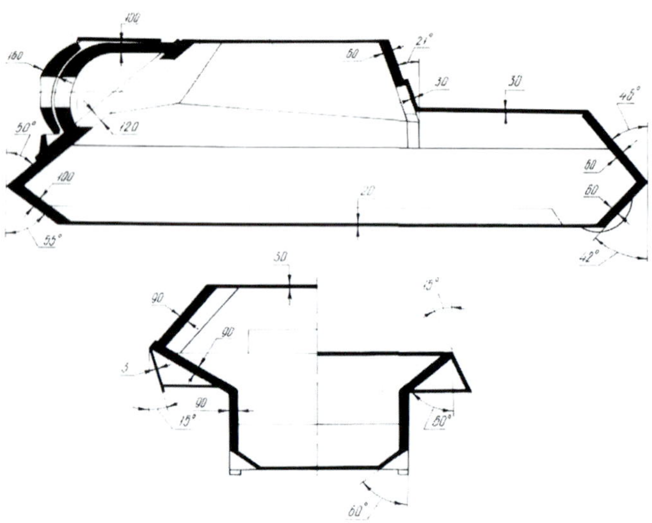

Die Konstrukteure hatten erfolgreich versucht den Panzerschutz des Objekts 704 gegenüber der JSU-152 zu erhöhen.

dem Kampfraumdach ein und aus. Eine Luke unmittelbar links der Hauptwaffe diente als Ausblick des Panoramavisiers für indirektes Feuer. Im Wannenoden war eine Notausstiegsluke zu finden. Der Kommandant bediente eine Funkanlage des Typs 10RK-26, vier der Besatzungsmitglieder waren über eine Bordsprechanlage des Modells TPU-4BisF miteinander verbunden. Im Laufe der Erprobung des Objekts 704 wurden die Positionen des Fahrer und des Kommandanten gelobt und als erheblich Verbesserung gegenüber der JSU-152 bezeichnet – obwohl der Kampfraum aus der Perspektive des Ladeschützen als eng eingestuft wurde.

Als Hauptwaffe diente wie schon geschildert die verbesserte Kanonenhaubitze ML-20SM im Kaliber 152,4 mm. Deren Richtbereich betrug -1,45° bis +18° in der Höhe und insgesamt 11° seitlich. Da die Mündungsbremse fehlte, erhöhte sich der Rücklaufweg auf 900 mm. Die ML-20SM verschoss die gleiche Munition und besaß die gleichen ballistischen Eigenschaften wie die Vorgängerversion ML-20S. Der Kampfsatz betrug 19 Schuss plus einem Schuss, der sich bereits im Geschütz befand. Die Geschosse waren entlang der Seitenwände untergebracht, einige der Kartuschen lagerten ebenfalls dort. Weitere waren jedoch an der Heckwand des Aufbaus sowie unterhalb der Hauptwaffe auf dem Wannenboden verstaut. Letztere vier konnten unter Kampfbedingungen kaum erreicht werden. Eine Neuerung war der Einbau eines koaxialen 12,7-mm-MG rechts der Hauptwaffe. Ein 12,7-mm-MG war neben der Luke des Ladeschützen montiert. Für beide MG wurden (je nach Quelle) insgesamt 300 oder 600 Schuss mitgeführt.

Im Kampfraum befanden sich zwei Dieseltanks, ein weiterer war im Motorraum zu finden. Die Gesamtmenge an intern mitgeführtem Treibstoff belief sich auf 540 l. Extern waren zwei jeweils 90 l fassend Tanks montiert, die jedoch nicht mit der Treibstoffanlage verbunden waren und daher von Hand umgepumpt werden mussten.

Infantrie-Panzerkampfwagen Mk IV »Churchill«

Der aus Großbritannien stammende »Churchill« war der einzige schwere Kampfpanzer der Rahmen des Leih-und-Pacht-Abkommens an die UdSSR geliefert wurde.

Der »Churchill« war als Nachfolger des »Matilda II« gedacht (von dem die UdSSR ebenfalls 916 Stück erhielt), die ersten Konstruktionsarbeiten liefen bereits 1939 an. Der anfangs von Harland and Wolff und dann von Vauxhall Motors entworfene Prototyp wurde Ende 1940 fertig gestellt und war zunächst mit massiven Problemen behaftet. So waren der z.B. der Motor, die Steuerung sowie das Getriebe nicht ausgereift. Dennoch begann im Juni 1941 die Serienproduktion. Im Lauf der Zeit gelang es aber, den »Churchill« aber zu einem robusten und zuverlässigen Fahrzeug zu machen. Bis Ende 1944 wurden 5768 Stück produziert.

Technik und Aufbau

Die Wanne des »Churchill« bestand bei den frühen Versionen aus vernieteten und verschraubten Blechen, später wurden diese auch verschweißt. Da die Kette, ähnlich wie die den britischen Panzern des 1. Weltkriegs, um die Oberkante der Wanne herumlief, erstreckte sich diese über die gesamte Breite des Fahrzeugs bis zu den Außenseiten der Laufwerksabdeckung. Dies macht die Wanne recht geräumig und erlaubte den Einbau seitlicher Notausstiegsluken (zunächst rund, ab Version Mk VII eckig). Die Wanne war in vier Bereiche geteilt. Vorn rechts saß der Fahrer, links neben ihm der Bug-MG-Schütze. Der Fahrer beobachtete die Umgebung durch zwei Winkelspiegel des Typs Vickers Mk IV und konnte eine Sehklappe in der Fahrerfront öffnen. Der MG-Schütze besaß einen weiteren Winkelspiegel. Dann folgte der Kampfraum, über dem der (je nach Ausführung) gegossene oder geschweißte Drehturm aufgesetzt war. Der Richtschütze befand sich vorn links im Turm, dahinter saß der Kommandant, der auch das Funkgerät bediente. Der Ladeschütze war auf der rechts Turmseite untergebracht. Richt- und Ladeschütze verfügten über je einen eigenen Winkelspiegel, der Kommandant besaß davon zwei. Im Turmdach war ein von innen zu ladender 50,8 mm Granatwerfer installiert. Durch ein Brandschott getrennt folgte sodann der Motorraum, der einen 350 PS leistenden Bedford Flat 12 und die Treibstofftanks beherbergte. Dieses Triebwerk bestand aus zwei auf die Seite gelegten, miteinander verbundenen 6-Zylinder-Reihenmotoren, die nun auf eine gemeinsame Kurbelwelle wirkten und ursprünglich für Lkw konzipiert worden waren. Im Heck der Wanne war der Getrieberaum untergebracht, in dem sich ein für jene Zeit innovatives Merrit-Brown-Planetengetriebe befand, das zunächst noch nicht zuverlässig arbeitete. Dank dieses Getriebes war der »Churchill« trotz seines vergleichsweise leistungsschwachen Motors sehr beweglich, vermochte auf der Stelle zu drehen und steile Hänge zu erklimmen. Die Kühlluft wurde über zwei große seitlichen Kästen angesaugt und nach hinten ausgestoßen, wobei der Luftstrom über das Getriebe geführt wurde. Das Laufwerk bestand aus elf kleinen (Durchmesser 254 mm) doppelten Laufrollen je Sei-

Eine sowjetische Delegation beobachtet im Frühjahr 1942 in Großbritannien die Erprobung des zu jenen Zeitpunkt brandneuen »Churchill« Mk IV (entsprach weitgehend dem Mk III, besaß jedoch einen Gussturm).

Dieser »Churchill Mk III« (Seriennummer T.31222R – R stand dabei für Rebuild, d.h bereits fertige Panzer wurden im Werk noch einmal überarbeitet, um erkannte Fehler zu beheben) wurde im August 1942 auf dem Testgelände von Kubinka nahe Moskau fotografiert. Zu Beginn der Erprobung erlitt der Panzer jedoch einen kapitalen Motorschaden und fiel aus.

te, von denen in der Regel jedoch nur neun Bodenkontakt hatten. Diese Laufrollen waren einzeln aufgehängt und gefedert. Stützrollen gab es nicht, die Gleisketten liefen auf Schienen über die Oberseite der Wanne zurück.

Ausführungen

Es gab insgesamt acht Grundausführungen (Mk I bis Mk VIII) sowie drei Bezeichnungen für nachgerüstete ältere Modelle (Mk IX bis XI), die sich vor allem in ihrer Bewaffnung und Panzerung unterschieden. Die Version Mk I war mit einer 40-mm-Kanone im Turm ausgerüstet, die zwar für ihre Zeit eine gute Panzerabwehrwaffe war, für die aber keine Sprenggranaten zu Verfügung standen. Die ersten 303 Fahrzeuge wurden deshalb mit einer 76,2-mm-Haubitze in der Wanne ausgestattet, die ab dem 304. Panzer (Mk II) durch ein 7,92-mm-Besa-MG ersetzt wurde. Einige wenige Mk II wurden durch den Einbau einer 76,2-mm-Haubitze im Turm zur Version MK II CS. Ab der Variante Mk III kam ein 6-Pfünder (Kaliber 57 mm) zum Einbau. In Nordafrika wurde einige Mk IV mit der 7,5-cm-Waffe des »Sherman« ausgestattet (Mk IV NA 75) und ab dem Modell Mk VI bestand die Bewaffnung aus einer britischen 75-mm-Kanone. Die Version Mk VII war breiter und erhielt eine auf 152 mm erhöhte Frontpanzerung, wodurch das Gewicht auf über 40 t stieg. Für die Nahunterstützung gedachte Varianten wurden mit einer 95-mm-Haubitze im Turm ausgerüstet(Mk V und Mk VIII). Zudem entstanden auf Basis des Typs verschiedene Spezialversionen wie Brückenlege-, Berge-, Pionier-, Minensuch- und Flammpanzer.

Anstelle des T.31222R wurde daher der T.31221R vom 30. August bis zum 5. September 1942 in Kubinka erprobt.

Einsatz und Organisation

Der erste Einsatz des »Churchill« erfolgte am 19. August 1942 durch kanadische Einheiten bei der Landung in Dieppe (Nordfrankreich), die allerdings in einem Fiasko endete. 29 der gelandeten »Churchill« (vier MK I, sieben Mk II und 18 Mk III) wurden von der Wehrmacht erbeutet.
301 »Churchill« (45 Mk II, 151 Mk III und 105 Mk IV) wurden per Schiff von Großbritannien in Richtung Sowjetunion transportiert, 254 davon kamen an ihrem Zielort an (20 Mk II, 129 Mk III und 105 Mk IV). Die ersten »Churchill« erreichten mit dem Konvoi PQ-17 im Juli 1942 den Hafen von Murmansk, die letzten wurden im August 1943 via Wladiwostok geliefert.
Die Rote Armee bewertete den »Churchill« als nur ausreichend. Zwar wurde die Panzerung ebenso wie die einfache Steuerung und die sehr gute Sicht aus dem Panzer gelobt. Zahlreiche mechanische Probleme, u.a. mit dem Motor, dem Rücklaufmechanismus der 57-mm-KwK und dem Laufwerk stießen jedoch auf erhebliche Kritik. Die staatliche Abnahmekommission nannte den Typ »unfertig« und traf damit wohl den Punkt. Die überhastete Entwicklung des »Churchill« hinterließ bei den frühen Baureihen deutliche Spuren. Fast alle in der UdSSR eingetroffenen Panzer mussten zunächst instand gesetzt werden.
Die ersten vier mit »Churchill« ausgerüsteten Einheiten wurden im Oktober 1942 aufgestellt. Jedes Regiment (47., 48. 49. und 50. schweres Garde Panzerregiment) verfügte auf dem Papier über 21 Panzer sowie drei Panzerwagen für die Aufklärung.
Ab Anfang 1943 nahmen das 47. und das 48. schwere Garde Panzerregiment am Kampf um Stalingrad teil. Das und 49. und 50. Garde Panzerregiment wurde ab März 1943 im Raum Leningrad eingesetzt. Im Frühjahr 1943 wurden vier weitere Regimenter mit je 21 Panzern aufgestellt (das 10., 15., 34. und das 36.).

»Churchill« Mk IV des 260. schweren Garde-Panzerregiments beim Einmarsch in Wyborg im Juni 1944.

Technische Angaben	»Churchill« Mk III
Typ	Schwerer Panzerkampfwagen zur Infanterieunterstützung
Hersteller	Vauxhall Motors und andere britische Unternehmen
Gebaute Stückzahl	675 (5768 alle Versionen)
Länge	7540 mm
Breite	3250 mm
Höhe	2490 mm
Motor	Bedford Flat 12, 12-Zylinder-Ottomotor
Leistung kW/PS	258/350
Leistungsgewicht	8,8 PS/t
Höchstgeschwindigkeit	25 km/h (Straße), 13 km/h (Gelände)
Kraftstoffvorrat	683 l Intern)
Fahrbereich	145 km (Straße), 80 km (Gelände)
Furttiefe	1,02 m
Besatzung	5
Bewaffnung	1 x 57-mm-KwK L/43 Ordnance QF Mk III, 2 x 7,92-mm-Besa-MG, 1 x 7,7-mm-Bren-Fla-MG zur MG-Munition
Panzerung (mm/Neigung)	
Wannenfront	101,6/90°
Wannenbug	101,6/90°
Wannenseite oben/unten	76,2/90°
Wannenheck (oben)	63,5/90°
Wannenoberseite	19/0°
Wannenunterseite	19/0°
Turmfront	88,9/90°
Turmseiten	76,2/90°
Turmheck	76,2/90°
Turmdach	19/0°

Das 48. und 36. Garde Panzerregiment nahmen an der Schlacht um Kursk teil. Die meisten der noch verbliebenen »Churchill« wurden im Laufe des Jahres 1944 gegen IS-2 oder ISU-152 ausgetauscht. So waren im Juni 1944 nur noch 31 Panzer dieses Typs im Fronteinsatz, die zumeist im Nordabschnitt der Ostfront zum Einsatz kamen. Bei Kriegsende war diese Zahl auf drei geschrumpft, 51 weitere befanden sich in der Reserve.

Anhang

Dank

Wie immer haben mich zahlreiche Personen und Institutionen bei meinen Recherchen unterstützt. Ihnen allen gebührt mein Dank. Besondere Erwähnungen verdienen Oliver Missing, Vincent Bourguignion, Martin Spurny, Alf van Beem und Oleg Halin, die ihre Bilder und Grafiken beisteuerten. Auch bei Vitaly V. Kuzmin möchte ich mich ausdrücklich bedanken. Nicht zu vergessen sind auch meine Frau Martina sowie unsere Kinder Ida und Thore, deren Unterstützung und Geduld meine Arbeit erst möglich machen.

Grenadiere der Waffen-SS (II. SS-Panzer-Korps) in einem Sd. Kfz. 10 passieren einen »Churchill« Mk IV (erkennbar am Gussturm) der Roten Armee. Ostfront, Sommer 1943. (BA, cc by sa 3.0)

Bibliografie

- The IS-Tanks (IS-1, IS-2, IS-3), Mikhail Baryatinskiy, Ian Allan Publishing 2006
- Sowjetisch-Russiche Panzer 1905 – 2003, A.W. Karpenko, Elbe-Dnjepr-Verlag 2004
- The IS-3 Heavy Tank edited by L. Ye. Kashev (Russian and English), Armybooks, 2000.
- The Tanks of Operation Barbarossa, Boris Kavalerchik, Pen&Sword Military 2018
- Fallen Giants (The Combat Debut of the T-35A Tank), Francis Pulham, Fonthill, 2017
- Review of National Armored Vehicle Technology (1905-1996), A. W. Karpenko, Nevskiy Bastion, St. Petersburg, 1996
- Postwar Soviet Heavy Tanks, M. Baryatinskiy, M. Kolomiets, A. Koshcharvtsev, Armor Collection 1996.
- KV-1 & KV-2 Heavy Tanks 1939 – 1945, Steven J. Zaloga, Osprey Publishing 1996
- IS-2 Heavy Tank 1944 - 1973, Steven J. Zaloga, Osprey Publishing 1994
- T-35, Jochen Vollert, Tankograd Publishing 2020
- KW-1 (frühe Varianten), Jochen Vollert, Tankograd Publishing 2005
- KW-1 (späte Varianten), Jochen Vollert, Tankograd Publishing 2005
- KW-2, Jochen Vollert, Tankograd Publishing 2004
- KV Technical History & Variants, Neil Stokes, Airconnection, 2010
- Soviet T-10 Heavy Tank and Variants, James Kinnear, Stephen L. Sewell, Osprey Publishing 2017
- Soviet Lend-Lease Tanks of WWII, Steven J. Zaloga, Osprey Publishing 2017

»Churchill« des 49. Garde-Panzer-Regiments im Januar 1944 in Leningrad.